1+X职业技能等级

网络设备安装与维护

（初级）

主　编◎时瑞鹏　汪双顶　刘　颖

副主编◎华　海　刘泽辉　张　磊

赵克宝　王志飞　钟文基

武晓辉　张　晓

高等教育出版社·北京

内容简介

本书为网络设备安装与维护 1+X 职业技能等级证书配套系列教材之一，由锐捷网络股份有限公司组织编写。

全书以典型的工作内容为例，设置网络基础及设备安装、交换技术及交换机配置、VLAN 及生成树技术、IP 及子网划分、路由技术及路由器的配置和网络安全管理及运维 6 个项目，介绍计算机网络定义、发展过程、分类及体系结构；交换技术的工作原理及如何对交换机进行配置；VLAN、生成树、链路聚合等交换机的典型配置；IP 技术及子网划分；路由技术及路由器的主要配置；网络安全管理及基本运维。本书以网络工程师的典型工作能力需求为基础，注重理论与实践相结合。通过本书的学习，读者可以对网络设备的安装与维护有比较深入的了解，并掌握网络设备安装与运维的基本操作。

本书配有微课视频、电子课件（PPT）、案例素材等丰富的数字化教学资源。与本书配套的数字课程“网络安装与维护”在“智慧职教”平台（www.icve.com.cn）上线，读者可以登录平台进行学习及资源下载，详见“智慧职教”服务指南。教师可发邮件至编辑邮箱 1548103297@qq.com 获取相关教学资源。

本书可用于 1+X 证书制度试点工作中网络安装与维护（初级）职业技能等级证书的教学和培训，也适合作为应用型本科院校、职业院校、技师院校相关专业的教材，同时也适合作为从事网络技术开发、网络管理和维护、网络系统集成的技术人员的参考用书。

图书在版编目（CIP）数据

网络设备安装与维护：初级 / 时瑞鹏，汪双顶，刘颖主编. --北京：高等教育出版社，2022. 2

ISBN 978-7-04-057280-3

Ⅰ. ①网… Ⅱ. ①时… ②汪… ③刘… Ⅲ. ①网络设备-设备安装-职业技能-鉴定-教材 ②网络设备-维修-职业技能-鉴定-教材 Ⅳ. ①TN915.05

中国版本图书馆 CIP 数据核字（2021）第 228824 号

Wangluo Shebei Anzhuang yu Weihu

策划编辑 许兴瑜　责任编辑 许兴瑜　封面设计 张雨微　版式设计 于　婕
插图绘制 于　博　责任校对 吕红颖　责任印制 朱　琦

出版发行 高等教育出版社
社　　址 北京市西城区德外大街 4 号
邮政编码 100120
印　　刷 三河市华骏印务包装有限公司
开　　本 787 mm × 1092 mm 1/16
印　　张 16.75
字　　数 550 千字
购书热线 010-58581118
咨询电话 400-810-0598
网　　址 http://www.hep.edu.cn
http://www.hep.com.cn
网上订购 http://www.hepmall.com.cn
http://www.hepmall.com
http://www.hepmall.cn
版　　次 2022 年 2 月第 1 版
印　　次 2022 年11月第 3 次印刷
定　　价 52.80 元

物 料 号 57280-00

“智慧职教”服务指南

“智慧职教”是由高等教育出版社建设和运营的职业教育数字教学资源共建共享平台和在线课程教学服务平台，包括职业教育数字化学习中心平台（www.icve.com.cn）、职教云平台（zjy2.icve.com.cn）和云课堂智慧职教App。**用户在以下任一平台注册账号，均可登录并使用各个平台。**

- **职业教育数字化学习中心平台（www.icve.com.cn）：为学习者提供本教材配套课程及资源的浏览服务。**

登录中心平台，在首页搜索框中搜索“网络设备安装与维护”，找到对应作者主持的课程，加入课程参加学习，即可浏览课程资源。

- **职教云（zjy2.icve.com.cn）：帮助任课教师对本教材配套课程进行引用、修改，再发布为个性化课程（SPOC）。**

1. 登录职教云，在首页单击“申请教材配套课程服务”按钮，在弹出的申请页面填写相关真实信息，申请开通教材配套课程的调用权限。

2. 开通权限后，单击“新增课程”按钮，根据提示设置要构建的个性化课程的基本信息。

3. 进入个性化课程编辑页面，在“课程设计”中“导入”教材配套课程，并根据教学需要进行修改，再发布为个性化课程。

- **云课堂智慧职教App：帮助任课教师和学生基于新构建的个性化课程开展线上线下混合式、智能化教与学。**

1. 在安卓或苹果应用市场，搜索“云课堂智慧职教”App，下载安装。

2. 登录App，任课教师指导学生加入个性化课程，并利用App提供的各类功能，开展课前、课中、课后的教学互动，构建智慧课堂。

“智慧职教”使用帮助及常见问题解答请访问 help.icve.com.cn。

前言

近年来，互联网发展迅速，网络应用层出不穷，给人们的生活带来了很大的便利，云计算、人工智能、大数据、物联网等技术快速发展，但这些技术都需要依靠计算机网络技术作为支撑。目前，计算机网络管理员、网络工程师都是国家的紧缺人才。

为了培养新时代复合型技术技能人才，2019 年国务院印发的《国家职业教育改革实施方案》首次提出了 1+X 证书制度，1+X 证书制度是职业教育作为类型教育的一种自觉制度创新，是职业教育类型的重要标志之一。本书是为“网络设备安装与维护（初级）1+X 证书”项目开发的配套教材，以《网络设备安装与维护职业技能等级标准（初级）》为依据，主要面向中小型企业、事业单位、政府机关等组织机构的网络、信息中心，培养从事网络设备安装与调试、网络系统维护、网络故障排除等工作，能根据单位内部日常网络部署，用户的网络规划需求，完成计算机以及网络系统的软硬件安装、网络调试、排障排除，开展网络管理和维护工作任务的技术技能型人才。

在本书的编写过程中，深入开展了对网络工程师、网络管理员、网络系统集成等工作岗位的岗位职责调研工作，以当前最主要的岗位技能需求为基础，选择典型的、成熟的、主流的知识点，以项目为载体进行编写。在体例设计上，重基础、重实践，强调工作规范，体现出职业教育的特点。

本书由时瑞鹏、汪双顶、刘颖任主编，在编写过程中，得到了锐捷网络技术有限公司的大力支持。

由于编者水平有限，书中难免存在不妥及疏漏之处，恳请广大读者批评指正。编者邮箱：22725196@qq.com。

编　者

2021 年 10 月

目录

项目 1

网络基础及设备安装

项目背景

计算机网络是现代通信技术与计算机技术紧密结合的产物，计算机网络技术已经应用于人们生活的方方面面。读者可以通过自己日常生活中的衣食住行、信息沟通等方面去感受计算机网络技术的应用。

小李大学毕业后来到一家计算机网络系统集成企业工作，参与的第一个项目是某职业技术学院新校区的校园网项目。目前，该项目已经完成前期的弱电项目施工，现在需要中标的渠道供应商进场，开展校园网项目的安装和施工任务。

按照校方要求的时间，该项目的渠道供应商安排网络设备安装和调试工程师进驻到校园，按照前期双方沟通、规划的网络工程项目施工图纸，完成校园网信息点的布点、中心机房机柜的部署、信息模块的制作、设备的上架安装、配线架的进柜、信息标签的制作等任务，并提供项目施工报告，以供校方后期验收。

项目目标

知识目标

- 掌握计算机网络基础知识。
- 掌握计算机网络体系结构。
- 了解网络组建层次化结构设计。
- 掌握网络设备安装操作规范。
- 掌握机柜的选型与安装。
- 了解工程文档的主要结构及编写。

技能目标

- 掌握双绞线接头的制作。
- 掌握信息模块的制作。
- 掌握光纤的冷接技术。
- 掌握网络设备上架操作。

知识结构

本项目主要帮助掌握网络基础知识，学会网络设备的上架安装操作。本项目的知识结构如图 1-1 所示。

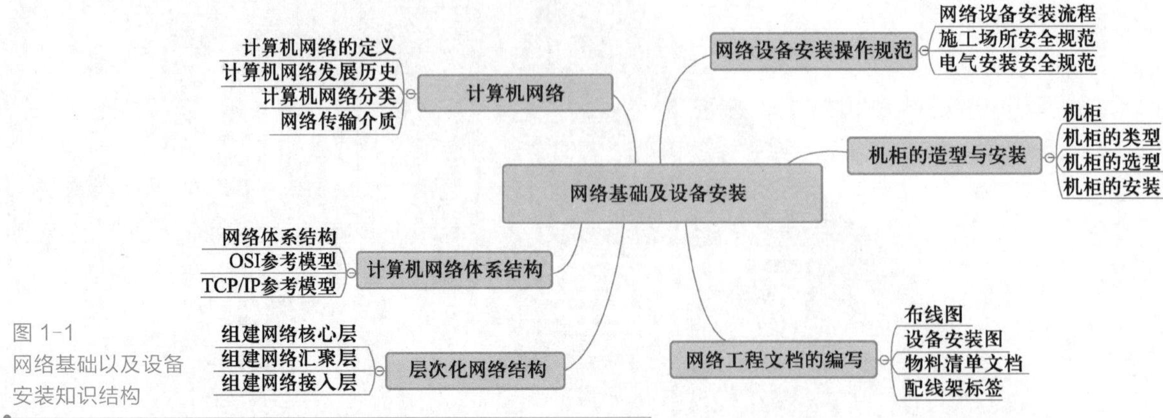

图 1-1
网络基础以及设备安装知识结构

课前自测

在开始本项目学习之前，请先尝试回答以下问题。

1. 什么是网络？网络有哪些功能？
2. 计算机网络的体系结构有哪些？OSI 参考模型分为几层，分别是什么？
3. 如何选购一个符合用户需求的机柜？

项目分析及准备

1.1 计算机网络

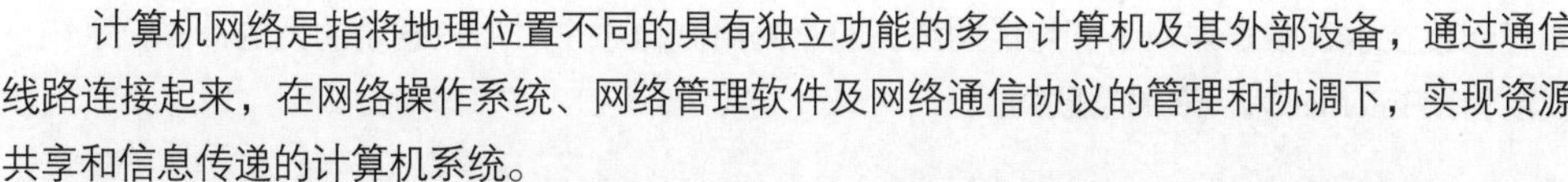

微课 1.1
计算机网络

1.1.1 计算机网络的定义

计算机网络是指将地理位置不同的具有独立功能的多台计算机及其外部设备，通过通信线路连接起来，在网络操作系统、网络管理软件及网络通信协议的管理和协调下，实现资源共享和信息传递的计算机系统。

从计算机与通信技术相结合的观点出发，人们把计算机网络定义为“以计算机之间传输信息为目的而连接起来，实现远程信息处理并进一步达到资源共享的系统”。

从强调资源共享的观点出发，计算机网络是“把地理上分散的资源，以能够相互共享资源（硬件、软件和数据）的方式连接起来，并且各自具备独立功能的计算机系统之集合体”。

从物理结构上看，计算机网络又可定义为“在协议控制下，由若干计算机、终端设备、数据传输和通信控制处理机等组成的集合”。

1.1.2 计算机网络发展历史

随着计算机网络技术的蓬勃发展，计算机网络的发展可大致划分为以下 4 个阶段。

笔 记

1. 第一阶段：诞生阶段

20 世纪 60 年代中期之前的第一代计算机网络，是以单台计算机为中心的远程联机系统。典型应用是由一台计算机和全美范围内 2 000 多个终端组成的飞机订票系统。终端是一台计算机的外部设备，包括显示器和键盘，无 CPU 和内存。随着远程终端的增多，在主机前增加了前端机（Front-end Processor，FEP）。当时，人们把计算机网络定义为“以传输信息为目的而连接起来，实现远程信息处理或进一步达到资源共享的系统”，这样的通信系统已具备网络的雏形。

2. 第二阶段：形成阶段

20 世纪 60 年代中期至 70 年代的第二代计算机网络，是以多台主机通过通信线路互连起来，为用户提供服务，兴起于 20 世纪 60 年代后期。典型代表是美国国防部高级研究计划局协助开发的 ARPANET。主机之间不是直接用线路相连，而是由接口报文处理机（Interface Message Processor，IMP）转接后互连。IMP 和它们之间互连的通信线路一起负责主机间的通信任务，构成了通信子网。

其中，通信子网互联的主机负责运行程序，提供资源共享，组成了资源子网。这个时期，网络概念为“以能够相互共享资源为目的互联起来的具有独立功能的计算机之集合体”，形成了计算机网络的基本概念。

3. 第三阶段：互联互通阶段

20 世纪 70 年代末至 90 年代的第三代计算机网络，是具有统一的网络体系结构并遵循国际标准的开放式和标准化的网络。ARPANET 兴起后，计算机网络发展迅猛，各大计算机公司相继推出自己的网络体系结构及实现这些结构的软硬件产品。

由于没有统一的标准，不同厂商的产品之间互联很困难，人们迫切需要一种开放性的标准化实用网络环境，这便应运而生了两种国际通用的最重要的体系结构，即 TCP/IP 体系结构和国际标准化组织的 OSI 体系结构。

4．第四阶段：高速网络技术阶段

20 世纪 90 年代末至今的第四代计算机网络，由于局域网技术发展成熟，出现了光纤及高速网络技术、多媒体网络、智能网络，整个网络就像一个对用户透明的大的计算机系统，发展为以 Internet 为代表的互联网。

1.1.3　计算机网络分类

1．按地理范围分类

通常根据网络的覆盖和计算机之间互联的距离将计算机网络分为 3 类：局域网（Local Area Network，LAN）、城域网（Metropolitan Area Network，MAN）、广域网（Wide Area Network，WAN），它们之间的关系如图 1-2 所示。

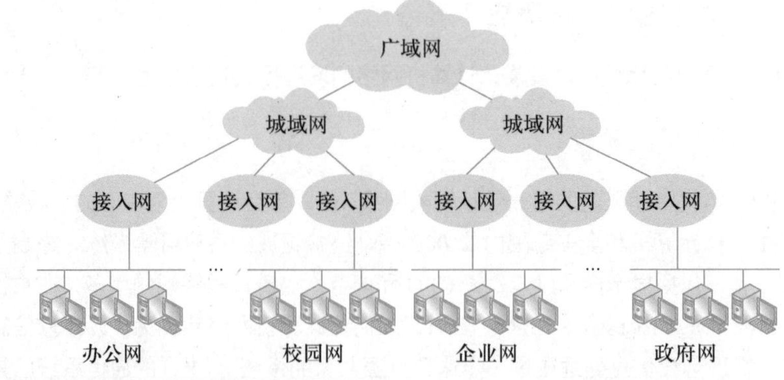

图 1-2
各种类型网络之间的关系

局域网是一种在小范围内实现的计算机网络，一般在一个建筑物内，或一个工厂、一个事业单位内部，为单位独有。局域网的网络跨度距离可在十几千米以内，信道传输速率可达 100 Gbit/s，结构简单，布线容易，如图 1-3 所示。

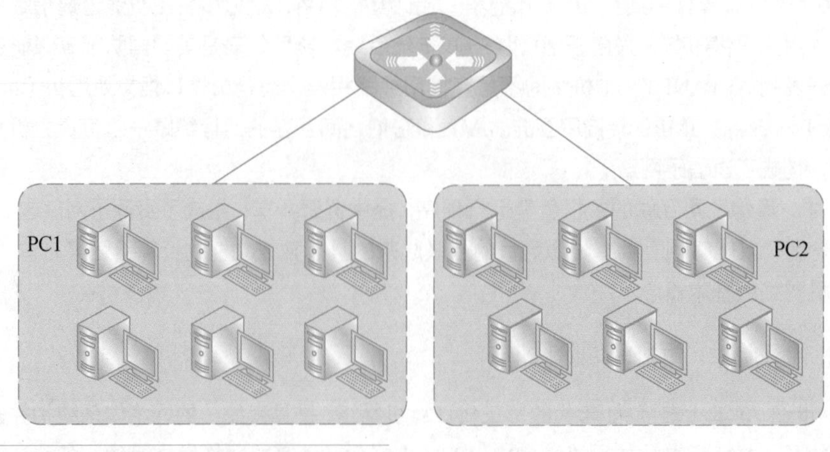

图 1-3
局域网连接场景

城域网是一种特殊的局域网，通常分布在一个城市内部组建的计算机信息网络，使用局域网协议组的通信标准通信，提供全市的信息服务。目前，我国许多城市正在建设城域网。

广域网范围很广，需要通过通信服务提供商实现长途的通信任务。其网络的分布范围可以分布在一个省内、一个国家或几个国家。广域网信道传输速率较低，一般为 1 Mbit/s～1000 Mbit/s，部署的结构比较复杂。

2．按拓扑结构分类

网络拓扑结构是抛开网络电缆的物理连接来讨论网络系统的连接形式，是指网络电缆构成的几何形状，它能表示出网络服务器、工作站的网络配置和之间互相的连接。

网络拓扑结构按形状可分为 5 种类型，分别是星状、环状、总线型、树状以及网状拓扑结构，如图 1-4 所示。

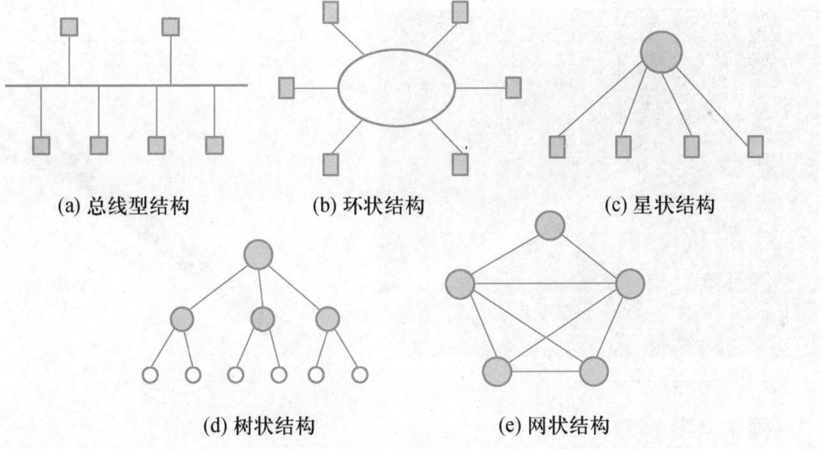

图 1-4
网络拓扑结构

1.1.4 网络传输介质

网络中连接各个通信处理设备的物理媒体称为传输介质。网络传输介质是指在网络中传输信息的载体，其性能和特点对传输速率、成本、抗干扰能力、通信距离、可连接的网络结点数目，以及网络中数据传输的可靠性等均有重大影响。必须根据不同的通信要求，合理地选择传输介质。

常用的传输介质分为有线传输介质和无线传输介质两大类。这里重点介绍有线传输介质。

- 有线传输介质是指在两个通信设备之间实现的物理连接部分，它能将信号从一方传输到另一方，有线传输介质主要有双绞线、同轴电缆和光纤。双绞线和同轴电缆传输电信号，光纤传输光信号。以下是几种常用的有线传输介质。

1．双绞线

双绞线（Twisted Pair，TP）是由两条相互绝缘的导线按照一定的规格互相缠绕（一般以逆时针缠绕）在一起而制成的一种通用配线。

双绞线采用了一对互相绝缘的金属导线互相绞合的方式来抵御一部分外界电磁波干扰，更主要的是降低自身信号的对外干扰。把两根绝缘的铜导线按一定密度互相绞在一起，可以降低信号干扰的程度，每一根导线在传输中辐射的电波会被另一根线上发出的电波抵消，“双绞线”的名字也是由此而来。

使用双绞线作为传输介质的优越性在于其技术和标准非常成熟，价格低廉，而且安装也相对简单。缺点是双绞线对电磁干扰比较敏感，并且容易被窃听。双绞线目前主要在室内环境中使用。

双绞线按照屏蔽层的有无可分为非屏蔽双绞线（Unshielded Twisted Pair，UTP）和屏蔽双绞线（Shielded Twisted Pair，STP），适合于短距离通信。其中，屏蔽双绞线电缆的外层由铝铂包裹，以减小辐射，但并不能完全消除辐射。屏蔽双绞线价格相对较高，安装时要比非屏蔽双绞线电缆困难，如图 1-5 所示。

非屏蔽双绞线无屏蔽外套，直径小，节省所占用的空间，重量轻、易弯曲、易安装，将串扰减至最小或加以消除，具有阻燃性，具有独立性和灵活性，适用于结构化综合布线，如图 1-6 所示。

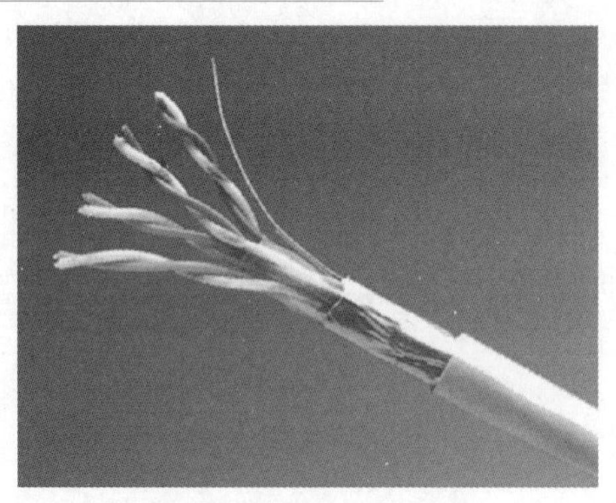

图 1-5
屏蔽双绞线

图 1-6
非屏蔽双绞线

2. 同轴电缆

与双绞线相比，同轴电缆的抗干扰能力强、屏蔽性能好、传输数据稳定、价格也便宜，它不用连接在集线器或交换机上即可使用。

同轴电缆（Coaxial Cable）是指有两个同心导体，而导体和屏蔽层又共用同一轴心的电缆。最常见的同轴电缆由绝缘材料隔离的铜线导体组成，在里层绝缘材料的外部是另一层环形导体及其绝缘体，然后整个电缆由聚氯乙烯或特氟纶材料的护套包住，如图 1-7 所示。

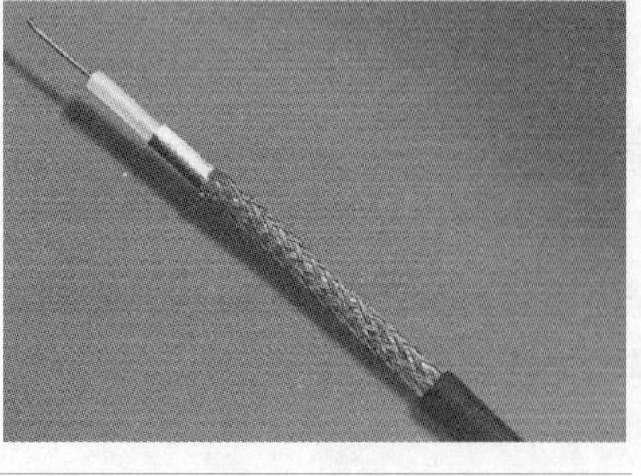

图 1-7
同轴电缆

同轴电缆的带宽取决于电缆长度，1 km 的电缆可以达到 1 Gbit/s～2 Gbit/s 的数据传输速率。它可以使用更长的电缆，但是传输速率会降低或使用中间放大器。目前，同轴电缆大量被光纤取代，但仍广泛应用于有线电视和某些局域网中。

3. 光纤

光纤是光缆的纤芯，光纤由光纤芯、包层和涂覆层 3 部分组成。最里面的是光纤芯，包层将光纤芯围裹起来，使光纤芯与外界隔离，以防止与其他相邻的光导纤维相互干扰。包层的外面涂覆一层很薄的涂覆层，涂覆材料为硅酮树脂或聚氨基甲酸乙酯，涂覆层的外面套塑（或称二次涂覆），套塑的原料大都采用尼龙、聚乙烯或聚丙烯等塑料。图 1-8 所示为光纤的构成。

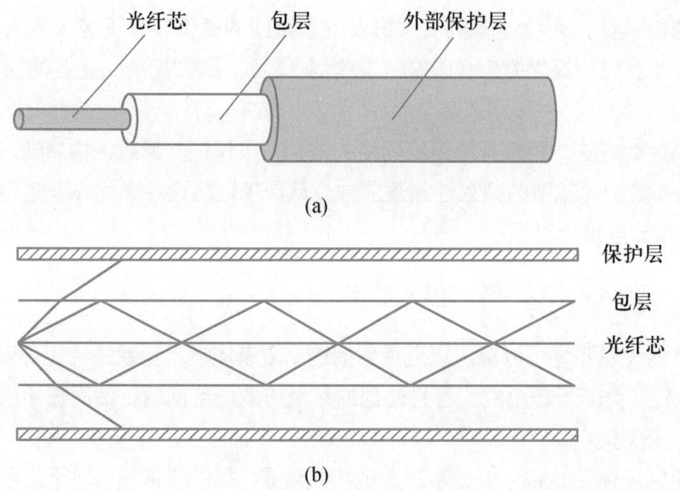

图 1-8
光纤的构成

其中，光纤芯是光的传导部分，而包层的作用是将光封闭在光纤芯内。光纤芯和包层的成分都是玻璃，光纤芯的折射率高，包层的折射率低，这样可以把光封闭在光纤不断反射传输在芯内。

光纤通信的优点是通信容量大、传输距离远；信号串扰小、保密性能好；抗电磁干扰、传输质量佳；无辐射，难于窃听；光缆适应性强，寿命长。

光纤通信的缺点是质地脆，机械强度差；光纤的切断和接续需要一定的工具、设备和技术；存在供电困难等问题。

1.2 计算机网络体系结构

微课 1.2
计算机网络体系结构

计算机网络体系结构是计算机网络及其部件所应该完成功能的精确定义。这些功能究竟由何种硬件或软件完成，是遵循这种体系结构的。网络体系结构是抽象的，实现是具体的，是运行在计算机软件和硬件之上的体系和架构。

1.2.1 网络体系结构

1. 网络体系结构概述

计算机网络体系结构是指计算机网络层次结构模型，它是各层的协议以及层次之间的端口的集合。在计算机网络中实现通信必须依靠网络通信协议，目前广泛采用的是国际标准化组织（International Organization for Standardization，ISO）于 1997 年提出的开放系统互连（Open System Interconnection，OSI）参考模型，通常称为 ISO/OSI 参考模型。

众所周知，计算机网络是非常复杂的系统。例如，连接在网络上的两台计算机需要进行通信时，由于计算机网络的复杂性和异构性，需要考虑很多复杂的因素。例如：

① 这两台计算机之间必须有一条传送数据的通路。

② 告诉网络如何识别接收数据的计算机。

③ 发起通信的计算机必须保证要传送的数据能在这条通路上正确发送和接收。

④ 对出现的各种差错和意外事故，如数据传送错误、网络中某个结点交换机出现故障等问题，应该有可靠完善的措施保证对方计算机最终能正确收到数据。

笔记

在网络通信领域，两台计算机（网络设备）之间的通信，并不像人与人之间的交流那样自然，这种计算机间高度默契的交流（通信）背后，需要复杂、完备的网络体系结构作为支撑。

那么，用什么方法才能合理地组织网络的结构，以保证其具有结构清晰、设计与实现简化、便于更新和维护、较强的独立性和适应性，从而使网络设备之间具有这种高度默契呢？那就是网络体系分层设计思想。

2. 计算机网络体系结构设计基本思想

分而治之的思想正好可以解决以上提到的这个复杂问题。也就是说，可以将一个庞大而复杂的问题，转化为若干较小的、容易处理的、单一的局部问题，然后在不同层次上予以解决，也就是分层思想。

在计算机网络体系结构中，分层思想的内涵就是：每层在依赖自己下层所提供的服务的基础上，通过自身内部功能实现一种特定的服务。分层思想具有以下突出的优点。

（1）耦合度低（独立性强）

上层只需通过下层为上层提供的接口来使用下层所实现的服务，而不需要关心下层的具体实现。也就是说，下层对上层而言就是具有一定功能的黑箱。

（2）适应性强

只要每层为上层提供的服务和接口不变，每层的实现细节可以任意改变。

（3）易于实现和维护

把复杂的系统分解成若干涉及范围小且功能简单的子单元，从而使得系统结构清晰，实现、调试和维护都变得简单和容易。

3. 计算机网络体系结构设计内容

计算机网络体系结构的设计采用分层思想，那么它就需要解决以下几个问题。

① 网络体系结构应该具有哪些层次，每个层次又负责哪些功能？即分层与功能。

② 各个层次之间的关系是怎样，它们又是如何进行交互的？即服务与接口。

③ 要想确保通信双方达成高度默契，它们需要遵循哪些规则？即协议。

根据以上几个问题，计算机网络体系结构必须包括 3 方面内容，即分层结构与每层的功能、服务与层间接口和协议。

所以，在计算机网络中，层、层间接口及协议的集合被称为计算机网络体系结构。

1.2.2　OSI 参考模型

最早的计算机网络体系结构源于 IBM 在 1974 年宣布的系统网络体系结构（Systems Network Architecture，SNA），这个著名的网络标准就是一种层次化网络体系结构。

为此，国际标准化组织 ISO 成立了专门的机构研究该问题，并于 1977 年提出了一个试图实施各种计算机在世界范围内互联成网的标准框架，即著名的开放系统互连参考模型（Open System Interconnection Reference Model，OSI/RM）。由于这个标准模型的建立，使得各种计算机网络向它靠拢，大大推动了网络通信的发展。

在 OSI 七层参考模型的体系结构中，由低层至高层分别称为物理层、数据链路层、网络层、传输层、会话层、表示层和应用层，如图 1-9 所示是 OSI 网络体系结构参考模型示意图。

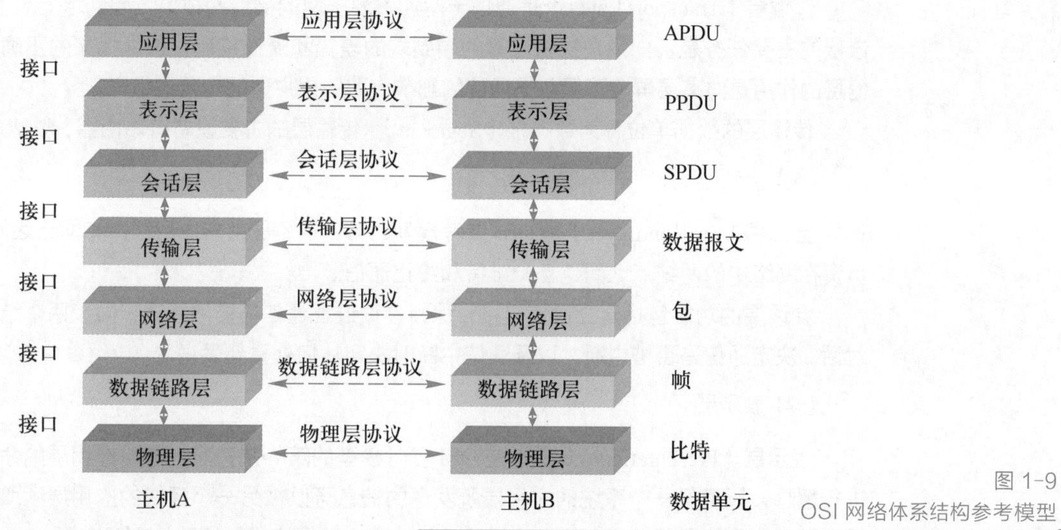

图 1-9
OSI 网络体系结构参考模型

OSI 参考模型中各层的功能描述如下。

（1）物理层

在 OSI 参考模型中，物理层（Physical Layer）是参考模型的最低层，也是 OSI 参考模型的第一层。它实现了相邻计算机结点之间比特流的透明传送，并尽可能地屏蔽掉具体传输介质和物理设备的差异，使其上层（数据链路层）不必关心网络的具体传输介质。其中，物理层重点规定了通信设备之间的机械的、电气的、功能的和规程的特性，用以建立、维护和拆除物理链路连接。

物理层的数据单位称为比特（bit）。物理层的主要设备有中继器、集线器、适配器。

（2）数据链路层

数据链路层（Data Link Layer）是 OSI 参考模型的第二层，负责建立和管理结点间的链路，控制网络层与物理层之间的通信。它完成了数据在不可靠的物理线路上的可靠传递，即数据链路层在不可靠的物理介质上提供可靠的传输。该层的作用包括物理地址寻址、数据的成帧、流量控制、数据的检错、重发等。

数据链路层的数据单位称为帧（Frame）。数据链路层的主要设备有二层交换机、网桥。

（3）网络层

网络层（Network Layer）是 OSI 参考模型的第三层，它是 OSI 参考模型中最复杂的一层，也是通信子网的最高一层，它在下两层的基础上向资源子网提供服务。

在计算机网络中进行通信的两台计算机之间，可能会经过很多条数据链路，也可能还要经过很多通信子网。网络层的任务就是选择合适的网间路由和交换结点，确保数据及时传送。网络层将数据链路层提供的帧组成数据包，包中封装有网络层报头，其中含有逻辑地址信息：源站点和目的站点地址的网络地址。

网络层的数据单位称为数据包（Packet）。网络层的主要设备有三层交换机、路由器。

（4）传输层

OSI 参考模型的下 3 层（物理层、数据链路层和网络层）的主要任务是数据通信，上 3

笔 记

层（会话层、表示层和应用层）的任务是数据处理，而传输层恰好是 OSI 参考模型的第 4 层。

传输层（Transport Layer）是通信子网和资源子网的接口和桥梁，起到承上启下的作用。该层的主要任务是：向用户提供可靠的端到端的差错和流量控制，保证报文的正确传输。传输层的作用是向高层屏蔽下层数据通信的细节，即向用户透明地传送报文。

传输层的数据单位称为数据报（Segment）。传输层的主要设备有路由器、防火墙等。

（5）会话层

会话层（Session Layer）是 OSI 参考模型的第 5 层，是用户应用程序和网络之间的接口，负责在网络中的两结点之间建立、维持和终止通信。

会话层的功能包括建立通信链接，保持会话过程通信链接的畅通，同步两个结点之间的对话，决定通信是否被中断，以及通信中断时决定从何处重新发送。

（6）表示层

表示层（Presentation Layer）是 OSI 参考模型的第 6 层，它对来自应用层的命令和数据进行解释，以确保一个系统的应用层所发送的信息可以被另一个系统的应用层读取。表示层的主要功能是处理用户信息的表示问题，如编码、数据格式转换和加密解密等。

（7）应用层

应用层（Application Layer）是 OSI 参考模型的最高层，它是计算机用户以及各种应用程序和网络之间的接口，其功能是直接向用户提供服务并完成用户希望在网络上完成的各种工作，为操作系统或网络应用程序提供访问网络服务的接口。

1.2.3　TCP/IP 参考模型

传输控制协议/网际协议（Transmission Control Protocol/Internet Protocol，TCP/IP）是针对 Internet 开发的一种体系结构和协议标准，广泛应用在 Internet 的体系通信中，它是一个四层协议系统，相对于 OSI 体系结构更简洁。

TCP/IP 各层功能如下。

（1）应用层

应用层决定了向用户提供应用服务时通信的活动。TCP/IP 协议簇内预存了各类通用的应用服务，如文件传输协议（File Transfer Protocol，FTP）和域名系统（Domain Name System，DNS）服务就是其中的两类。

应用层的常见协议包括 Finger、Whois、FTP、Gopher、超文本传输协议（Hyper Text Transfer Protocol，HTTP）、远程终端协议（TELENT）、简单邮件传送协议（Simple Mail Transfer Protocol，SMTP）、因特网中继会话（Internet Relay Chat，IRC）、网络新闻传输协议（Network News Transfer Protocol，NNTP）等。

（2）传输层

传输层对上层应用层提供处于网络连接中的两台计算机之间的数据传输，它提供两种端到端的通信服务。传输层有 TCP 和用户数据报协议（User Datagram Protocol，UDP）两个性质不同协议。

其中，TCP 是面向连接的传输协议，其在数据传输之前会建立连接，并把报文分解为多个段进行传输，在目的站再重新装配这些段，必要时重传没有收到或错误的数据段，因此是

“可靠”通信。而 UDP 是无连接的传输协议，其在数据传输之前不建立连接，并且对发送的段不进行校验和确认，因此，它是“不可靠”的通信。

（3）网际层

网际层用来处理在网络上流动的数据包，负责数据的包装、寻址和路由，负责提供基本的数据封包传送功能，让每一块数据包都能够到达目的主机（但不检查是否被正确接收）。其中，数据包是网络传输的最小数据单位。

网际层的主要功能是把数据包通过最佳路径送到目的端，规定了通过怎样的路径（传输路线）到达对方计算机，并把数据包传送给对方。网际层的协议包含 IP、路由信息协议（Routing Information Protocol，RIP）、地址解析协议（Address Resolution Protocol，ARP）、反向地址转换协议（Reverse Address Resolution Protocol，RARP）、Internet 控制报文协议（Internet Control Message Protocol，ICMP）等。其中，网际层的核心协议是 IP，提供了无连接的数据报传输服务（不保证送达，不保序）。

（4）网络接口层

网络接口层对实际的网络媒体进行管理，定义如何使用实际网络（如 Ethernet）来传送数据。该层主要处理连接网络的硬件部分，包括硬件的设备驱动、网卡（Network Interface Card，NIC）及光纤等物理可见部分，还包括连接器等一切传输媒介。

1.3 层次化网络结构

微课 1.3
层次化网络结构

在网络规划和设计中，使用层次化方式完成园区网设计，一方面可以节约成本，帮助提高业务效率和降低运营成本；另一方面，层次化设计让网络中每一层的功能都很分明，模块化网络的组件易于设计和扩展，在实际的网络应用中，扩展一个模块，添加或者删除一个模块时，无须每次添加或拆除模块时都重新设计整个网络。

网络层次化的模型设计，通常将复杂网络设计分成几个层次，每个层次着重于某些特定功能，这样就能够使一个复杂的网络问题，分解成许多简单小问题。

三层网络架构是采用层次化架构的三层网络，即将复杂的网络设计分成几个层次，每个层次着重于某些特定的功能，这样就能够使一个复杂的大问题分解成许多简单的小问题。三层网络架构设计的网络有核心层（网络的高速交换主干）、汇聚层（提供基于策略的连接）、接入层（将工作站接入网络）3 个层次。

中小企业网在规划和设计上，遵循层次化设计理念，涉及 3 个关键层，分别是核心层（Core Layer）、汇聚层（Distribution Layer）和接入层（Access Layer），如图 1-10 所示。

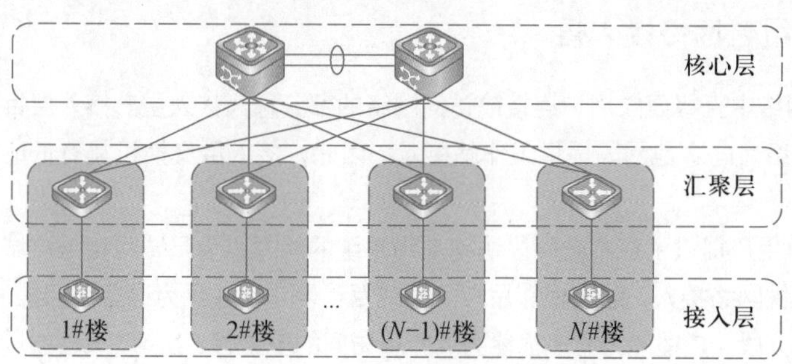

图 1-10
三层网络架构设计

1.3.1　组建网络核心层

核心层是网络的高速交换主干，对整个网络的连通起到至关重要的作用，提供不同区域或者下层的高速连接和最优传送路径。其中，核心层应该具有可靠性、高效性、冗余性、容错性、可管理性、适应性、低延时性等特性。核心层拓扑如图 1-11 所示。

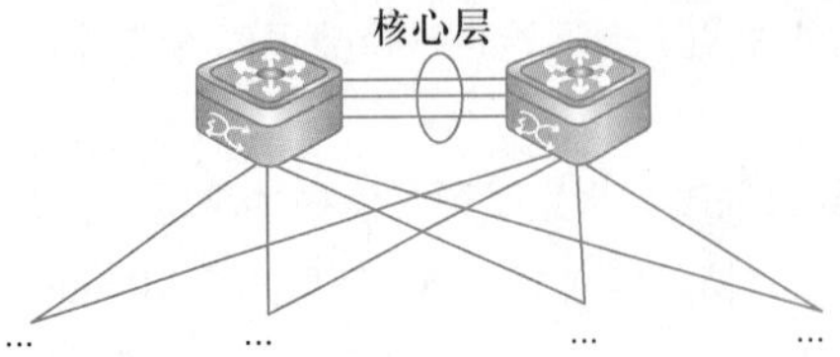

图 1-11
核心层拓扑

在核心层，应该采用高带宽的千兆以上交换机。因为核心层是网络的枢纽中心，重要性突出。核心层设备采用双机冗余热备份是非常必要的，也可以使用负载均衡功能来改善网络性能。

此外，网络的控制功能最好尽量少在骨干层上实施。因为核心层一直被认为是所有流量的最终承受者和汇聚者，所以对核心层的设计以及网络设备的要求十分严格。核心层设备将占投资的主要部分。

1.3.2　组建网络汇聚层

汇聚层是网络接入层和核心层的“中介”，就是在工作站接入核心层前先做汇聚，以减轻核心层设备的负荷。汇聚层将网络业务连接到接入层，并且实施与安全、流量负载和路由相关的策略，为了保证核心层连接运行不同协议的区域，各种协议的转换都应在汇聚层完成。

此外，汇聚层具有实施策略、安全、工作组接入、虚拟局域网（Virtual Local Area Network，VLAN）之间的路由、源地址或目的地址过滤等多种功能。汇聚层拓扑如图 1-12 所示。

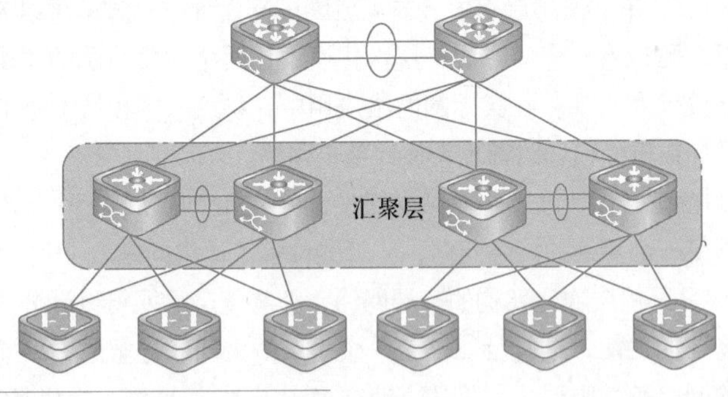

图 1-12
汇聚层拓扑

在汇聚层，应该选用支持三层交换技术和 VLAN 的交换机，以达到网络隔离和分段的目的。汇聚层必须能够处理来自接入层设备的所有通信量，并提供到核心层的上行链路，因此汇聚层交换机与接入层交换机比较，需要更高的性能，更少的接口和更高的交换速率。

1.3.3　组建网络接入层

通常将网络中直接面向用户连接或访问网络的部分称为接入层。接入层目的是允许终端用户连接到网络，向本地网段提供工作站接入。因此，接入层交换机具有低成本和高端口密度特性。

接入层为用户提供了在本地网段访问应用系统的能力，为局域网接入广域网或者终端用户访问网络提供网络接入，解决相邻用户之间的互访需求，并且为这些访问提供足够的带宽，主要提供网络分段、广播能力、多播能力、介质访问的安全性、MAC 地址的过滤和路由发现等任务；接入层还应当适当负责一些用户管理功能（如地址认证、用户认证、计费管理等），以及用户信息收集工作（如用户的 IP 地址、MAC 地址、访问日志等）。

在接入层，减少同一网段的工作站数量，能够向工作组提供高速带宽。在接入层设计上主张使用性能价格比高的设备，可以选择不支持 VLAN 和三层交换技术的普通交换机。由于接入层是最终用户（如教师、学生）与网络的接口，它应该提供即插即用的特性，同时应该非常易于使用和维护，同时要考虑端口密度的问题。接入层拓扑如图 1-13 所示。

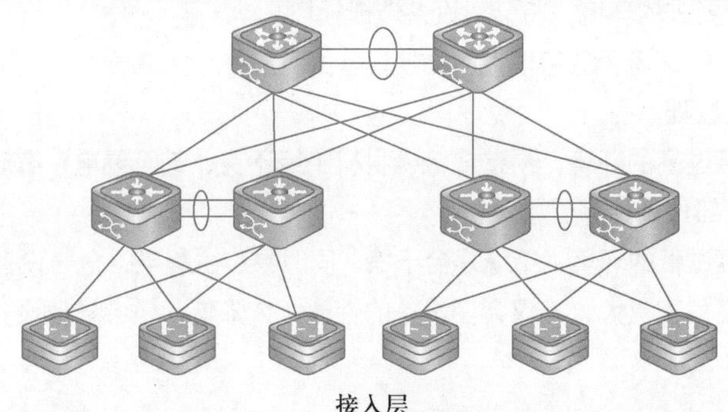

图 1-13
接入层拓扑

为了提高网络性能且方便管理，大中型网络应按照标准的三层结构设计。但是，对于网络规模小，联网距离较短的环境，可以采用“收缩核心”设计。忽略汇聚层，核心层设备可以直接连接接入层，这样在一定程度上可以省去部分汇聚层费用，还可以减轻维护负担，更容易监控网络状况，采用“收缩核心”网络架构，组建扁平化的网络，优化网络运行。二层架构网络如图 1-14 所示。

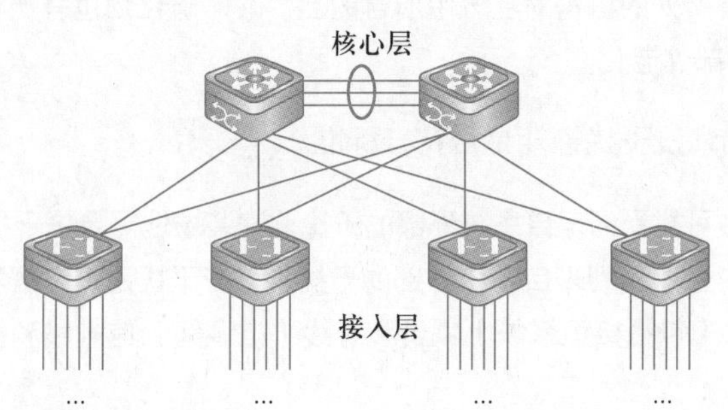

图 1-14
二层架构网络

1.4 网络设备安装操作规范

为了加强网络中心设备的管理，保障设备的稳定高效工作，加强计算机设备及网络设备的安装标准化、规范化，需要掌握和了解标准的网络设备安装和操作规范。

1.4.1 网络设备安装流程

掌握和了解标准的网络设备安装和操作规范，掌握网络设备安装流程，为后期网络的正常运维提供保障。

1. 勘察场地是否符合安全标准

一个标准的网络设备安装环境，可为后续保障网络设备的稳定运行提供安全保障。网络设备必须在室内使用。为保证设备正常工作和延长使用寿命，安装场所必须符合设备的通风

笔 记

散热要求，以便于空气的流通，确保散热正常进行。

定期除尘（建议 3 个月一次），避免灰尘堵塞机壳上的网状散热孔。

2. 检测机房内温度和湿度是否符合标准

为保证设备正常工作和使用寿命，机房内需维持一定的温度和湿度。如果机房长期处于不符合温度、湿度要求的环境，将会对设备造成损坏。

处于温度过高的环境，危害很大，会使设备的可靠性大大降低，长期高温还会影响设备的寿命，加速老化过程。

处于相对湿度过高的环境，易造成绝缘材料绝缘不良，甚至漏电；有时也易发生材料机械性能变化、金属部件锈蚀等现象。

处于相对湿度过低的环境，绝缘片会干缩，同时易产生静电，危害设备上的电路。

环境温度过高危害更大，不仅会使设备的性能大大降低，还会导致设备容易出现各种各样的硬件故障。

3. 检查室内洁净度，保障设备间洁净

灰尘对设备运行是一大危害，因此在室内相对湿度偏低的情况下，应保障室内洁净度。

灰尘对设备运行的危害表现在当室内灰尘落在机体上，会造成静电吸附，使金属接点接触不良，尤其是在室内相对湿度偏低的情况下，更易造成静电吸附，不但会影响设备寿命，而且容易造成通信故障。

除灰尘外，设备所处的机房对空气中所含的盐、酸、硫化物也有严格的要求。这些有害物会加速金属腐蚀和部件老化。

4. 检测安装场地抗干扰性能是否符合标准

交换机在使用中可能受到来自系统外部的干扰，安装场地需要抗干扰。

交换机在使用中可能受到来自系统外部的干扰，这些干扰通过电容耦合、电感耦合、电磁波辐射、公共阻抗（包括接地系统）耦合和导线（电源线、信号线和输出线等）的传导方式对设备产生影响。

交换机工作地点远离强功率无线电发射台、雷达发射台、高频大电流设备。必要时采取电磁屏蔽的方法，如接口电缆采用屏蔽电缆。接口电缆要求在室内走线，禁止户外走线，以防止因雷电产生的过电压、过电流损坏设备信号口。

5. 检查系统接地是否符合标准

良好的接地系统是网络设备稳定可靠运行的基础，需要保障系统接地符合标准。

良好的接地系统是 RG-S2930 系列交换机产品稳定可靠运行的基础，是防止雷击、抵抗干扰的首要保证条件。请按设备接地规范的要求，认真检查安装现场的接地条件，并根据实际情况把接地工作做好。

交换机的有效接地是交换机防雷、抗干扰的重要保障，所以必须正确接地。

6. 按照标准流程，实施网络设备上架

在完成上述问题之后，按照如图 1-15 所示的流程完成设备的上架。

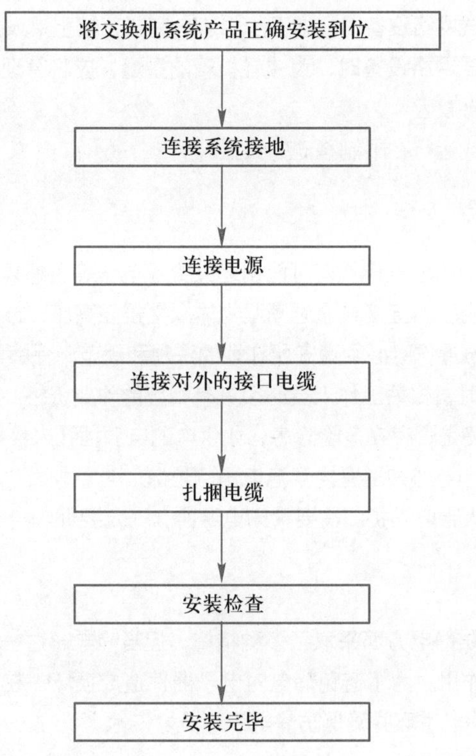

图 1-15
设备上架流程

1.4.2 施工场所安全规范

在进行网络系统施工时，一定要注意相关的安全规范，这是作为一名网络工程师必须牢牢掌握和遵守的规则。

1. 通用安全

- 采取必要的安全保护措施（如在交换机安装过程中，须佩戴防静电手环等），以保证人身和系统的安全。
- 保持机箱清洁、无尘。勿将交换机放置在潮湿的地方，也不要让液体进入交换机内部。
- 确保所处位置的地面干燥、平整，并确保已做好防滑措施。
- 不要将设备放在行走区域内。
- 安装和维护时，不要穿宽松的衣服，不要佩戴首饰或其他可能被机箱挂住的东西。
- 交换机以及相关部件比较重，在搬运、抬举时，应多人配合，并注意人身安全。

2. 设备搬移安全

- 注意网络设备安装前搬移的安全，移动设备时应注意平衡，避免损伤。
- 应避免频繁移动设备。
- 移动设备时，应注意平衡，避免碰伤腿和脚，扭伤腰。
- 移动设备前，应关闭所有电源，拆卸所有电源电缆。
- 在搬运设备时，请不要抓住面板，电源把手，或机箱拉手，这些地方在设计时，未考虑承担整个设备的重量，搬运时抓住这些地方，有可能引起损坏，甚至伤害用户的身体。

笔 记

- 移动大型机箱式网络设备时，应至少由 4 人完成，禁止单人操作。
- 移动大型机箱式网络设备时，为减轻机箱的重量，应将管理模块、业务模块、电源模块拆卸下来后再搬运。
- 设备必须安装或运行在限制移动的位置。

3. 保障电气安全

- 不规范、不正确的电气操作有可能引起火灾或电击等意外事故，并对人体和设备造成严重、致命的伤害。直接或通过潮湿物体间接接触高压、市电，可能带来致命危险。因此，进行电气操作时必须遵守所在地的法规和规范，保障电气安全。
- 进行电气操作时，相关工作人员必须具有相应的作业资格。在设备安装前，应仔细检查设备工作环境是否存在危险隐患，如供电的电源插孔未接地、地面潮湿等。
- 在设备安装前，务必知道室内紧急电闸的位置。当意外发生时，立即切断所有电源。尽量不要一个人带电维护。需要关闭电源时，一定要仔细检查确认。

4. 防静电安全

尽管网络设备在防静电方面采取了多种措施，但当静电超过一定容量时，仍会对电路和设备产生巨大的破坏作用。为了避免静电对电子器件造成损坏，在安装各类可拔插模块的过程中，应正确佩戴防静电手环并确保防静电手环良好接地。

1.4.3　电气安装安全规范

不规范、不正确的电气操作可能引起火灾或电击等意外事故，并对人体和设备造成严重、致命的伤害。直接或通过潮湿物体间接接触高压、市电，可能带来致命危险。因此，进行电气操作时必须遵守所在地的法规和规范，保障电气安全。

1. 保障电气安全

进行电气操作时，必须遵守所在地的法规和规范。相关工作人员必须具有相应的作业资格。在设备安装前，请仔细检查设备工作环境是否存在危险隐患。例如，供电的电源插孔未接地，地面潮湿等。在设备安装前，务必知道室内紧急电闸的位置。当意外发生时，立即切断所有电源。尽量不要一个人带电维护。需要关闭电源时，一定要仔细检查确认。请不要把设备放在潮湿的地方，也不要让液体进入设备箱体内。

2. 防静电安全

尽管网络设备在防静电方面作了大量的考虑，采取了多种措施，但当静电超过一定容量时，仍会对电路和设备产生巨大的破坏作用。在网络设备连接的通信网中，静电感应主要来源有：室外高压输电线、雷电等外界电场，室内环境地板材料，整机结构等内部系统。

网络系列交换机随机配备有防静电手环。为了避免静电对电子器件造成损坏，在安装各类可拔插模块的过程中，请正确佩戴防静电手环并确保防静电手环良好接地。

防静电手环的使用方法如下。

- 确认交换机已经良好接地。
- 将手伸进防静电手环中。
- 拉紧锁扣，确保防静电手环与皮肤接触良好。

为了安全起见，使用万用表检查防静电手环的阻值。人体与地之间的电阻应该在 1～10 MΩ。当防静电手环通过机箱上的防静电手环插孔接地时，应确保交换机已经良好接地。图 1-16 所示为防静电方式连接示意图。

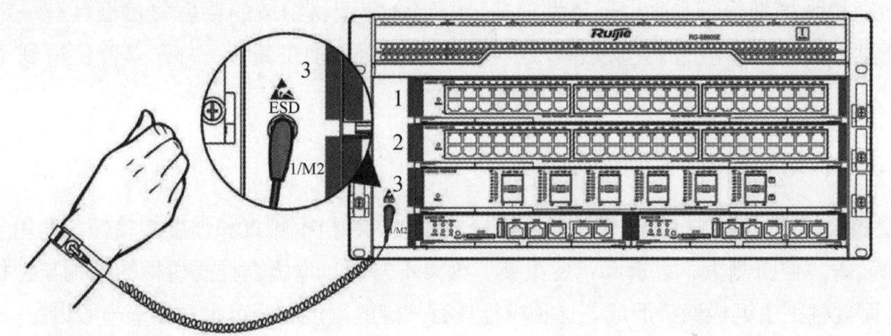

图 1-16
防静电方式连接示意图

1.5 机柜的选型与安装

能够根据各种机柜功能和区别，完成各类机柜选型和安装；并能熟练阅读水平布线图、机柜设备安装图、物料清单；会制作配线架标签，做好安装准备。

1.5.1 机柜

笔 记

机柜是用于容纳电气或电子设备的独立式或自支撑的机壳。机柜一般配置门、可拆或不可拆的侧板和背板。机柜是电气设备中不可或缺的组成部分，是电气控制设备的载体。机柜一般由冷轧钢板或合金制作而成。可以提供对存放设备的防水、防尘、防电磁干扰等防护作用。机柜一般分为服务器机柜、网络机柜、控制台机柜等。

常见的机柜颜色有白色、黑色和灰色。此外，机柜按材质来分，有铝型材的机柜、冷轧钢板机柜、热轧钢板机柜；按照加工工艺来分，有九折型材机柜和十六折型材机柜等。

机柜的制作板材种类、涂层材料、加工工艺决定了机柜的稳定性。一般情况下，其长度规格有 600 mm、800 mm，宽度规格有 600 mm、800 mm、1000 mm，高度规格有 42U、36U、24U。

早期的机柜大都是用铸件或角钢经螺钉、铆钉连接或焊接成机柜框架，再加由薄钢板制成的盖板（门）而成。这种机柜的体积大、笨重、外形简陋，已被淘汰。随着晶体管、集成电路的使用和各种元器件的超小型化，机柜的结构也向小型化、积木化方向发展。

机柜已由过去的整面板结构，发展成为具有一定尺寸系列的插箱、插件结构。插箱、插件的组装排列方式分水平排列和垂直排列两类。机柜材料普遍采用薄钢板、各种断面形状的钢型材、铝型材及各种工程塑料等。机柜的框架除用焊接、螺钉连接外，还采用粘接工艺。

随着计算机与网络技术的发展，机柜正成为其重要的组成部分。数据中心的服务器、网络通信设备等 IT 设施，正在向着小型化、网络化、机架化的方向发展。而机柜，正在逐渐成为这个变化中的主角之一。

1.5.2 机柜的类型

机柜按构件的承重、材料及其制造工艺的不同，可分为型材和薄板两种基本结构。

笔 记

1．型材结构机柜

有钢型材机柜和铝型材机柜两种。钢型材机柜由异型无缝钢管为立柱组成。这种机柜的刚度和强度都很好，适用于重型设备。由铝合金型材组成的铝型材机柜具有一定的刚度和强度，适用于一般或轻型设备。这种机柜重量轻，加工量少，外形美观，得到了广泛应用。

2．薄板结构机柜

整板式机柜，其侧板为一整块钢板弯折成形。这种机柜刚度和强度均较好，适用于重型或一般设备。但因侧板不可拆卸，使组装、维修不方便。弯板立柱式机柜的结构与型材机柜相似，而立柱则由钢板弯折而成。这种机柜具有一定的刚度和强度，适用于一般设备。

根据需要，机柜还装有机柜附件。其主要附件有固定或可伸缩的导轨、锁紧装置、铰链、走线槽、走线架和屏蔽梳形簧片等。

1.5.3　机柜的选型

标准机柜广泛应用于网络设备、无线通信器材、电子设备叠放，机柜具有增强电磁屏蔽、削弱设备工作噪声、减少设备地面面积占用的优点，对于一些高档机柜，还具备空气过滤功能，可提高精密设备工作环境质量。

标准机柜的结构比较简单，主要包括基本框架、内部支撑系统、布线系统、通风系统。标准机柜根据组装形式和材料选用的不同，可以分成各种档次。

1．按照机柜尺寸选型

很多工程级设备的面板宽度都采用 19 寸，所以 19 寸机柜是最常见的一种标准机柜。19 寸标准机柜的种类和样式非常多，价格和性能差距也非常明显。同样尺寸不同档次机柜的价格可能相差数倍之多。用户选购标准机柜要根据安装堆放器材的具体情况和预算，综合选择合适的产品。

19 寸标准机柜有宽度、高度、深度 3 个常规指标。虽然对于 19 寸面板设备安装宽度为 465.1 mm，机柜的物理宽度常见的产品为 600 mm 和 800 mm 两种。高度一般为 0.7 m～2.4 m，根据柜内设备的多少和格调而定，通常厂商可以定制特殊的高度，常见的 19 寸成品机柜高度为 1.6 m 和 2 m。

机柜的深度一般为 400 mm～800 mm，根据柜内设备尺寸而定，通常厂商也可以定制特殊深度的产品，常见的成品 19 寸机柜深度为 500 mm、600 mm、800 mm。

19 寸标准机柜内设备安装所占高度，用一个特殊单位“U”表示（1U=44.45 mm）。使用 19 寸标准机柜的设备面板一般都是按 *n*U 的规格制造。对于一些非标准设备，大多可以通过附加适配挡板装入 19 寸机箱并固定。

目前，主流 19 英寸标准机柜有 600 mm、800 mm、950 mm、1070 mm 4 个深度可供选择。机柜的深度选择，需要充分考虑所安装设备的深度，取其中最深设备的尺寸。

在最深设备尺寸的基础上，增加 200 mm 左右，作为预留的走线空间。当然，特殊情况下，甚至可以选择两台设备背靠背安装在机柜内，增加机柜、机房的空间利用率。为了能充分利用机柜深度空间，机柜在设计时，增加立柱深度方向可调节功能，可以根据设备实际深度，调整立柱安装位置。选择机柜深度时应在设备深度的基础上再加上 200 mm。

笔 记

2. 按照机柜宽度选型

按照 IEC 60297 标准尺寸进行生产，严格保证内部安装尺寸满足 19 寸要求。其中，800 mm 宽的机柜两侧均有 123 mm 宽的电缆管理空间，每侧的正面设有矩形孔便于穿线使用，可容纳大量线缆。而 600 mm 宽的网络机柜两侧均有 30 mm 宽的电缆管理空间，侧面设有线缆固线槽，方便线缆固定和整理。

3. 按照机柜材料选型

机柜材料与机柜性能有密切关系，制造 19 寸标准机柜材料主要有铝型材料和冷轧钢板两种材料。

由铝型材料制造机柜比较轻便，适合堆放轻型器材，且价格相对便宜。铝型材料由于质地不同，所制造出来的机柜在物理性能方面也存在一定差别，尤其一些较大规格的机柜更容易出现差别。

冷轧钢板制造的机柜具有机械强度高、承重量大的特点。同类产品中钢板用料的厚薄和质量以及工艺都直接关系到产品的质量和性能，有些廉价的机柜使用普通薄铁板制造，虽然价格便宜，外观也不错，但在性能方面自然大打折扣。通常优质机柜都比较重。

1.5.4 机柜的安装

1. 安装机柜注意事项

安装机柜时，需要注意以下事项。

① 机柜底座与地面固定的所有膨胀螺钉安装完全，按照由下到上大平垫、弹垫、螺母的顺序紧固，且底座安装孔与膨胀螺钉配合应良好。

② 机柜安装完成后，应该稳定不动。

③ 机柜安装完成后应与地面垂直。

④ 机柜与机房内其他机柜并柜时，要对齐成直线，误差应小于 5 mm。

⑤ 机柜前后门应安装活页，且开、关顺畅，门锁开关正常，钥匙齐全。

⑥ 机柜内和各单板上应无多余和非正规标签。

⑦ 空模块挡板应安装完全。

⑧ 机柜内各设备的固定螺钉应紧固、齐全，螺钉型号统一。

⑨ 设备各单板安装牢固，面板紧固螺钉应拧紧。

⑩ 机柜顶部或底部的所有出线口要装防鼠网，所留缝隙不大于 1.5 cm 的直径，防止老鼠或其他小动物进入机柜。

⑪ 机柜内必须配备防静电手环。

2. 安装机柜简要步骤

① 在安装机柜之前，首先对可用空间进行规划，机柜前后门均要保留足够的维护操作空间。如果计划将交换机安装在机柜内，需要确认机柜符合下面条件。

首先，使用 4 立柱的 19 寸标准机柜。其中，保障 19 寸标准机柜的左右两侧方孔条之间的间距为 465mm。图 1-17 所示为标准机柜示意图。

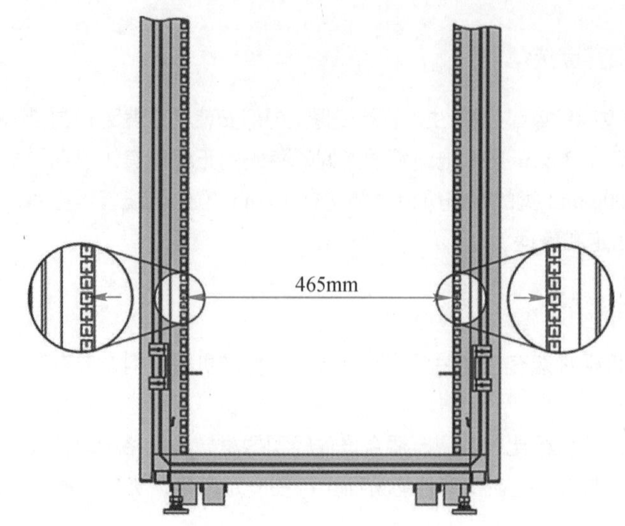

图 1-17
19 寸标准机柜两侧方孔条之间的间距

此外，保障机柜立柱方孔条距离前机柜门外侧应大于或等于 180 mm；并且前机柜门的厚度小于或等于 25 mm；保证可用空间大于或等于 155 mm；机柜深度（前后门之间的距离）大于或等于 1000 mm，如图 1-18 所示。

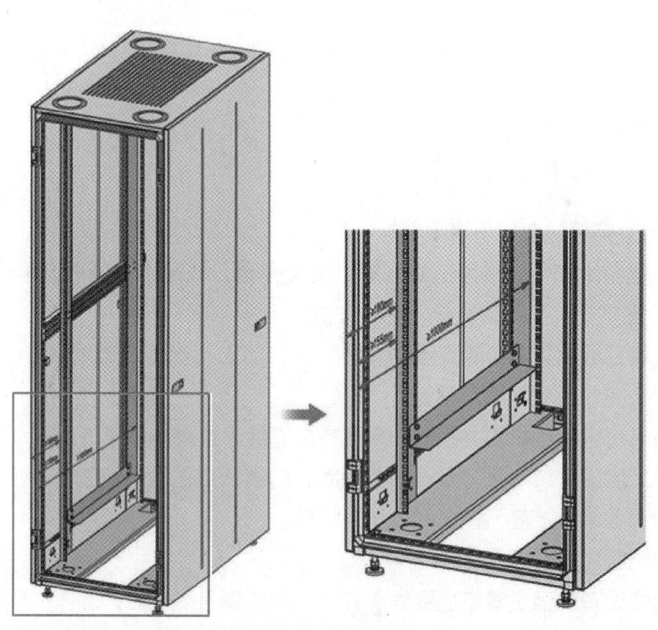

图 1-18
机柜尺寸要求示意图

② 按规划把机柜安装在指定位置，并固定好。

③ 安装上相应的线槽和连接线。

④ 根据一架一机或一架多机的情况，在机架上的相应位置装上托盘和起线层。

在安装滑道之前，先简单了解 19 寸标准机柜，确认机柜滑道（或托盘），应能满足交换机的承重要求。标准机柜的安装面板高度以 RU（Rack Unit）为单位划分，1 RU=44.45 mm。其中，如图 1-19 所示的 1 RU 有 3 个孔高度，中间孔为辅助安装孔，两侧孔为标准安装孔。

此外，相邻的两个标准安装孔之间的间距，应略小于辅助安装孔和与它相邻的标准安装孔之间的间距，注意区别。在安装部分机箱设备滑道时，确保将滑道承载机箱的平面安装在相邻的两个 RU 分界线（整 U 分界线）所在平面上。

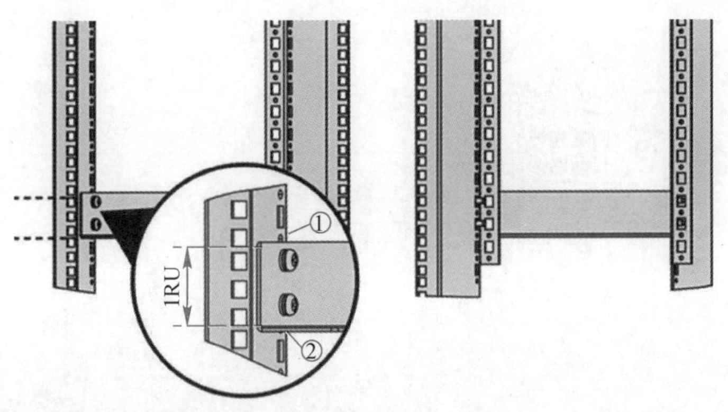

图 1-19
滑道示意图（①、②代表整 U 分界线）

⑤ 机柜有可靠的接地端子，供交换机接地。

⑥ 机柜有良好的通风散热系统，前后门的孔隙率大于 50%。

1.6 网络工程文档的编写

工程文档是在项目当中用到的一些表格、文件等，如布线图纸、变更文件、合同、规范、地方性规范、标准、招标文件、答疑、投标文件等，以下选择与设备安装相关的文档进行重点说明。

1.6.1 布线图

网络中的布线系统就是为了顺应发展需求而特别设计的一套布线系统。

在现代化大楼中，网络的布线图就如同人体内的神经，它采用了一系列高质量的标准材料，以模块化的组合方式，把语音、数据、图像和部分控制信号系统用统一的传输媒介进行综合，经过统一的规划设计，综合在一套标准的布线系统中，将现代建筑的三大子系统有机地连接起来，为现代建筑的系统集成提供了物理介质，如图 1-20 所示。

图 1-20
网络中的布线系统

可以说，网络的结构化布线系统的成功与否直接关系到现代化大楼的成败，选择一套高品质的综合布线系统是至关重要的。

其中，网络布线图是网络综合布线系统的施工图纸（如图 1-21 所示），是后期网络的部署和综合实施的重要依据，直观地再现网络的实施内容。

1.6.2 设备安装图

网络设备安装图是工程师在安装网络设备前，需要提前规划好的网络的拓扑结构、现有的网络设备分布情况、网络中的用户信息点数量、网络中的用户区域分组等，通过多种因素勾画出机柜内部的线路走线图和设备具体位置图。

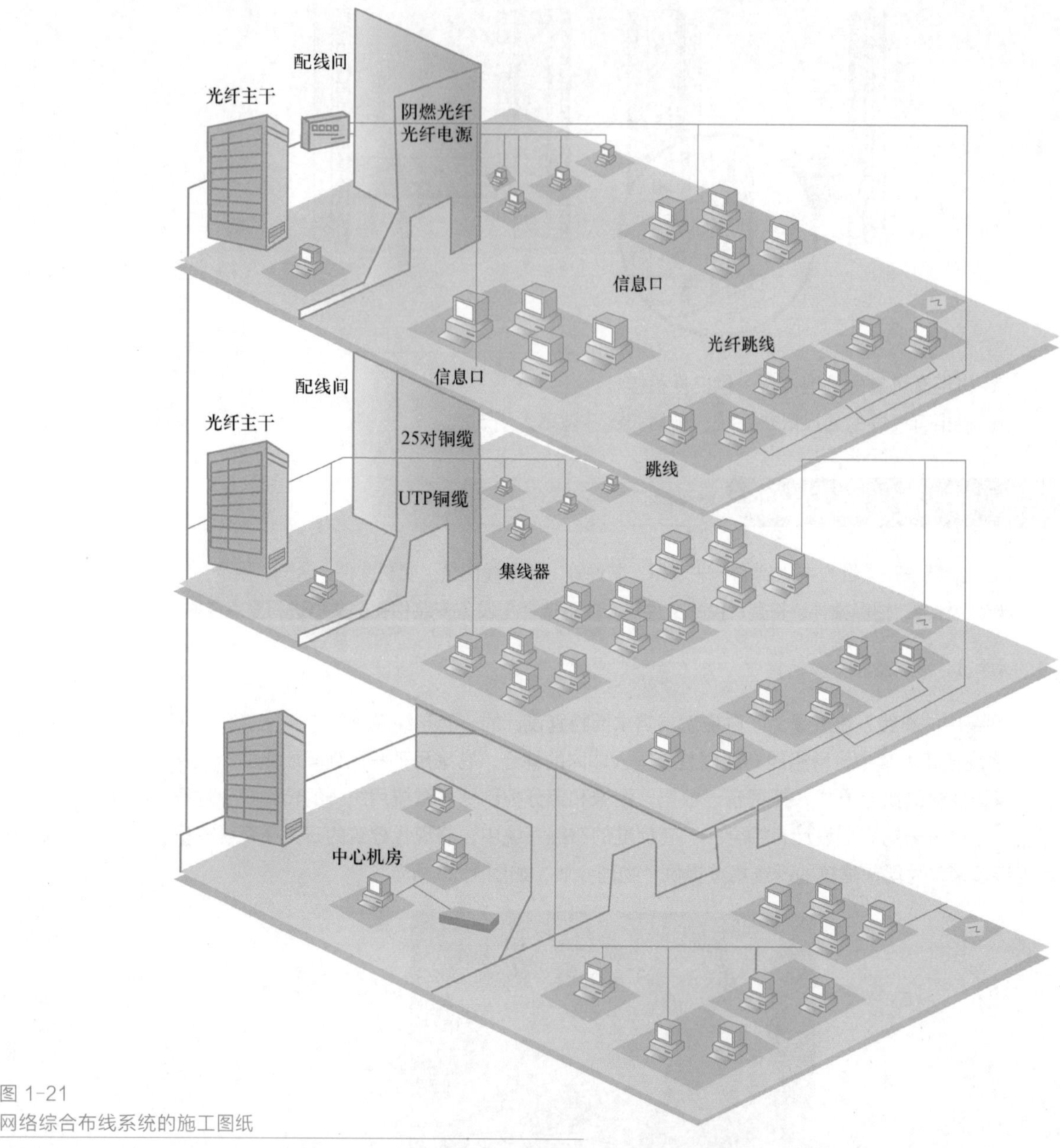

图 1-21
网络综合布线系统的施工图纸

规划良好的网络设备安装图，是顺利完成网络部署的重要一环；同时，更是为接下来网络的调试做好准备，保证按照图纸进行的网络调试不出故障，并能根据网络安装部署图纸，及时排除网络故障，保障网络良好的运维。

1.6.3　物料清单文档

物料清单（Bill of Materials，BOM）是描述企业产品组成的技术文件，在网络工程的项目建设上，也使用物料清单文档和图收集网络工程项目建设内容。

在加工行业以及网络工程项目中，使用物料清单来表明网络设备以及组网产品的总装件、分装件、组件、部件、零件，直至原材料之间的结构关系，以及所需的数量。图 1-22 所示为物料清单结构图。

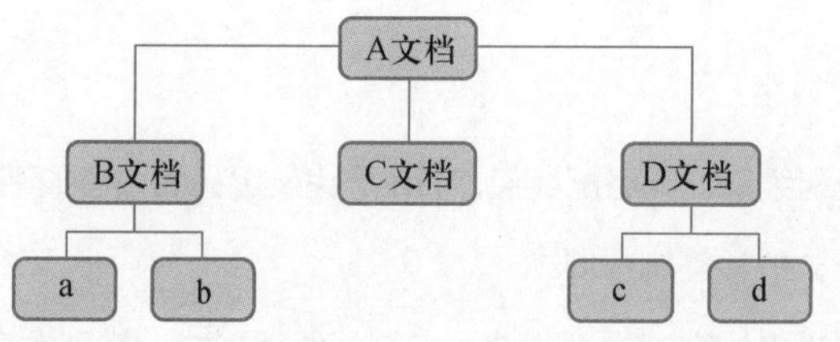

图 1-22
物料清单结构图

网络工程项目实施的物料清单，也称为狭义上的 BOM，通常也称为“物料清单”，就是描述网络工程项目施工中使用的网络产品之间的结构。其仅仅表述对网络工程项目中使用的物料，按照一定的流程划分规则进行简单的分解方案，并描述了网络工程项目物料的物理组成。一般按照功能进行层次的划分和描述。

其中，包括构成网络工程项目实施的物料清单中父项装配件的所有子装配件、中间件、零件及原材料的清单；也包括装配所需的各子项的数量。网络工程项目实施的物料清单和生产计划一起作用，来安排仓库的发料和待采购件的种类和数量。可以用多种方法描述物料清单，如单层法、缩进法、模块法、暂停法、矩阵法及成本法等。

在网络工程项目的实施过程中，物料清单是一个渠道施工企业的核心文件，各个部门的活动都要用到物料清单。

1.6.4 配线架标签

制作配线架标签，做好安装准备。其中，配线架标签制作材质建议采用防水、防油，防晒、耐高低温，高强度的加强型合成纸材质，带有工业级粘胶；最后还需要具有多种底色，以方便彩色区分管理。

1. 永久链路网线标签制作

在永久链路网线两端均按上述方式贴好，一端粘贴到面板内线缆处，另一端粘贴到进入网络配线架的连接处。永久链路均采用 T 型合成纸标签，左侧编码号，打印字号按规定的字号统一设置，打印字体为宋体，T 型标准底色为白色。

2. 面板标签制作

面板统一尺寸为 86 mm×86 mm，面板型号分为单孔面板、双孔面板、四孔面板 3 种类型，标号区如图 1-23 所示。

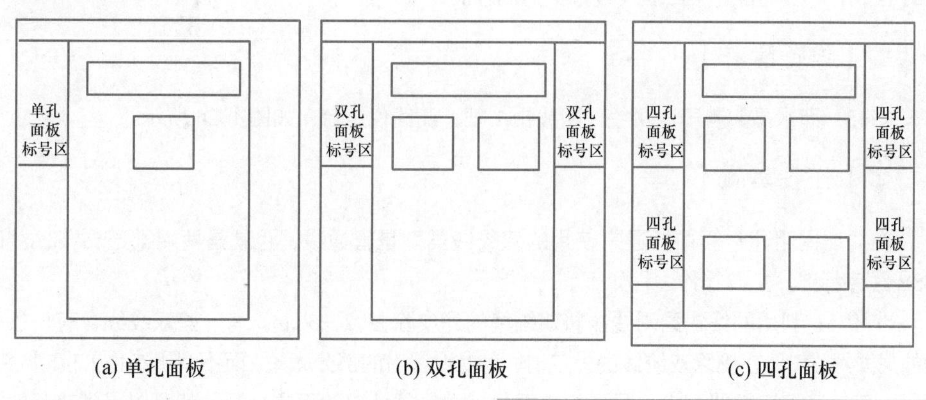

图 1-23
面板标签

面板标签采用亚银纸，大小按照现场实际情况确定。

笔 记

3. 配线架标签制作

配线间机柜光纤配线架、网络配线架、110 配线架编码的内容如下。

（1）纵向排列方式的标签制作要求

根据网络机房机柜内的空间规划，统一编制配线架形式，排列顺序为光纤配线架、网络配线架、110 配线架。例如，机柜内有两个光纤配线架，它在机柜上分别标示为 A、B；机柜内有 8 个网络配线架，分别标示为 C、D、E、F、G、H、I、J；机柜内有 3 个 110 配线架，分别标示为 K、L、M。

如果在另一个机柜上也有配线架，应按照以上顺序重新排列。标签纸统一采用 15 mm×15 mm 的正方形亚银纸。

（2）横向排列方式的标签制作要求

光纤配线架横向标识标签纸采用 100 mm×14 mm 亚银纸标签。其中，室内光缆 12 芯的标示为 01、02、03、04、05、06、07、08、09、10、11、12。按照规定的字号统一设置，打印字体为宋体，居中打印。

（3）铜芯多股绝缘软线标签制作要求

铜芯多股绝缘线缆是指在报警系统、门禁系统、校园广播系统、灯控系统、能源管理、楼宇自控系统等中用于传输电源、信号、控制的弱电专用线缆。

该类型的线缆编码标签制作要点为：标签打印机采用传统合成纸打印机，标签带宽度为 9 mm，使用大号字体，标签底色为白色。根据所编制的编码字体长度，可以自动剪切。

项目实施

任务 1-1　双绞线接头的制作

【任务描述】

小李在学校已经学习过网络传输介质的相关知识，但并没有机会去亲手制作，在师傅老李的指导下，小李首先学习双绞线接头的制作。

【设备清单】

RJ45，即水晶头若干、网线、网线钳 1 把、测线仪 1 台，如图 1-24 所示。

【任务实施】

在局域网组建过程中，通常使用的双绞线类型是直通线，也就是两端都遵循 EIA/TIA 568B 线序标准。主要操作过程如下。

步骤 1：利用网线钳的剥线器将双绞线的外皮除去 2～3 cm。有一些双绞线含有一条柔软的尼龙线，如果在剥除双绞线的外皮时，觉得裸露出的部分太短，而不利于制作 RJ45 接头，可以一只手紧握双绞线外皮，另一只手捏住尼龙线往外皮的下方剥开，就可以得到较长的裸露线，如图 1-25 所示。

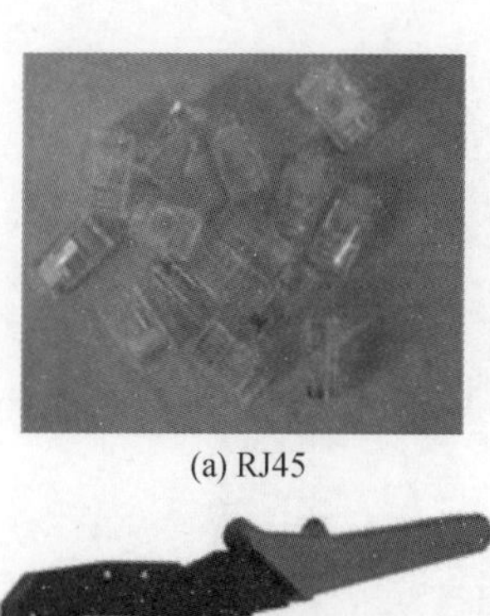

(a) RJ45

(b) 网线

(c) 网线钳

(d) 测线仪

图 1-24
RJ45、网线、网线钳、测线仪

步骤 2：进行拨线操作。将裸露的双绞线中的橙色线对拨向左方，棕色线对拨向右方，将绿色线对蓝色线对放在中间位置，如图 1-26 所示。

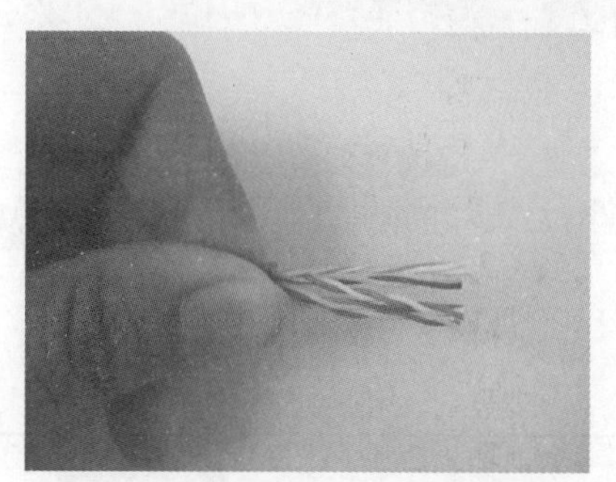

图 1-25
用剥线器将线外皮除去

图 1-26
拨线操作

步骤 3：在排列线序的过程中，小心剥开每一线对，遵循 T568B 的标准，将线对的颜色有顺序地排列好，左起依次为：白橙—橙—白绿—蓝—白蓝—绿—白棕—棕。操作时用一只手剥线，另一只手的拇指和食指将剥开的色线按规定的顺序捏紧，如图 1-27 所示。

步骤 4：将排列好线序的双绞线用压线钳的剪线口剪到只剩约 12 mm 的长度，之所以留下这个长度是为了符合 TIA/EIA 标准。要确保各色线的线头整齐且长度一致，如图 1-28 所示。

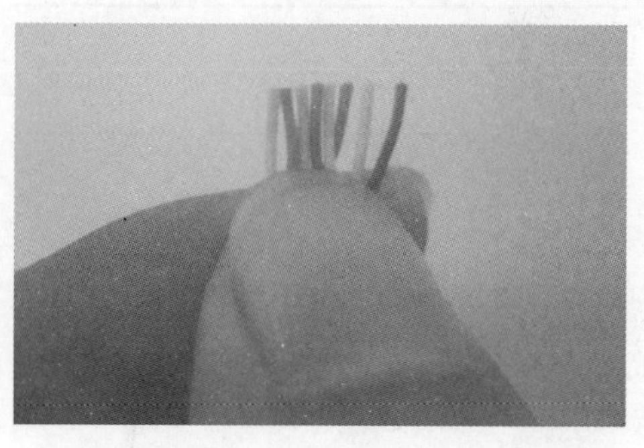

图 1-27
排列线序

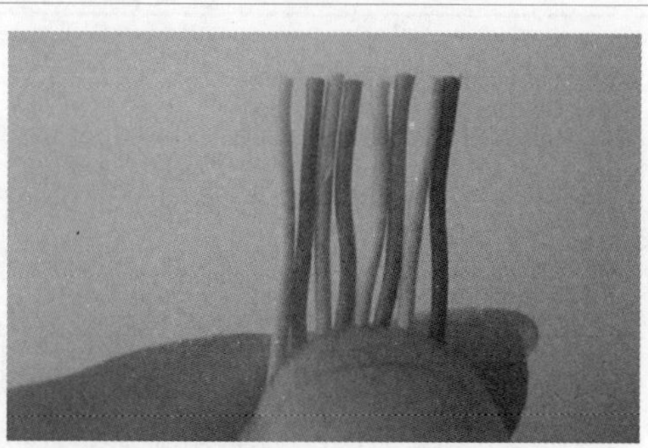

图 1-28
剪线口

步骤 5：将双绞线的每一根线依序放入 RJ45 的引脚内，如图 1-29 所示。

步骤 6：确定双绞线的每根线正确放置后，就可以用压线钳压接 RJ45 接头；如需保护套时，需要在压接接头之前就将保护套插在双绞线电缆上，如图 1-30 所示。

图 1-29
放入引脚

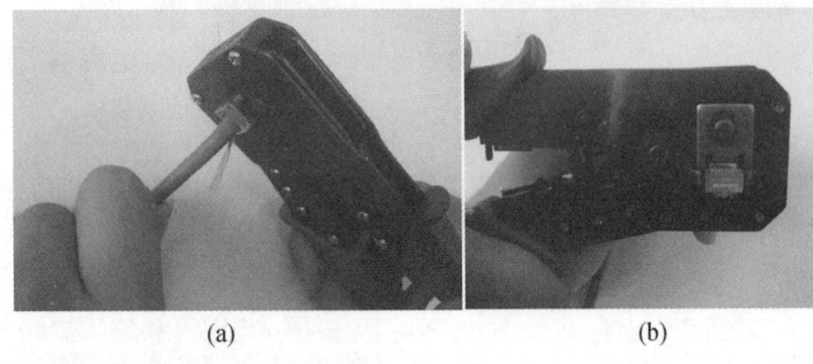

(a)　　(b)

图 1-30
压接头

步骤 7：重复以上步骤，做好相应的另一端。至此，一条直通双绞线就做好了。

最后，将做好的直通线两头插入线缆测试仪的接口。打开电源开关，测线仪的主、从两端的亮灯顺序都依次对应为 1～8，表示线缆畅通。

【任务评测】

序号	测评点	配　分	得　分
1	对相关知识的理解	20	
2	目标达成度	40	
3	岗位规范	20	
4	职业素养	20	
总分			

任务 1-2　光纤冷接

【任务描述】

光纤作为网络传输介质，具有传输速率高、传输距离远、不受电磁干扰等优点，在网络组建过程中，光纤的应用也越来越广泛，掌握光纤的使用是网络工程师必备的技能。因此，在师傅老李的指导下，小李开始学习光纤冷接技术。

【设备清单】

切割刀 1 把、皮缆开剥钳 1 把、米勒钳 1 把、定长器 1 个、光纤材质若干，如图 1-31 所示。

(a) 切割刀

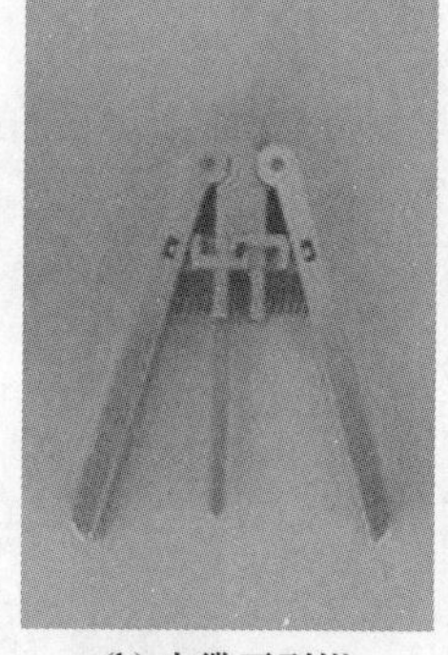
(b) 皮缆开剥钳

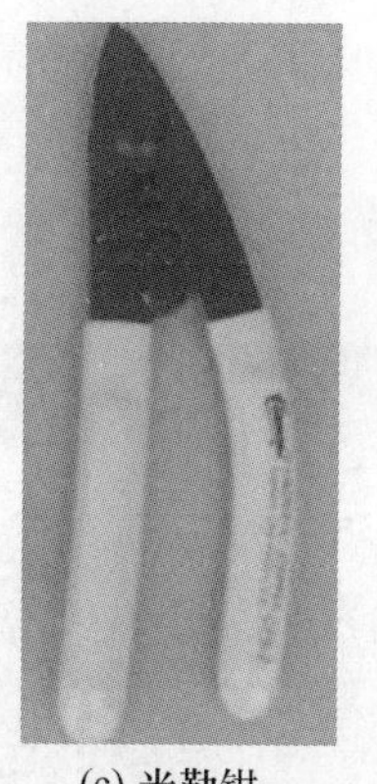
(c) 米勒钳

(d) 定长器

图 1-31
冷接工具

➲【任务实施】

步骤 1：将皮缆穿入尾套，如图 1-32 所示。

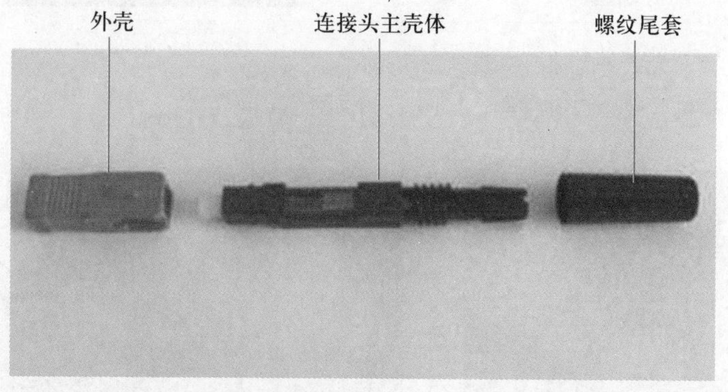

图 1-32
皮缆穿入尾套

步骤 2：用皮缆开剥钳去皮缆外皮，如图 1-33 所示。

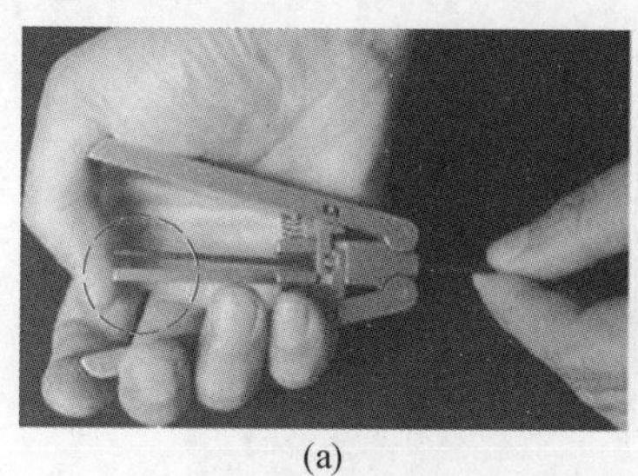
(a)

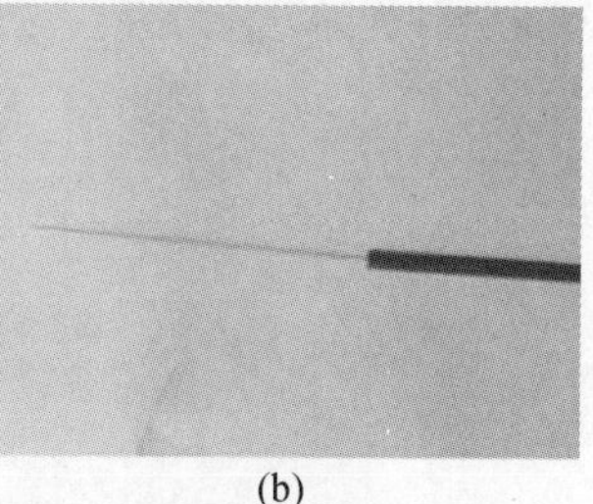
(b)

图 1-33
钳去皮缆外皮

步骤 3：用米勒钳剥去 0.25 mm 涂覆层，并反复弯曲确认光纤没有受损，如图 1-34 所示。

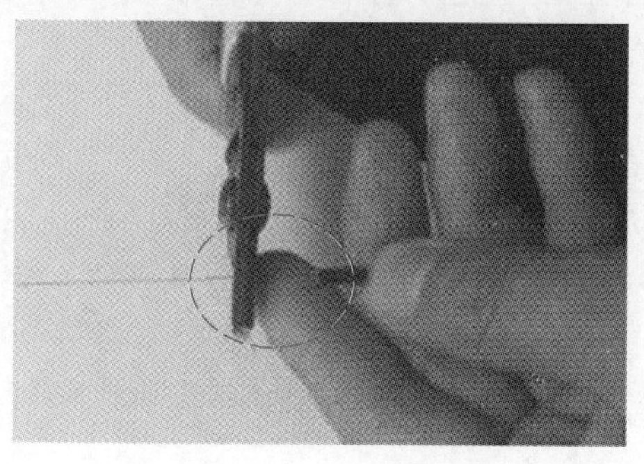

图 1-34
剥去涂覆层

步骤 4：用无水酒精清洁光纤表面，并放置在定长器上，确认光纤在定长器槽中，如图 1-35 所示。

步骤 5：将带光纤的定长器放置在切割刀上面，切割光纤，如图 1-36 所示。

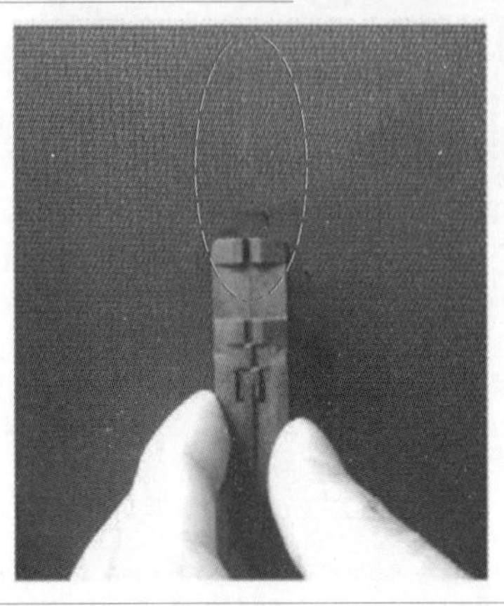

图 1-35
放置在定长器

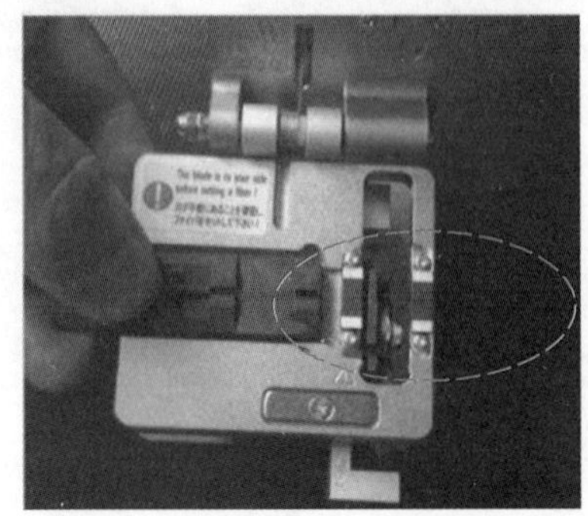

图 1-36
切割光纤

步骤 6：穿入光纤并锁紧，如图 1-37 所示。

步骤 7：将尾套推上去并拧紧，如图 1-38 所示。

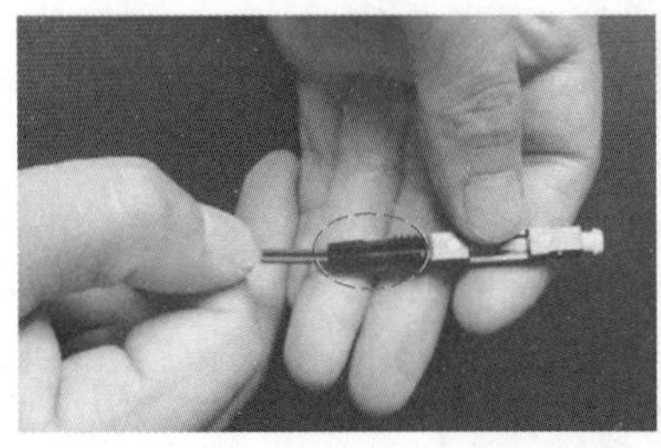

图 1-37
锁紧光纤

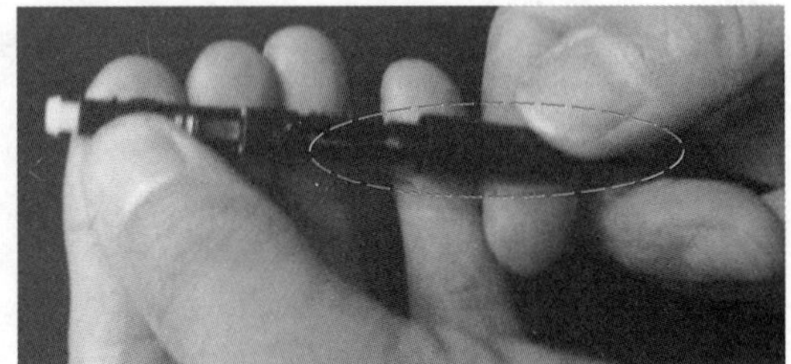

图 1-38
拧紧尾套

步骤 8：安装好外壳即可，如图 1-39 所示。

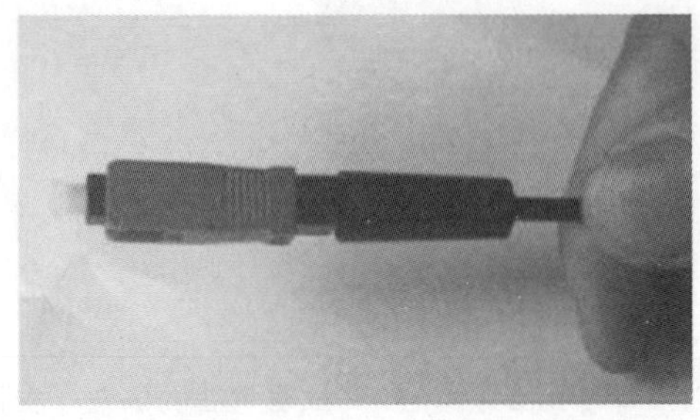

图 1-39
安装外壳

说明

多芯光纤（Multi Core Fiber）是一个共同的包层区中存在多个纤芯。由于纤芯的相互接近程度，可有以下两种功能。

① 纤芯间隔大，即不产生光耦合的结构。这种光纤，由于能提高传输线路的单位面积的集成密度，在光通信中，可以做成具有多个纤芯的带状光缆，而在非通信领域，作为光纤传像束，可以将纤芯做成成千上万个。

② 使纤芯之间的距离靠近，能产生光波耦合作用。利用此原理正在开发双纤芯的敏感器或光回路器件。

➲【任务评测】

序号	测评点	配　分	得　分
1	对相关知识的理解	20	
2	目标达成度	40	
3	岗位规范	20	
4	职业素养	20	
总分			

任务 1-3　在机柜中安装交换机

➲【任务描述】

在网络组建过程中，会使用到大量的网络设备，如交换机、路由器、防火墙等，这些设备通常要安装在机柜中。小李在师傅老李的指导下，开始学习在机柜中安装交换机。

笔 记

➲【设备清单】

机柜 1 个，交换机 1 台，安装工具包 1 套。

➲【任务实施】

在进行“产品安装”之前，应确认已经仔细阅读并掌握了上述设备安装的注意事项内容。此外，在安装前，还需要仔细确认以下注意事项。

- 安装设备的环境是否达到散热要求。
- 安装设备的环境是否达到温度和湿度的要求。
- 安装处是否已布置好电源和满足对电流的要求。
- 安装处是否已布置好相关网络配线。

在完成上述内容检查之后，完成设备在机柜中的安装流程，并按照以下安装规范，进行盒式设备安装。

1. 盒式设备安装注意事项

盒式设备在安装时，使用对应颜色的电源线连接对应的接线柱上。

应确保电源供电线的接口，与盒式设备的电源接口接触良好。盒式设备在插上电源线以后，应将电源线用电源线防脱夹保护好。

堆叠模块、接口扩展模块等均无法带电热插拔，在安装过程中注意，避免带电热插拔以上扩展模块，以免造成模块损坏。

严禁在盒式设备上方放置任何物品，交换机机身不要放置重物。

在盒式设备周围有足够的通风空间（10 cm 以上），以确保良好的散热，请勿堆砌放置。

盒式设备工作地点远离强功率无线电发射台、雷达发射台、高频大电流设备；必要时采取电磁屏蔽的方法，如接口电缆采用屏蔽电缆。

接口电缆要求在室内走线，禁止户外走线，以防止因雷电产生的过电压、过电流将设备

笔 记

信号口损坏。如需室外走线，请做好相关的防雷措施。

2. 配戴防静电手环

① 确认交换机已经良好接地。
② 将手伸进防静电手环中。
③ 拉紧锁扣，确保防静电手环与皮肤接触良好。

3. 盒式交换机安装到机柜之前确认

盒式设备在上机柜前，首先检查机柜前后的固定支架的位置是否合适。

如果固定支架太靠前，会造成设备正面离机柜前门太近，插上网线和光纤线后，可能造成无法关上机柜的前门。一般要保证安装后设备的前面板和机柜前门的距离为 10 mm 以上。

因此，在安装盒式设备前需确认以下内容。

- 机柜已经固定好。
- 机柜内的各模块已经安装完毕。
- 机柜内部和周围没有影响安装障碍物。
- 要安装的设备已准备好，并被运到机柜较近处，便于搬运的位置。

4. 安装盒式交换机到机柜中

盒式设备满足 EIA 标准尺寸，可以安装在 19 寸配线柜中，安装过程如下。

步骤 1：安装固定架。

首先，取出塑料袋内的螺钉和两个 L 形固定架（简称挂耳），以及安装用 M4×8FMO 沉头螺钉（与挂耳配套包装）。

然后，将挂耳固定架紧贴交换机的侧壁，并用 M4×8FMO 沉头螺钉将其固定，将挂耳的一端安装到交换机上，两侧安装方法相同，如图 1-40 所示。

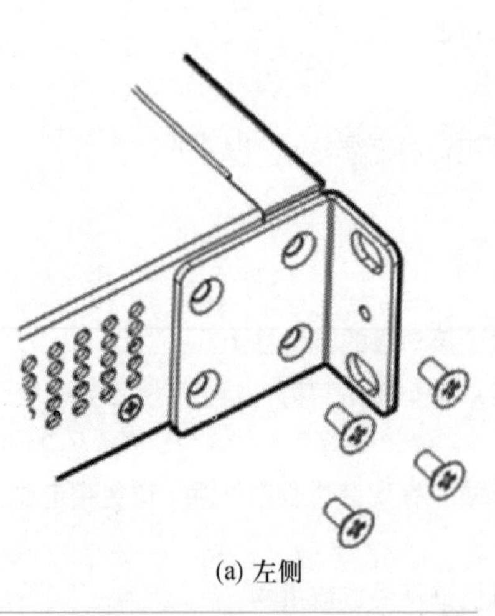
(a) 左侧

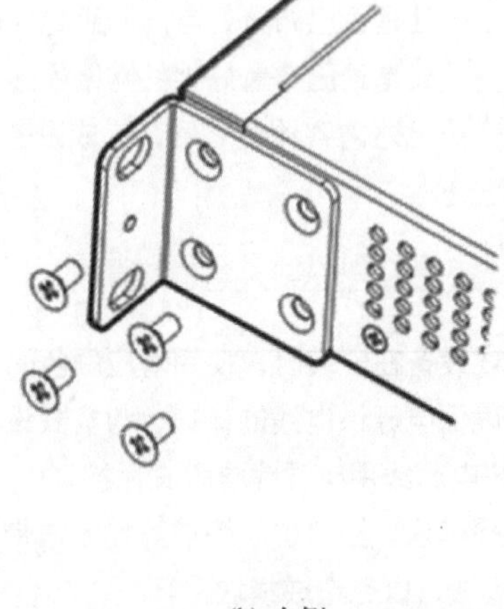
(b) 右侧

图 1-40
机柜式挂耳安装示意图 1

步骤 2：将盒式主机设备安装在机柜上。

在安装时，盒式设备前面板向前放在支架上。建议安装盒式设备时，采用托盘上架，再将其固定在机柜的支架上。或者也可以使用随机配备的后托架来进行固定。部分盒式设备深度较小，不随机配备后托架。

如图 1-41 所示，将交换机水平放置于机柜的适当位置，通过 M6 螺钉和配套的浮动螺母，将挂耳的另一端固定在机柜的前方孔条上。

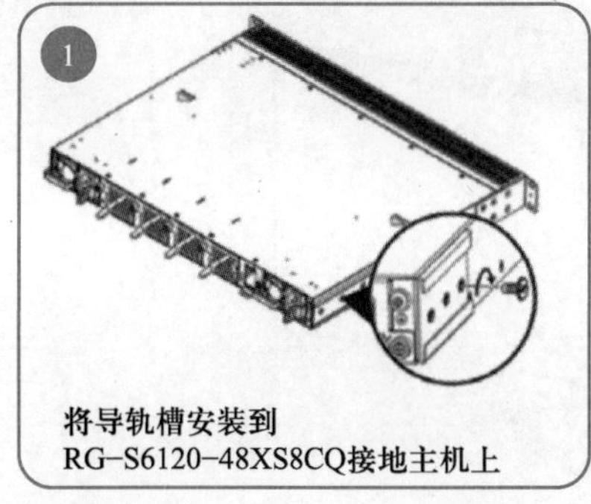

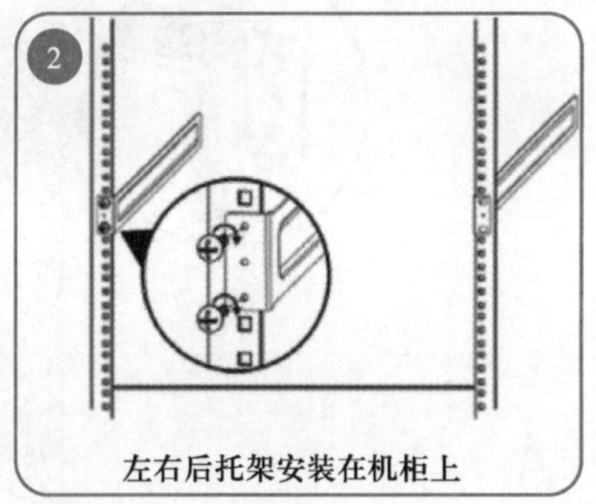

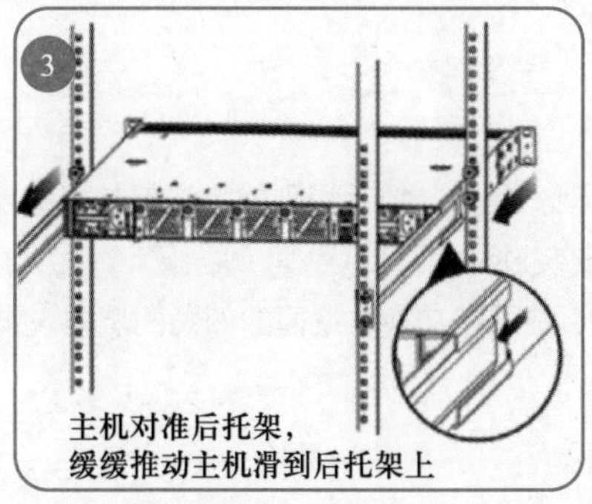

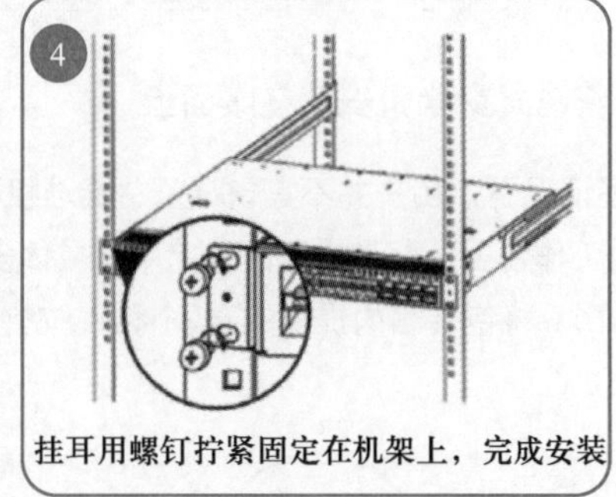

图 1-41
机柜式挂耳安装示意图 2

安装时需要注意以下几点。

- 挂耳安装的位置是主机后面板边上 6 个螺钉孔中左右两排 4 个螺钉孔。
- 根据后托架的标示方向区分左右后托架。
- 随机配备的后托架仅适用于 800 mm～1200 mm 深度的机柜。

5. 将盒式交换机安装在墙壁上

RG-S2930 系列交换机的附送挂耳可支持壁挂模式，安装过程如下。

步骤 1：取出螺钉（与前挂耳配套包装），将挂耳（旋转 90°）的一端安装到交换机上，如图 1-42 所示。

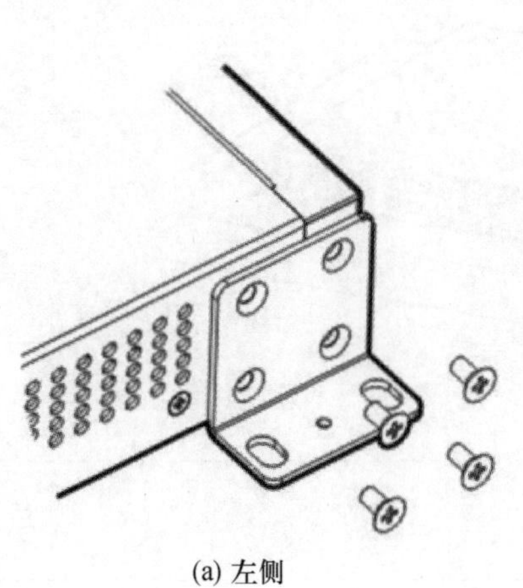

(a) 左侧

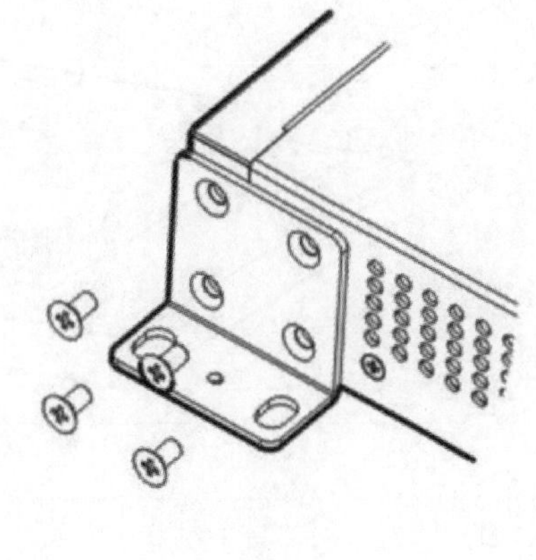

(b) 右侧

图 1-42
挂壁式挂耳安装示意图 1

步骤 2：使用膨胀螺钉将交换机固定在墙壁上，如图 1-43 所示。

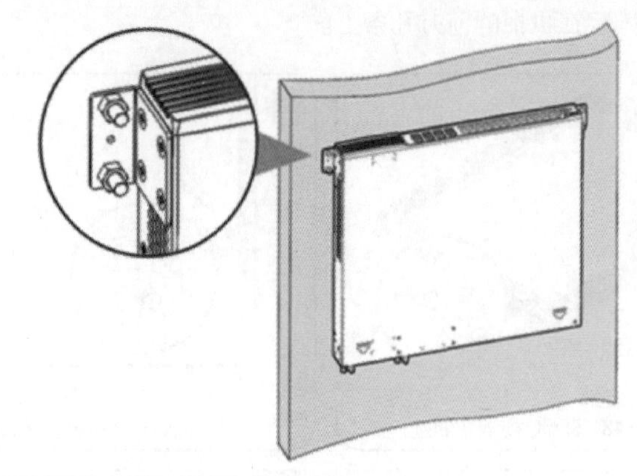

图 1-43
挂壁式挂耳安装示意图 2

6. 将盒式交换机安装在桌面上

很多情况下，用户并不具备 19 寸标准机柜。此时，经常用到的方法就是将交换机放置在干净的工作台上，此种操作比较简单，具体安装过程如下。

步骤 1：将包装箱内提供的 4 个黏性胶垫，粘贴在交换机底面的四角凹坑内，如图 1-44 所示。

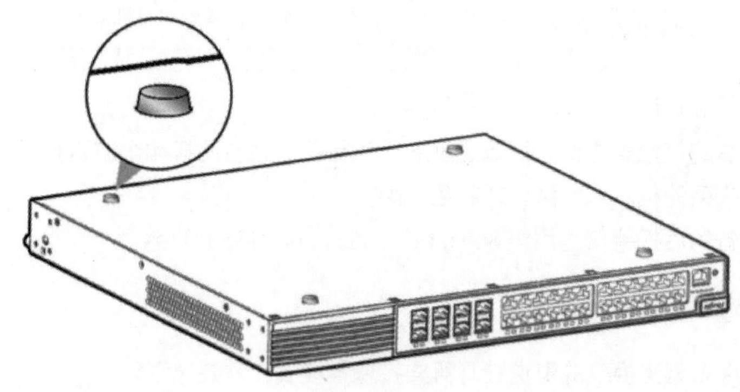

图 1-44
桌面式安装示意图 1

步骤 2：将交换机平放在桌面上，以确保交换机周围的空气能够良好地流动且通风良好，如图 1-45 所示。

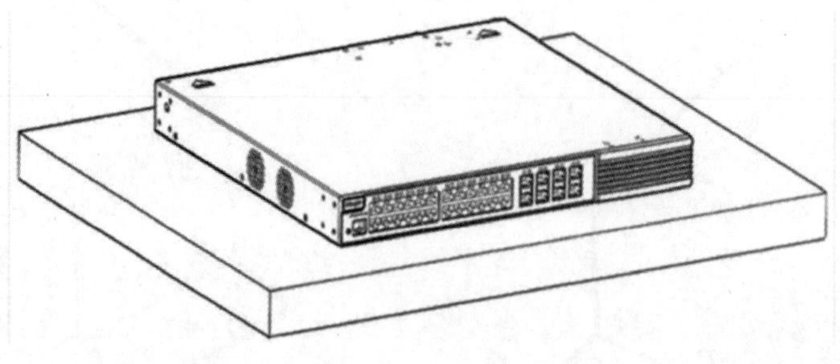

图 1-45
桌面式安装示意图 2

注意

设备必须安装运行在限制移动的位置。

7. 盒式交换机安装后检查

检查安装是否正确之前，请一定确定关闭电源，以免连接错误造成人体伤害和损坏产品部件。此外，还需要完成以下内容的安装检查。

- 检查地线是否连接。
- 检查配置电缆、电源输入线缆是否连接正确；
- 检查百米网线是否有在室外走线。若有室外走线的情况，请检查是否进行了交流电源防雷插排、网口防雷器等连接。
- 检查设备周围有足够的散热空间（10 cm 以上）。

➲【任务评测】

序号	测评点	配　分	得　分
1	对相关知识的理解	20	
2	目标达成度	40	
3	岗位规范	20	
4	职业素养	20	
总分			

项目总结

通过本项目的学习，我认识了____

____

____

____

我对哪些还有疑问：____

____

____

____

工程师寄语

同学们，你们好。学习完网络基础及设备安装项目后，你已经推开了通向网络运维工程师的大门。作为一名网络运维工程师，了解网络发展的过程有利于对整个网络工程项目的理解和认知，而设计规划网络是未来要达到的目标。通过本项目的学习，你一定发现了，网络相关知识包括大量的英文缩写和专业词汇，因此掌握这些知识对今后的工作会有很大帮助。

作为一名网络运维工程师，一定要遵守相关的职业规范和操作流程，保证设备安全和自身的安全。在动手实际操作之前，一定想好操作步骤，认真仔细地完成相关操作。

学习检测

1. 下列不属于表示层功能的有（　　）。

A. 加密　　B. 压缩　　C. 格式转换　　D. 区分不同服务

2. OSI/RM 是由（　　）机构提出的。

A. IETF　　B. IEEE　　C. ISO　　D. Internet

3. 能保证数据端到端可靠传输能力的是相应 OSI 的（　　）。

A. 网络层　　B. 传输层　　C. 数据链路层　　D. 会话层

4. 下列对常见网络服务对应端口的描述，正确的是（　　）。

A. HTTP：80　　B. Telnet：20　　C. RIP：21　　D. SMTP：110

5. 下列（　　）不属于网络层协议。

A. ICMP　　B. IGMP　　C. IP　　D. RIP

6. 设备上 MAC 地址也称为（　　）。

A. 二进制地址　　B. 八进制地址

C. 物理地址　　D. TCP/IP 地址

7. IP、TELNET、UDP 分别是 OSI 参考模型的（　　）层协议。

A. 1、2、3　　B. 3、4、5　　C. 4、5、6　　D. 3、7、4

8. 下列（　　）应用既使用 TCP 又使用 UDP。

A. TELNET　　B. DNS　　C. HTTP　　D. WINS

9. TCP 依据（　　）选项来确保数据的可靠传输。

A. 序号　　B. 确认号　　C. 端口号　　D. 校验和

10. OSI 参考模型从下至上的排列顺序为（　　）。

A. 应用层、表示层、会话层、传输层、网络层、数据链路层、物理层

B. 物理层、数据链路层、网络层、传输层、会话层、表示层、应用层

C. 应用层、表示层、会话层、网络层、传输层、数据链路层、物理层

D. 物理层、数据链路层、传输层、网络层、会话层、表示层、应用层

项目 2

交换技术及交换机配置

项目背景

在计算机网络的组建与使用过程中，需要用到各种不同的网络设备。局域网节点之间的数据传输，通常使用星状拓扑结构。早期的星状拓扑结构使用集线器作为其中心节点，由于集线器是工作在共享型半双工通信模式下的网络设备，往往会成为数据通信的瓶颈所在。在这种情况下，交换机设备出现了。

交换机是局域网中应用非常广泛的网络互连设备，可以识别数据帧中的 MAC 地址信息，根据 MAC 地址进行数据帧转发，并能将 MAC 地址与端口信息记录在地址表中。交换机可以工作在独享带宽及全双工工作模式下。通过交换机的应用，可以大大提高网络的通信速率及通信质量。

项目目标

知识目标

- 掌握局域网体系结构。
- 了解以太网的发展历史。
- 掌握以太网的帧结构。
- 掌握交换技术。
- 掌握交换机的工作原理。
- 掌握交换机帧的转发方式。
- 掌握衡量交换机性能的主要指标。
- 掌握 MAC/LLC 子层功能。
- 掌握 CSMA/CD 协议的工作原理。
- 掌握广播域和冲突域的概念。
- 了解常用二层设备。
- 掌握交换机地址学习和转发策略。
- 了解交换机的端口种类。

技能目标

- 掌握交换机的配置方式。
- 掌握交换机维护方式。
- 掌握交换机的常用配置命令。
- 掌握工程文档的编写。

知识结构

本项目主要帮助同学们了解和掌握局域网技术以及局域网的搭建与管理，掌握交换机的工作原理和配置方法。本项目的知识结构如图 2-1 所示。

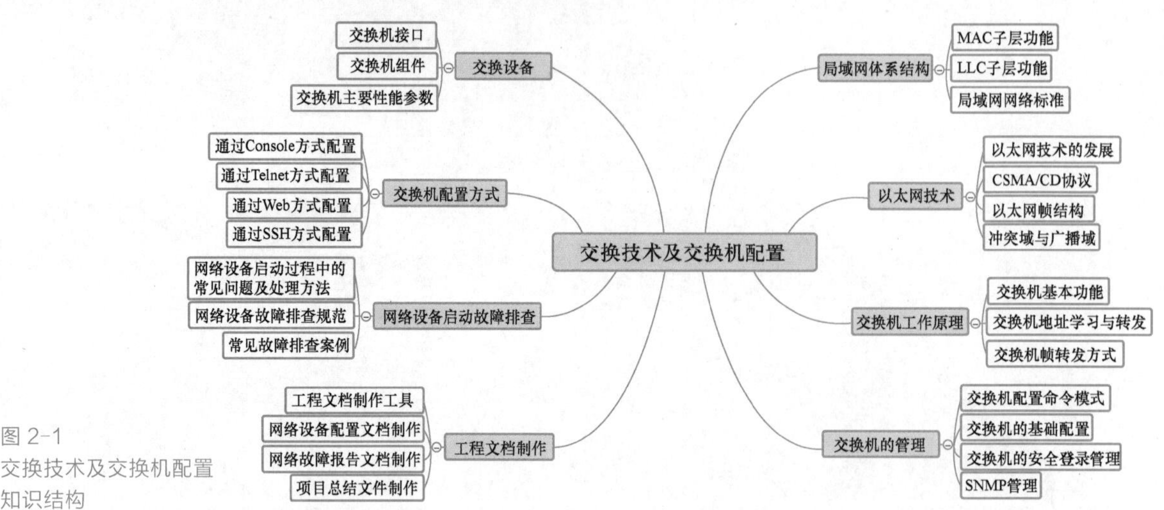

图 2-1
交换技术及交换机配置知识结构

课前自测

在开始本项目学习之前，请先尝试回答以下问题。

1. 什么是以太网？如何理解以太网的广播域和冲突域？
2. 交换机的基本功能是什么？简要说明交换机要具备哪些功能才能实现网络互联。
3. 交换机有哪几种接口？选购交换机时，应考虑哪些因素？

项目分析及准备

2.1 局域网体系结构

微课 2.1
局域网体系结构

局域网（Local Area Network，LAN）是一种在有限的地理范围内（如一所学校或一幢办公楼）内将大量计算机和各种设备互连在一起，实现高速数据传输和资源共享的计算机网络。社会对信息资源的广泛需求及计算机技术的广泛普及，促进了局域网技术的迅速发展。在当今的计算机网络技术中，局域网技术占据了十分重要的地位。

组建局域网需要考虑 3 个要素，分别是网络拓扑、传输介质和介质访问控制方法。与广域网（World Area Network，WAN）技术相比，局域网具有如下特点。

- 地理范围较小，一般为数百米至数千米，可覆盖一幢大楼、一所校园或一个企业。
- 数据传输速率高，一般在 100 Mbit/s 以上。目前，已经出现高达 100 Gbit/s 的局域网。
- 误码率低，局域网通常采用短距离基带传输，使用高质量传输媒介，从而提高了数据传输质量。
- 以 PC 为组网的主体，包括终端和各种外设，网络中一般不设中央主机系统。
- 可以支持多种传输介质。
- 一般只包含 OSI 参考模型中的低 3 层功能，即只涉及通信子网的内容。
- 组网协议简单，建网成本低，周期短，便于管理和扩充。

1980 年 2 月，电气与电子工程师协会（Institute of Electrical and Electrical and Electronics Engineers，IEEE）组织成立了 IEEE 802 委员会，它的任务是制定局域网和城域网标准，这个委员会制定的标准被称为 IEEE 802 标准。IEEE 802 中定义的服务和协议限定在 OSI 参考模型的最低两层，即物理层和数据链路层，数据链路层又被细分为两个子层，分别为介质访问控制子层（Media Access Control，MAC）和逻辑链路子层（Logical Link Control，LLC）。

图 2-2 所示为 IEEE 802 标准中的局域网体系结构，包括物理层、介质访问控制层和逻辑链路控制层。

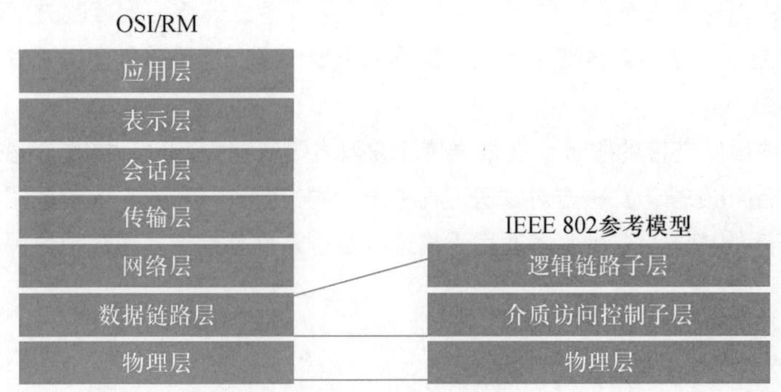

图 2-2
IEEE 802 参考模型

2.1.1 MAC 子层功能

数据链路层中的 MAC 子层靠近物理层，作为连接网络介质的接口，利用 MAC 地址识别物理设备，和物理层的传输介质协同实现通信。

MAC 子层在通信中的主要功能如下。

① 数据帧的封装与解封装。

② MAC 寻址和错误检测。

③ 传输介质管理，包括介质分配（避免碰撞）和竞争裁决（碰撞处理）。

除以上功能之外，MAC 子层还提供物理地址的识别功能。

在 IEEE 802 标准中，MAC 地址是网络设备进行唯一标识的硬件地址，记录在硬件的芯片中，因此 MAC 地址又被称为硬件地址或物理地址。

MAC 地址的长度为 48 位（即 6 字节），通常采用十六进制表示，具体如下。

```
MM:MM:MM:SS:SS:SS　或 MM-MM-MM-SS-SS-SS
```

MAC 地址的前 24 位是网络设备厂家的标识，称为组织唯一标识符（Organizationally Unique Identifier，OUI），厂家需要向 IEEE 申请；后 24 位是厂家生产设备的序列标识。图 2-3 所示为 MAC 地址结构。在网络设备出厂时，MAC 地址被厂家烧录在设备的可擦写芯片中，每个设备的 MAC 地址在全世界是唯一的。MAC 地址与 IP 地址配合，被用来标识一台终端或一台网络设备的接口。

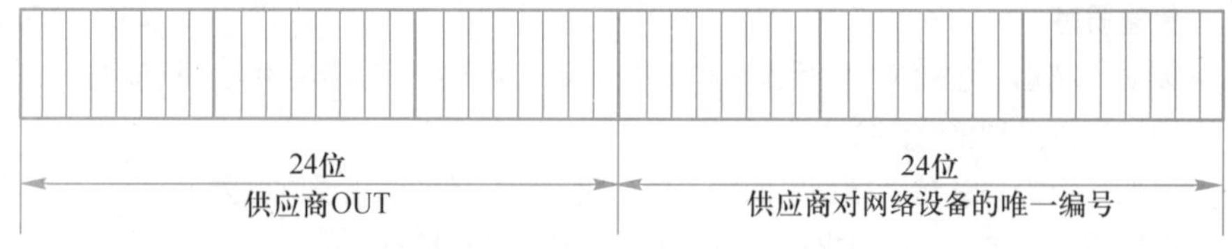

图 2-3
MAC 地址结构

2.1.2　LLC 子层功能

LLC 子层向它的用户提供以下 3 种服务。

① 不确认的无连接服务：在数据传输之前通信双方不需要建立连接，接收方收到数据后也不要求应答，因而链路层不保证数据的正确传送。这种服务形式适用于物理网络可靠性极高，或由于网络层本身提供不确认无连接的服务，因而对数据链路层提供的服务要求不高的场合。

② 确认的无连接服务：在数据传输前双方不需要建立连接，但接收方对收到的每一帧数据都要给出应答，因而数据链路层保证数据的正确传送。这种服务适用于发送数据量小的网络及广播网络中。

③ 确认的面向连接的服务：在数据传输前双方需要建立连接，接收方必须对收到的帧进行检错、排序和应答，发送方对发送过程中出错的帧要进行重发，因而数据链路层保证全部数据正确有序的传送。这种服务适用于物理网络可靠性差或者发送数据量大、要求可靠传输的场合。

2.1.3　局域网网络标准

IEEE 802 委员会制定了一系列的局域网组网标准，目前许多 802 标准已经成为 ISO 的国际标准。IEEE 802 各标准之间以及与 OSI/RM 的关系如图 2-4 所示。

① IEEE 802.1：定义了局域网体系结构；网际互联，网络管理及寻址；网络管理。

② IEEE 802.2：定义了逻辑链路控制子层的功能与服务。

③ IEEE 802.3：定义了 CSMA/CD 总线介质访问控制子层与物理层规范。

④ IEEE 802.4：定义了令牌总线（Token Passing Bus）介质访问控制子层与物理层规范。

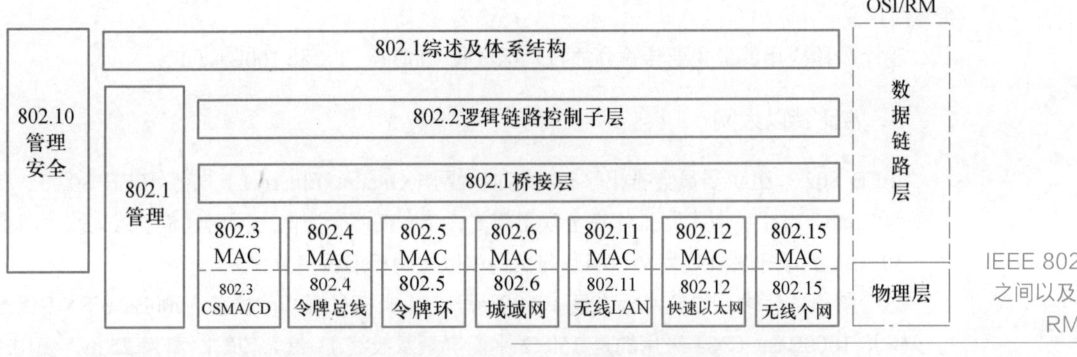

图 2-4 IEEE 802 各标准之间以及与 OSI/RM 的关系

⑤ IEEE 802.5：定义了令牌环（Token Ring）介质访问控制子层与物理层规范。

⑥ IEEE 802.6：定义了城域网介质访问控制子层与物理层规范。

⑦ IEEE 802.10：定义了可互操作的局域网安全性规范。

⑧ IEEE 802.11：定义了无线局域网（Wireless Local Area Network，WLAN）技术。

⑨ IEEE 802.12：定义了优先访问方法。

⑩ IEEE 802.15：定义了无线个人局域网的多个标准。

根据这些标准，在局域网的发展过程中产生了多种组网模型，这些标准中，有些标准已经不再使用，如令牌环、令牌总线，而有些标准成为当今的主流，例如 IEEE 802.1、IEEE 802.3 成为当今有线局域网中最通用的组网标准，IEEE 802.11 成为无线局域网组网占据统治地位的标准。

2.2 以太网技术

2.2.1 以太网技术的发展

微课 2.2.1 以太网技术的发展

以太网技术从诞生到现在，大致经历了 4 个阶段，即标准以太网、快速以太网、吉比特以太网和万兆以太网。

1. 标准以太网阶段

1973 年，施乐（Xerox）公司的工程师 Metcalfe 将公司的局域网命名为以太网（Ethernet）。1980 年，DEC、Intel、Xerox 这 3 家公司公布了以太网的蓝皮书，也称为 DIX（3 家公司的首字母）版以太网 1.0 规范。1981 年 6 月，IEEE 802 工程委员会决定组成 802.3 分委员会，以产生基于 DIX 工作成果的国际标准，1983 年制定以太网国际标准 IEEE 10Base-5（粗缆标准）及 IEEE 10Base-2（细缆标准），其采用 CSMA/CD 介质访问控制机制。

接着发生的两件大事促进了以太网的快速发展：一是 1985 年 Novell 公司推出了专为个人计算机联网的高性能网络操作系统 Netware；二是 10Base-T 标准的推出，实现了每台计算机用单根非屏蔽双绞线连接到集线器上，传输速率达到了 10 Mbit/s，这种组网模式解决了安装、排除故障、重建结构等方面的问题，使整个网络的建设及运营成本下降。

2. 快速以太网阶段

随着计算机性能的不断提高，10 Mbit/s 的以太网已经不能满足网络传输的需要，20 世纪 90 年代中期，IEEE 提出了一项新的快速以太网技术标准，并迅速被期望获得更高网络性能的企业所接受。

这个阶段应用的最主要传输介质技术标准有 100Base-TX 和 100Base-FX。

3. 吉比特以太网

IEEE 802.3 组织委员会推出了吉比特以太网（Gigabit Ethernet）规范 IEEE 802.3z 和 IEEE 802.3ab，吉比特以太网工作在全双工模式，允许在两个方向上同时通信。以太网速率提升了 10 倍,达到了千兆比特每秒，且仍与之前的以太网标准保持兼容。

这个阶段的传输介质技术标准有 1000Base-LX（支持多模和单模）、1000Base-SX（仅支持多模）、1000Base-CX（采用的是 150 Ω 平衡屏蔽双绞线）。最大传输距离为 25 m，使用 9 芯 D 型连接器连接电缆。

4. 万兆以太网

万兆以太网标准和规范都比较多，在标准方面，有 2002 年的 IEEE 802.3a/e，2004 年的 IEEE 802.3a/k，2006 年的 IEEE 802.3a/n、IEEE 802.3a/q 和 2007 年的 IEEE 802.3a/p。在规范方面，总共有 10 多个，可以分为基于光纤的局域网万兆以太网规范、基于双绞线（或铜线）的局域网万兆以太网规范和基于光纤的广域网万兆以太网规范。

万兆以太网仍属于以太网家族，和其他以太网技术兼容，不需要修改现有以太网的 MAC 子层协议或帧格式，就能够与 10 Mbit/s、100 Mbit/s 或吉比特以太网无缝地集成在一起直接通信。万兆以太网技术适合于企业和运营商网络建立交换机到交换机的连接，或交换机与服务器之间的互连。

以太网技术历经 30 多年的发展，逐渐成为主流有线局域网建设的标准。以太网之所以有如此强大的生命力，和其组网方式简单的特征是分不开的。简单带来网络组建可靠、廉价、易于维护等特性，使得在网络中增加新设备非常容易。另外，以太网和 IP 能够很好地配合，目前 TCP/IP 标准已在以太网中得到广泛应用。

微课 2.2.2
CSMA/CD 协议

2.2.2　CSMA/CD 协议

最初，以太网使用一根粗同轴电缆作为共享介质进行网络连接，长度可达 2500 m（每 500 m 安装一个中继器）。在网络传输中，计算机采用广播的方式传输信息：无论哪一台主机发送数据，都需要把要传输的信息发送到共享介质上，所有主机都能够收到这个信息，但网络中只有一台计算机的网卡能识别这个信息，这种通信方式称为载波监听多路访问（Carrier Sense Multiple Access，CSMA）传输标准，如图 2-5 所示。

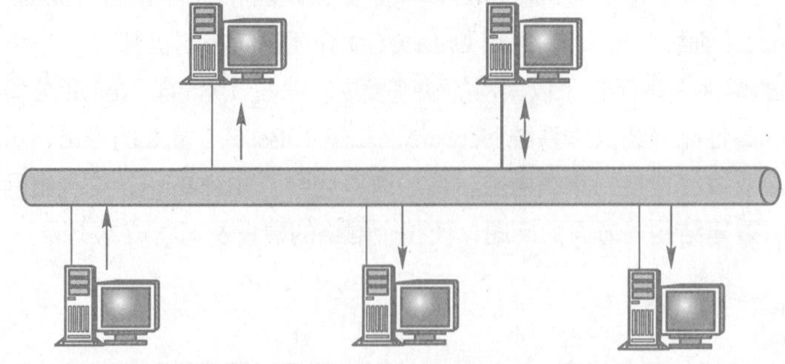

图 2-5
共享式以太网内的信号传输

CSMA 标准的通信方式是所有设备都连到一条物理信道上，信道是以“多路访问”的方式进行传输，站点以帧的形式发送数据，帧的头部含有目的和源结点的 MAC 地址。帧在信道上以广播方式传输，所有连接在信道上的设备随时能检测到帧，当目的站点检测到目的 MAC 地址为本站地址时，就接收帧中所携带的数据，并给源站点返回一个响应信号，然后释放共享通道。

因此，就可能出现这样的情况：一台主机正在发送数据时，另一台主机也开始发送数据，或者两台主机同时开始发送数据，它们的数据信号就会在信道内碰撞在一起，称为“冲突”，如图 2-6 所示为因为数据碰撞而形成冲突，造成原有的信号不能识别。

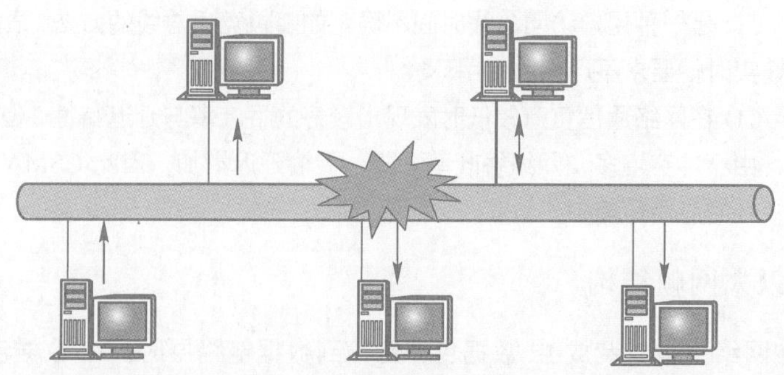

图 2-6
共享式以太网发生冲突

为了解决以太网中多台计算机同时发送数据而产生的冲突，设计者让计算机在传输数据之前，先监听电缆上的信号，看是否有其他计算机也在传输。如果有，则发送数据的计算机先等待一段随机时间后，再次开始尝试重新发送数据，直到该电缆空闲。这样做可以避免干扰现有传输任务，从而获得较高的传输效率。这种在共享信道内解决冲突的方法，被称为带有冲突检测的载波监听多路访问（Carrier Sense Multiple Access/Collision Derect，CSMA/CD）。

1. CSMA/CD 的工作流程

步骤 1：载波监听，想发送信息包的结点要确保没有其他结点在使用共享介质，所以该结点首先要监听信道上的动静（即先听后说）。

步骤 2：如果信道在一定时段内寂静无声，称为帧间缝隙（Inter Frame Space，IFS），则该结点就开始传输（无声则讲）。

步骤 3：如果信道一直很忙碌，就一直监视信道，直到出现最小的 IFG 时段时，该结点才开始发送它的数据（有空就说）。

步骤 4：冲突检测，如果两个结点或更多的结点都在监听和等待发送，然后在信道空时同时决定立即（几乎同时）开始发送数据，此时就发生碰撞。这一事件会导致冲突，并使双方信息包都受到损坏。以太网在传输过程中不断地监听信道，以检测碰撞冲突（边听边说）。

步骤 5：如果一个结点在传输期间检测出碰撞冲突，则立即停止该次传输，并向信道发出一个“拥挤”信号，以确保其他所有结点也发现该冲突，从而摒弃可能一直在接收的受损的信息包（冲突停止，即一次只能一人讲）。

步骤 6：多路存取，在等待一段时间（称为后退）后，想发送的结点试图进行新的发送。这时采用一种称为二进制指数退避（Binary Exponential Back off）的算法来决定不同的结点在试图再次发送数据前要等待一段时间（随机延迟）。

步骤 7：返回到步骤 1。

实际上，冲突是以太网电缆传输距离受限制的一个因素。例如，如果两个连接到同一总线的节点间距离超过 2500 m，数据传播将发生延迟，这种延迟将阻止 CSMA/CD 的冲突检测过程的正确进行。

2. CSMA/CD 协议的特点

① CSMA/CD 介质访问控制方法算法简单，易于实现。有多种超大规模集成电路（Very Large Scale Integration，VLSI）可以实现 CSMA/CD 方法，这对降低以太网成本、扩大应用范围是非常有利的。

② CSMA/CD 是一种用户访问总线时间不确定的随机竞争总线的方法，适用于办公自动化等对数据传输实时性要求不严格的应用环境。

③ CSMA/CD 在网络通信负荷较低时表现出较好的吞吐率与延迟特性。但是，当网络通信负荷增大时，由于冲突增多，网络吞吐率下降、传输延迟增加，因此 CSMA/CD 方法一般用于通信负荷较轻的应用环境中。

2.2.3　以太网帧结构

当数据在网络层被封装成 IP 数据包，传输到数据链路层时，IP 数据包被封装上帧头和帧尾，就构成了由数据链路层封装的以太网数据帧。帧是数据链路层网络传输的数据单位。

从 10 Mbit/s 的网络发展到万兆网络，以太网技术之所以能够获得巨大成功的根本原因在于：尽管网络传输速率在不断提高，但是以太网的帧结构没有发生改变。这里提到的帧是指 TCP/IP 局域网中使用最广泛的 Ethernet II 类型的帧，其结构如图 2-7 所示。

前导码 8字节	目的MAC 6字节	源MAC 6字节	类型 2字节	数据填充 46~1500字节	帧校验序列 4字节

图 2-7
Ethernet II 帧结构

Ethernet II 结构中各字段说明如下。

① 前导码：由 7 字节交替出现的 1 和 0 组成，第 8 字节以 10101011 模式结束。其作用是提示接收方“帧来了，准备接收！”前导码不计入帧长。

② 目的 MAC：由 6 字节组成，目的地址字段的作用在于确定帧的接收者。

③ 源 MAC：由 6 字节组成，源地址字段的作用在于确定帧的发送者。

④ 类型：用来指定接收数据的高层协议。

⑤ 数据（有时需要填充）：数据字段，对于 10 Mbit/s 和 100 Mbit/s 网络，规定数据长度最小为 46 字节长度，不足要填充到 46 字节，这样才可以保证帧长度为 64（即 6+6+2+46+4）字节，这样规定长度是为了保证最小帧长度有足够的传输时间用于以太网网络接口卡精确地检测冲突。这个数据字段的最大长度为 1500 字节，这也就意味着 Ethernet II 的最大帧长为 1518。

⑥ 帧校验序列（Frame Check Sequence，FCS）：为了便于接收者检测数据帧是否在发送过程中出现错误，发送端在数据发送前会计算出这个数据帧的检错码，Ethernet II 采用 32 位循环冗余校验（Cyclic Redundancy Check，CRC）码作为检错码，接收端对收到数据执行同样的计算得到 32 位循环冗余校验码，将计算结果与收到的 CRC 比较，如果匹配，证明帧是完好的。

2.2.4 冲突域与广播域

1. 冲突域

在以太网中，由于采用CSMA/CD介质传输控制机制，信息传输时发生冲突是不可避免的。冲突是因共享同一物理介质且同时向外发送载波数据而引发数据冲突，当冲突发生后，数据帧被破坏，只能重新传送。当接入同一共享物理介质的设备越多，产生冲突的概率就会越大，网络传输效率会越低，如图2-8所示。

物理上连在一起的可能发生冲突的所有结点形成一个冲突域。冲突域也可以被看成以太网上竞争同一带宽的结点集合。在OSI参考模型中，冲突域被看作物理层的概念，冲突只发生在物理层，不会向上层传递。

使用交换机可以有效避免冲突，而集线器则不能。因为交换机可以利用物理地址表进行选路，交换机收到一个帧后，会查看帧中的目的MAC地址，判断应从哪一个端口转送出去，如果两帧同时向同一个端口发送数据，此时会产生冲突，所以交换机的每一个接口即为一个冲突域。而集线器由于不具有选路功能，只是将接收到的数据帧以广播的形式发出，极其容易产生冲突。集线器的所有接口为一个冲突域。

2. 广播域

为了隔断冲突域，可以采用二层及以上的设备，如交换机、网桥、路由器等。这类设备通过记录每个接入设备的MAC地址，来控制帧在各个接入设备间的传输，从而避免了冲突的发生。

在IP网络中，因为OSI参考模型的数据链路层协议是基于MAC的寻址方式，发送端在通信前必须知道接收端的MAC地址，才能构造出二层以太网帧，这时通信的主机会使用ARP产生一个ARP广播的请求帧，此帧的目的MAC地址是0XFFFF FFFF FFFF，这个广播地址能够被每台主机上的网卡所识别，并且二层设备必须泛洪（Flood）这个广播报文，此时网络内每台主机的网卡收到这个广播帧时，都必须中断CPU来处理这个广播帧。在所有广播范围内的主机，就属于同一个广播域，广播域内只有一台主机可能做出回应包，回复它的MAC地址给发送端。

当网络中的设备越来越多，广播占用的时间也会越来越多，这便会影响网络上正常信息的传输。轻则造成信息延时，重则造成整个网络堵塞、瘫痪，这就是广播风暴，如图2-9所示。

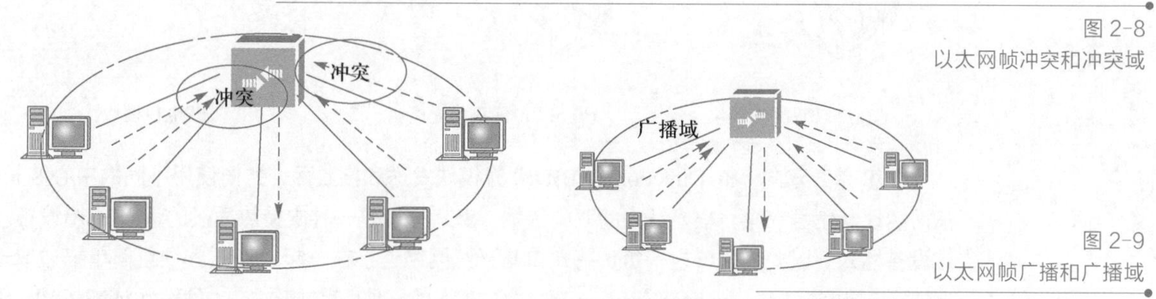

图2-8 以太网帧冲突和冲突域

图2-9 以太网帧广播和广播域

网络中广播帧能够到达由区域范围内所有设备构成的集合，称为广播域（Broadcast Domain）。广播域中的任何一个结点传输一个广播帧，则其他所有设备都能收到这个帧的广播信号，所以这些设备都被认为是该广播域的一部分。由于许多设备都极易产生广播，如果不维护，就会消耗大量的网络带宽，从而降低网络的传输效率。如要消除这个问题，那么必须由更高层的设备（如路由器）去解决。

2.3　交换设备

2.3.1　交换机接口

交换机接口种类很多，图 2-10 所示为锐捷 S5750 交换机前面板。

图 2-10
锐捷交换机前面板

前面板包括的主要接口类型如下。

① FastEthernet 接口：也称为快速以太网口，主要用于连接其他交换机或计算机，使用双绞线进行连接，其默认数据传输速率为 100 Mbit/s。

② GigabitEthernet 接口：也称为千兆以太网口，可以使用六类双绞线或光纤进行连接，其默认数据传输速率为 1000 Mbit/s。

③ Console 口：也称为控制口，主要用于调试路由器。有些设备上还有 AUX 接口，也是用来进行设备配置用的。

④ USB 接口：该接口有些设备有，有些设备没有，主要用于备份软件和配置，也可以用于离线升级交换机软件。

⑤ 光纤模块接口：该接口主要采用收发器 SFP（Small Form-Factor Pluggable）模块形式，包含 SFP 光模块和 SFP 电口模块两种形式。SFP 模块如图 2-11 所示。

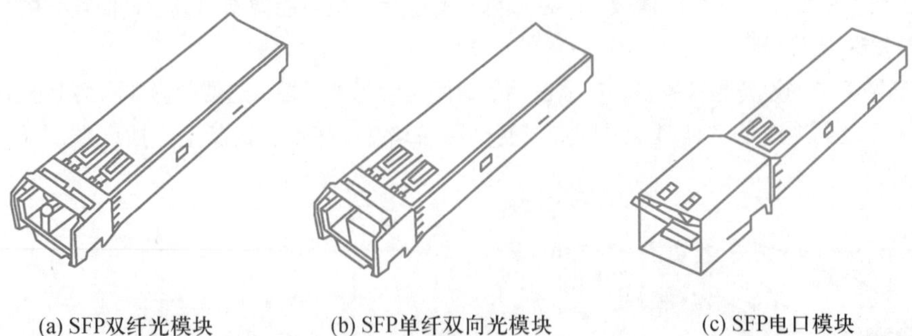

(a) SFP双纤光模块　　(b) SFP单纤双向光模块　　(c) SFP电口模块

图 2-11
SFP 模块

SFP 单纤双向（Bi-Directional，BIDI）光模块发送和接收两个方向使用不同的中心波长，从而实现光信号在同一根光纤内的双向传输。SFP 模块是一种支持热插拔的输入/输出设备。该设备插入到以太网端口内，负责将端口与光纤网络连接在一起。SFP 模块可简单描述成千兆位接口转换器（Gigabit Interface Converter，GBIC）的一种小尺寸形式，也可称为 MiNi-GBIC 模块。但是除了千兆以太网端口应用外，SFP 还提供了百兆位以太网端口、STM-1 的 SDH 接口转换器等应用。1000Base-T SFP 可以利用现有的铜线基础设施实现高端工作站以及配线室之间的全双工千兆位连接。

2.3.2 交换机组件

笔 记

交换机的硬件主要包括主板、处理器、内存、Flash 和电源系统。

1．主板

主板（背板）提供各业务接口和数据转发单元的联系通道。背板吞吐量也称背板带宽，是交换机接口处理器或接口卡和数据总线间所能吞吐的最大数据量，这是交换机交换性能的一个重要指标。一台交换机的背板带宽越高，就说明它处理数据的能力越强。

2．处理器

处理器（Central Processing Unit，CPU）是以太网交换机运算的核心部件，其主频直接决定了交换机的运算速度，用单位时间内能够完成的计算量来衡量。

3．内存

内存（Random Access Memory，RAM）为 CPU 运算提供动态存储空间，内存空间的大小与 CPU 的主频共同决定了计算的最大运算量。

4．Flash

Flash 可以提供永久存储功能，主要保存配置文件和系统文件。它能够快速恢复业务，有效地保证交换机的正常运转，同时还为网络设备的升级维护提供方便、快捷的方式，如使用 FTP、TFTP 升级或配置等。

5．电源系统

电源系统为交换机提供电源输入，电源系统的性能在很大程度上决定了交换机能否正常运行，最大输出电流、输入电压的可变化范围等都是衡量电源系统的重要指标。一般而言，核心设备都提供有冗余电源供应，在一个电源失效后，其他电源仍可继续供电，不影响设备的正常运转。在接多个电源时，要注意用多路继电供应，这样，在一路线路失效时，其他线路仍可继续供电。

2.3.3 交换机主要性能参数

交换机的参数能衡量一台交换机性能的强弱。交换机的主要性能参数如下。

① 架插槽数：指机架式交换机所能安插的最大模块数。

② 扩展槽数：指固定配置式带扩展槽交换机所能安插的最大模块数。

③ 最大可堆叠数：指可堆叠交换机的堆叠单元中所能堆叠的最大交换机数目。此参数也说明了一个堆叠单元中所能提供的最大端口密度与信息点连接能力。

④ 支持的网络类型：一般情况下，固定配置式不带扩展槽的交换机仅支持一种类型的网络，机架式交换机和固定可配置式带扩展槽交换机可支持一种以上类型的网络，如支持以太网、快速以太网、千兆以太网、ATM、令牌环、FDDI 等。一台交换机所支持的网络类型越多，其可用性和可扩展性将越强。

⑤ 最大 SONET 端口数：同步传输网络（Synchronous Optical Network，SONET）是一种高速同步传输网络规范，最大速率可达 2.5 Gbit/s。一台交换机的最大 SONET 端口数是指

这台交换机的最大下传的 SONET 接口数。

⑥ 背板吞吐量：背板吞吐量也称背板带宽，单位是每秒通过的数据包个数（Packets Per Secoud，PPS），表示交换机的接口（或接口卡）和数据总线间所能交换的最大数据量，它决定了交换机交换数据的能力。交换机的背板带宽越高，处理数据的能力就越强，但成本也会越高。

⑦ MAC 地址表大小：连接到局域网上的每个端口或设备都需要一个 MAC 地址，其他设备要用到此地址来定位特定的端口及更新路由表和数据结构。一个设备 MAC 地址表的大小反映了该设备能支持的最大节点数。

⑧ 支持的协议和标准：局域网所支持的协议和标准内容，直接决定了交换机的网络适应能力。

2.4　交换机工作原理

2.4.1　交换机基本功能

交换机是搭建网络的重要设备，通常使用交换机作为星状网络拓扑结构的中心结点。交换机具有以下主要功能。

笔 记

1. 数据转发

交换机转发类型分为存储转发（Store-and-Forward）和直通转发（Cut-Through）两类。存储转发是指交换机只有完整地收到整个被转发帧后，才开始转发。直通转发在交换机收到接收端 MAC 地址之后，就立即开始转发，这样做的目的是有效地减少交换延迟。

有些交换机提供“自适应直通转发”机制。这种设备同时支持存储转发和直通转发两种方式，但在某一确定时刻，交换机只在一种方式下工作。默认情况下，绝大多数交换机都工作在低延迟的直通转发方式。如果帧错误率超过用户设定的阀值，交换机将自动配置工作在存储转发方式。两种方式之间的切换机制因交换机而异。

2. 数据过滤

过滤的目的是通过去掉某些特定的数据帧，提高网络的性能，增强网络的安全性。典型的过滤提供基于源和（或）目的地址或交换机端口的过滤，包括广播、多播、单播以及错误帧过滤。

3. 广播消减

交换机上的广播风暴会消耗大量带宽，降低正常的网络流量，给网络性能带来很大影响。广播消减的目的是有效地减少网络上的广播风暴。除了广播风暴还有不明目的的 MAC 地址（单播）风暴。消减的目的是通过减少某些特定类型的数据帧，提高网络的性能，增强网络的安全性，保证正常或更重要的网络应用正常运行。

4. 端口干路

端口干路（Port Trunking，也称为“端口汇聚”或“链路聚合”）为交换机提供了端口捆绑技术，允许两台交换机之间通过两个或多个端口并行连接，同时传输数据以提供更高的带宽，并提供线路冗余。

5. 地址学习

所有交换机都利用桥接技术，在端口之间转发帧，即具有地址学习功能，自动建立 MAC

地址和端口对应的转发表，并根据帧的目的 MAC 地址转发到相应的端口。

6. 消除回路

当交换机间包含一个冗余回路时，以太网交换机通过配置生成树协议，可以避免回路的产生，同时允许冗余回路作为后备路径。

7. 支持 **VLAN**

VLAN 用来将交换机划分成多个子网络，将站点之间的通信限定在同一虚拟网络内，一个 VLAN 就是一个独立的广播域。802.1Q 是 VLAN 标准，是将 VLAN ID 封装在帧头，使得帧跨越不同设备，也能保留 VLAN 信息。不同厂家的交换机只要支持 802.1Q，VLAN 就可以跨越交换机，进行统一划分管理。

2.4.2 交换机地址学习与转发

交换机是利用 MAC 地址表进行数据转发的。下面介绍交换机是如何进行 MAC 地址学习以及数据转发的。

交换机 **MAC** 地址学习过程

如图 2-12 所示，有 4 台 PC 连接到交换机相互通信。初始时，交换机的 MAC 地址表是空的，MAC 地址表格式见表 2-1。

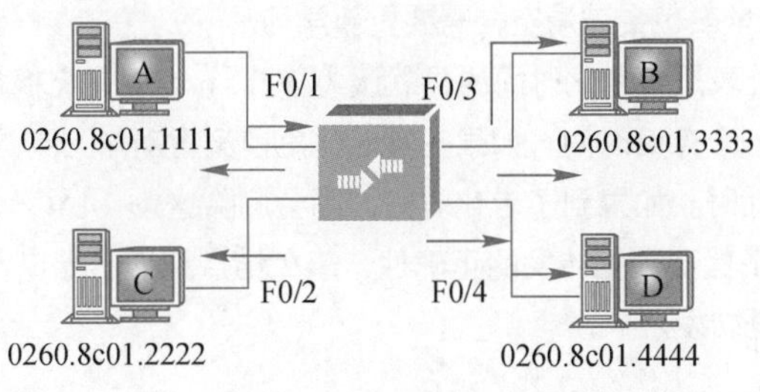

图 2-12
MAC 地址学习

表 2-1 空 MAC 地址表

MAC Address	Port

此时 PC A 准备给 PC B 发送数据，首先会将数据帧发送到交换机上。数据帧上带有 PC A 的 MAC 地址，交换机会将此 MAC 地址记录在 MAC 地址表中，此时 MAC 地址表内容见表 2-2。

表 2-2 MAC 地址表

MAC Address	Port
0260.8c01.1111	F0/1

交换机接到的数据帧是发送给 PC B 的，数据帧上目的 MAC 地址是 0260.8c01.2222，在 MAC 地址表中并未找到这个地址对应的转发端口，此时交换机会通过泛洪方式转发该数据帧，也就是将要转发的数据帧向除了入口以外所有的端口进行转发。那么 PC B、PC C 和 PC D 都会收到这个数据帧。PC C 和 PC D 发现目的 MAC 地址与自己的 MAC 地址不一样，会丢弃该数据帧。而 PC B 发现目的 MAC 地址与自己的 MAC 地址相同，则会接收这个数据帧并进行应答。交换机知道 PC B 对应的 MAC 地址和端口后，将其记录到 MAC 地址表中。此时 MAC 地址表见表 2-3。

表 2-3　MAC 地址表

MAC Address	Port
0260.8c01.1111	F0/1
0260.8c01.3333	F0/3

如果接下来，PC A 还要继续给 PC B 发送数据，数据到达交换机后，交换机发现 PC B 对应的端口就是 F0/3，则会直接进行转发，不再把数据发送到其他端口。

MAC 地址表存放在交换机的缓存中，交换机在初始化时，MAC 地址表为空，在交换机断电重启后，MAC 地址表也会被清空，需要重新学习。

另外，MAC 地址表是有老化时间的，默认为 300 s。也就是交换机学习到某条 MAC 地址信息后，就会记录一个存储时间，如果在其老化之前又重新学习到这条 MAC 地址，会刷新其存储时间，重新计时。如果到了老化时间，则会删除这条 MAC 地址信息，重新进行学习。这样做主要是为了保证数据转发的正确性，避免结点更换了端口，而信息还是以前学习到的，造成错误的数据转发。

2.4.3　交换机帧转发方式

交换机的帧转发方式主要有以下 3 种。

1. 存储转发（Store-and-Forward）

运行在存储转发模式下的交换机在发送信息前要把整帧数据读入内存并检查其正确性。尽管采用这种方式比采用直通方式更花时间，但采用这种方式可以存储转发数据，从而保证其准确性。由于运行在存储转发模式下的交换机不传播错误数据，因而更适合大型局域网。存储转发模式有两大主要特征区别于直通转发模式。

（1）差错控制

使用存储转发技术的交换机对进入帧进行差错控制。在进入端口接收完整一帧之后，交换机将数据报最后一个字段的帧校验序列（Frame Check Sequence，FCS）与自己的 FCS 进行比较。FCS 校验过程用以帮助确保帧没有物理及数据链路错误，如果该帧校验正确，则交换机转发。否则，丢弃。

（2）自动缓存

存储转发交换机通过进入端口缓存，支持不同速率以太网的混合连接。例如，接收到一个以 1 Gbit/s 速率发出的帧，转发至百兆以太网端口，就需要使用存储转发方式。当进入与输出端口速率不匹配时，交换机将整帧内容放入缓存中，计算 FCS 校验，转发至输出缓存之后将帧发出。

2. 直通交换（Cut-Through）

直通交换的一个优势是比存储转发技术更为快速。采用直通模式的交换机会在接收完整的数据包之前就读取帧头，并决定把数据发往哪个端口。不用缓存数据，也不用检查数据的完整性。这种交换方式有快速帧转发以及无效帧处理两大特点。

（1）快速帧转发

一旦交换机在 MAC 地址表中查找到目的 MAC 地址，就立刻做出转发决定。而无须等待帧的剩余部分进入端口再做出转发决定。

使用直通方式的交换机能够快速决定是否有必要检查帧头的更多部分，以针对额外的过滤目的。例如，交换机可以检查前 14 字节（源 MAC 地址、目的 MAC 地址、以太网类型字段），以及对之后的 40 字节进行检查，以实现 IPv4 三层和四层相关功能。

（2）无效帧处理

对于大多数无效帧，直通方式下交换机并不将其丢弃。错误帧被转发至其他网段。如果网络中出现高差错率（无效帧），直通交换可能会对带宽造成不利影响，损坏以及无效帧会造成带宽拥塞。在拥塞情况下，这种交换机必须像存储转发交换机那样缓存。

3. 无碎片转发（Fragment Free）

无碎片转发是直通方式的一种改进模式。交换机转发之前检查帧是否大于 64 字节（小于则丢弃），以保证没有碎片帧。无碎片方式比直通方式拥有更好的差错检测，而实际上没有增加延时。它比较适合于高性能计算应用，即进程到进程延时小于 10 ms 的应用场景。

不同转发模式读取数据帧的区别如图 2-13 所示。

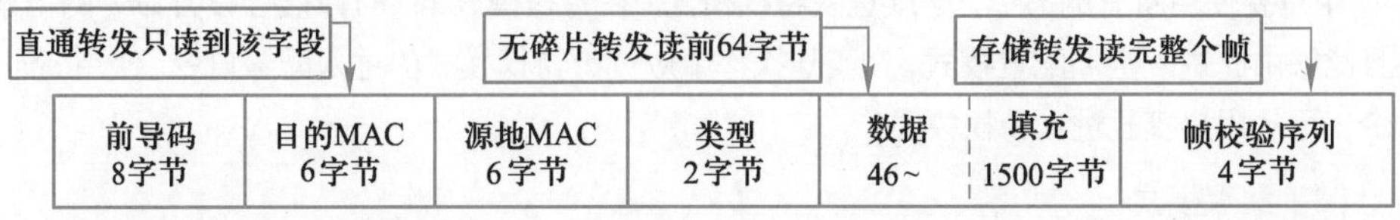

图 2-13 不同转发方式读取数据帧

2.5 交换机的管理

交换机的管理方式分为带内管理和带外管理两种。带内管理是指管理控制信息与数据业务通过同一个信道传送。目前，网络管理手段基本上都是利用以太网端口对设备进行带内管理。在带外管理模式中，网络的管理控制信息与用户数据业务在不同信道传送。

带内管理和带外管理的最大区别在于带内管理的控制信息会占用业务带宽，其管理方式是通过网络来实施，当网络中出现故障时，无论是数据传输还是管理控制都无法正常进行。而带外管理是设备为管理控制提供的专门带宽，不占用设备原有的网络资源，不依托设备的网络接口。

对于可网管型交换机而言，若要充分发挥其性能，提高网络的稳定性和可靠性，就需要

笔 记

对交换机进行配置。可网管型交换机常用的配置方式有以下几种。

① Console 方式（又称为控制台方式）：使用串行通信协议，只能在本地进行。

② SSH 方式：使用 SSH 协议，通过 SSH 客户端登录交换机。

③ Telnet 方式：使用 Telnet 协议，通过 Telnet 客户端登录交换机。

④ Web 方式：使用 HTTP 协议，通过浏览器登录交换机。

⑤ SNMP 方式：使用支持简单网络管理协议（Single Network Manager Proctocol，SNMP）的网络管理软件对交换机进行远程管理。

在这几种配置方式中，Console 方式是最基本、最直接的配置方式，常用于新设备或恢复出厂设置时进行初始配置（且只能用该方式）。利用 Console 方式在交换机上进行一些初始化配置后，即可将设备接入网络，在网络畅通的情况下，就可以使用方式②～⑤对设备进行远程配置。其中，方式①～③以线路（Line）方式进行配置。

通过 Telnet、Web、SNMP 方式对交换机进行的管理都属于带内管理，而通过 Console 口的管理方式因不用占用网络带宽属于带外管理。

2.5.1　交换机配置命令模式

1．命令模式

交换机根据配置管理功能的不同，可网管型交换机分为 3 种模式：用户模式、特权模式及配置模式，而配置模式又分为全局模式、接口模式、VLAN 模式等。绝大部分命令都是在特定的模式下执行，初学者一定要注意体会。

（1）用户模式

当用户对交换机建立会话后，首先进入的就是用户模式，该模式下提供的可操作命令比较少，可显示系统信息、进行基本测试。该模式下命令的操作结果不会被保存。

（2）特权模式

用户要使用所有的命令，必须进入特权模式。在特权模式下，可以验证设置命令的结果，并且能够由此进入全局配置模式，在实际操作中应该为特权模式的进入配置口令。使用 enable 命令，可从用户模式进入特权模式。

（3）配置模式

用户只能在配置模式才能修改设备的配置。只有进入全局配置模式后，才能进入各种配置子模式，具体如下。

- 全局配置模式（Config）：使用该模式配置影响整个网络设备的全局参数。
- 接口配置模式（Interface）：使用该模式配置网络设备的各种接口参数。
- VLAN 配置模式：使用该模式配置 VLAN 参数。
- 线路配置模式（Line）：使用该模式配置 Console、aux、tty、vty 登录口令等参数。

2．各命令模式间的切换

无论是从控制台还是虚拟终端访问，都可进入交换机的各种模式。各模式的层次关系如图 2-14 所示，从一种模式进入到另一种模式，只能逐层进入，而退出时可以不必逐层返回，具体使用的命令见表 2-4。

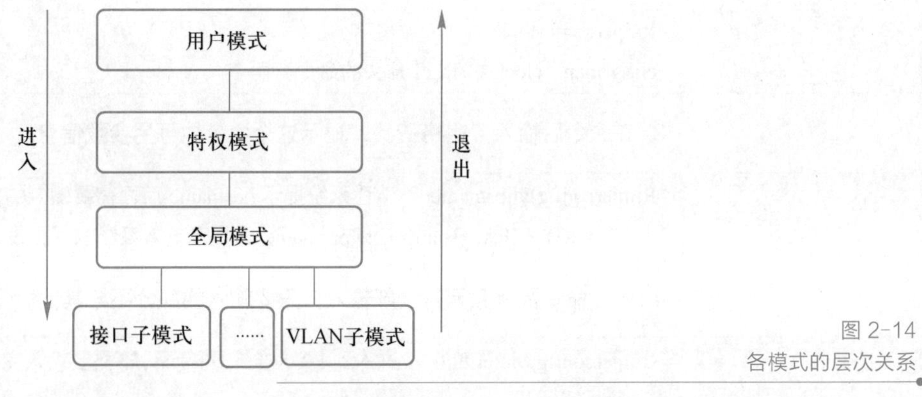

图 2-14
各模式的层次关系

表 2-4　各模式间切换的操作命令

模式	提示符	进入、离开或访问下一模式
用户模式	Ruijie>	Ruijie>exit　//离开该模式 Ruijie>enable//进入特权模式
特权模式	Ruijie#	Ruijie#disable //返回用户模式 Ruijie#configure //进入全局配置模式
全局配置模式	Ruijie(config)#	Ruijie(config)#interface 接口//进入某个接口配置子模式 Ruijie(config)#line con 0//进入 Console 配置模式 Ruijie(config)#vlan vlan 号//进入 VLAN 配置模式

接口配置模式	Ruijie(config-if)#	Ruijie(config-if)#exit //返回全局配置模式
		Ruijie(config-if)#interface 接口//可进入其他接口配置子模式

VLAN 配置模式	Ruijie(config-vlan)#	Ruijie(config-vlan)#exit //返回全局配置模式

注意

从任何一种配置模式（如全局模式、接口模式、VLAN 模式、Line 模式）返回特权模式，可使用 exit、end 命令或 Ctrl+C 组合键（其中，使用 end 命令或 Ctrl+C 组合键直接回到特权模式，exit 命令是逐层返回）；disable 命令只能在特权模式下执行，除具有回退到用户模式功能外，还可以从当前权限等级降低到指定的权限等级。

在学习设备配置或阅读配置示例时，要注意提示符的变化，因为提示符表示了命令的执行模式。

3．命令的输入

① 命令提示符下输入问号“?”，可以列出每个命令模式支持使用的命令。

```
Ruijie(config)#?              //列出当前模式所有可以使用的命令
Configure commands:
  aaa                         Authentication,  Authorization and Accounting.
  access-list                 Add an access list entry
  address-bind                Set a binding of IP and MAC address
  aggregateport               Aggregate port configuration
……
```

② 用户在输入命令开头的部分字母后加“?”，可列出当前模式下这些字母开头的命令。

```
Ruijie(config)#cl?
class-map   clock   //以 cl 开头的命令有两个
```

③ 在命令后输入“空格+？”，显示这个命令的可用参数信息。

```
Ruijie(config)#hostname ？  //让系统提示 hostname 后面需要输入的内容
    WORD   This system's network name   //提示输入系统的网络设备名称
```

④ 每个命令及参数无需全部输入，只要输入的部分不与其他命令重复即可执行。

```
Ruijie(config)#inter f0/0   //进入到 F0/0 接口，可简写，不需要输入完整的命令拼写“interface fastethernet 0/0”
```

⑤ 输入部分命令后，按 Tab 键可以自动补全命令。

```
Ruijie(config)#int【Tab】   //按 Tab 键可自动补全如下
Ruijie(config)#interface
```

⑥ 如果某一个命令或参数输入错误，会提示命令未知。

```
Ruijie(config)#intrface
% Unknown command.   //未知的命令
```

⑦ 在特权模式下如果输入错误命令，会尝试进行 DNS 域名解析。

```
Ruijie#conft
Translating "conft"...
% Unrecognized host or address, or protocol not running. //命令不能识别
```

⑧ 命令输入不完整。

```
Router#clock
% Incomplete command.   //提示命令输入不完整，需要输入必要的参数
Ruijie#show access
% Ambiguous command: "show access"   //提示输入的字符不足以让系统唯一识别命令，需要用户把命令输入完整
```

⑨ 使用历史命令。

利用上/下方向键，可以从当前模式的历史命令记录中重新调用输入过的命令。

⑩ 常用的编辑键。

- 左方向键：将光标移到左边一个字符。
- 右方向键：将光标移到右边一个字符。
- Ctrl+A 组合键：将光标移到命令行的首部。
- Ctrl+E 组合键：将光标移到命令行的尾部。
- Backspace 键：删除光标左边的一个字符。
- Delete 键：删除光标所在的字符。

4. no 或 default

(1) 禁止或取消原来输入的命令

在命令行前加 no 命令可以禁止或取消以前输入的配置命令。

```
Ruijie(config)#no enable password          //取消设置的密码
```

(2) 恢复命令的默认值

大多数命令都有默认值，当修改了某个配置命令后，可以使用 default 命令来恢复这个命令的默认值。功能与 no 命令相同。

2.5.2 交换机的基础配置

交换机连接上 Console 线，通电引导成功后，就可以使用终端对交换机进行初始配置。

1. 配置交换机名称

交换机名称用于标识一台设备的名字，恰当的命名可以提示管理员正在对哪台设备进行操作，尤其是进行远程操作时。可以根据设备的地理位置（AA）、网络位置（BB）、设备型号（CC）、设备编号（DD）等因素，采用这样的命名规范（AA_BB_CC_DD），如教学楼 302 房间的第一台 S1930 交换机，可命名为 JXL_302_S1930_01，修改设备名称的命令如下。

```
Ruijie(config)#hostname 名称  //设置交换机名称
```

示例：设置交换机名称为 JXL_302_S1930_01。

```
Ruijie>enable     //进入特权模式
Ruijie#configure terminal     //进入全局配置模式
Ruijie(config)#hostname JXL_302_S1930_01 //设置交换机的名字
JXL_302_S1930_1(config)#end
JXL_302_S1930_1#write 保存配置
```

2. 设置本地时钟

准确的时间有助于交换机生成正确的日志记录时间，对于故障排查、事件追溯都有重要的作用。每台交换机内部都有一个自动运行的时钟，一般无需配置。若发现设备时钟与实际时间存在差异，这时需要调整本地时钟的值。设置时钟的命令如下。

```
Ruijie#clock set 小时:分:秒   月   日 年
```

注意

使用 clock 命令时，要给出命令格式中所有参数，时间和日期间留空格。

示例：设置交换机时间为 2020 年 12 月 3 日 18 点。

```
Ruijie>enable
Ruijie#clock set 18:00:00 12 3 2020    //clock set 小时:分:秒 月 日 年
Ruijie(config)#end
```

3. 配置端口描述

利用端口描述功能对交换机互连的重要接口进行说明，可以方便管理员的日常维护及故障排查。描述性的文字只能使用字母和符号，不能用汉字，常用“Link-对端设备名-对端接口名”这种格式来说明当前端口连到了对端哪个设备的哪个接口上。命令格式如下。

```
Ruijie(config-if)#description 描述性文字
```

示例：当前交换机的 G0/1 接口连接到教学楼的 JXL_302_S1930_1 交换机的 G0/23 口，为其添加描述信息。

```
Ruijie>enable
Ruijie#configure terminal
Ruijie(config)#interface gigabitEthernet 0/1
Ruijie(config-if-GigabitEthernet 0/1)#description link-to-JXL_302_S1930_1-G23//说明连接
到对端设备的信息
Ruijie(config-if-GigabitEthernet 0/1)#end
```

4. 端口速率调整

一般交换机的速率和双工都是自适应的，通常无需进行调整。如果对端设备不支持“自协商”，则自协商端会工作在半双工模式。为了保障两端双工一致，可强制设置速率和双工。双工模式下双方可以同时互发数据，而半双式模式下只能轮流发送数据。

```
Ruijie>enable
Ruijie#configure terminal
Ruijie(config)#int gigabitEthernet 0/24 //进入 F0/24 接口
Ruijie(config-if-GigabitEthernet 0/24)#speed 100    //配置接口速度为 100 Mbit/s
//端口速度单位为 Mbit/s，可选参数有 100、10、auto(自适应，默认)
Ruijie(config-if-GigabitEthernet 0/24)#duplex half //配置端口模式为半双工
//端口模式有 full(全双工)、half(半双工)、auto(自适应，默认)
```

5. 配置管理接口 IP

二层交换机配置 IP 地址是用于管理设备使用，如使用 Telnet、SNMP 等。二层交换机不支持路由，只能使用交换机虚拟接口（Switch Virtual Interface，SVI）进行管理。

SVI 是逻辑接口，可以用 interface vlan 接口配置命令来创建 SVI，然后为其配置 IP 地址。它有以下两种类型。

- 管理接口：管理员可以利用该接口管理交换机。
- 网关接口：用于三层交换机跨 VLAN 间路由（详细介绍见本书项目 4“IP 及子网划分”

中的三层交换机部分）。

示例：配置管理 VLAN 1 的 IP 地址。

```
Ruijie>enable
Ruijie#configure terminal
Ruijie(config)#interface vlan 1 //进入 VLAN 接口，实际使用中建议使用非 VLAN 1
Ruijie(config-if-VLAN 1)#ip address 192.168.1.1 255.255.255.0 //为 VLAN 1 指定 IP 地址和
掩码
```

6. 配置控制台 Line 登录口令

在多人管理的网络中，配置控制台 Line 登录口令，可防止使用 Console 方式登录设备。

```
Ruijie(config)#line con 0   //在全局模式下进入控制台线路（Line）配置模式，0 号控制台
Ruijie(config-line)#password 123   //配置口令为 123，字符为大小写字母和数字
Ruijie(config-line)#login   //开启口令检查功能
```

7. 配置日志输出到控制台或监视终端

设备运行过程中，会发生各种状态变化（如链路状态 UP、DOWN 等），以及遇到一些事件（如收到异常报文、功能处理异常等），网络管理员希望这些信息被记录，这将有助于追溯曾经发生的异常事件，对于日常维护和故障排查很有帮助。

在状态变化或发生异常事件时，设备就自动生成固定格式的消息（日志报文），这些消息可以显示在相关窗口（如控制台、VTY 等）上或被记录在相关媒介（如内存缓冲区、Flash 等）上或发送到网络的日志服务器上，供管理员分析网络情况和定位问题。同时为了方便管理员对日志报文的读取和管理，这些日志报文可以被打上时间戳和序号，并按日志信息的优先级进行分级。

使用日志功能，首先要开启日志功能，一般情况下日志功能默认为开启，如果被关闭，可以使用如下命令开启。

（1）开启日志记录功能

```
Ruijie(config)#logging on   //开启功能
```

若在 VTY 窗口或控制台窗口，频繁出现日志信息影响操作时，可以使用 no loggin on 命令关闭。

（2）设置日志保存到 Flash 中

```
logging file flash:文件名 [日志文件最大值] [级别]
```

日志文件的最大值，从 128 KB 到 6 MB，默认大小为 128 KB。“级别”参数为允许被记录到日志文件中的日志信息级别，默认写到 Flash 中的日志级别为 6。

记录日志到 Flash 的功能，通常用于客户网络中没有部署专门的日志服务器，网络设备结点少，维护量不大的场景，当追溯时可以方便地调用设备 Flash 中记录的日志，最多会在 Flash 中保留最近生成的 16 个文件。

（3）设置日志缓冲区大小及要记录的日志级别

```
Ruijie(config)# logging buffered 缓冲区字节数 级别
```

- 缓冲区字节数：缓冲区大小，取值范围为 4 KB～128 KB，默认为 4 KB。
- 级别：允许记录小于等于该级别的日志，默认为 7。

示例：设置允许级别为 6 及缓冲区大小为 10000 字节。

```
Ruijie(config)# logging buffered 10000 6 //只允许级别为6以及低于6的日志信息记录在大小为 10000 字节的内存缓冲区中，缓冲区的日志在内存中是临时的，缓冲区可根据需要进行调整
```

日志信息分为 8 个级别，紧急程度从 0～7，由高到低，具体见表 2-5。

表 2-5　日 志 级 别

关键字	等级	描　述
Emergencies	0	紧急情况，系统不能正常运行
Alerts	1	需要立即采取措施改正的问题
Critical	2	重要情况
Errors	3	错误信息
Warnings	4	警告信息
Notifications	5	普通类型，不过需要关注的重要信息
Informational	6	说明性信息
Debugging	7	调试信息

表示某一级别时，可以使用表中数字，也可以使用关键字。

如果日志信息显示太多，则可以通过设置日志信息的显示级别来减少日志信息的输出。下面通过示例介绍控制日志输出目标的命令。

```
Ruijie# terminal monitor //设置当前 VTY 窗口允许输出日志信息，默认不显示
Ruijie(config)# logging monitor informational //配置允许在 VTY 窗口（Telnet 窗口、SSH 窗口等）上打印的日志信息级别为 6，在 VTY 上显示日志的前提是执行了 terminal monitor 命令
Ruijie(config)# logging console informational //设置允许在控制台显示的日志信息级别为 6
Ruijie(config)# logging file flash:trace //将日志信息记录在 Flash 中，文件名为 trace.txt，文件大小为 128 KB,日志信息级别为 6。最多会在 Flash 中生成 16 个 trace_xx 的文件
```

8．查看信息

使用 show ?命令，可以显示 show 允许使用的参数。show 命令支持在多个模式下运行，下面以特权模式为例，给出常用的查看命令。

```
Ruijie#show version //查看交换机的系统版本信息
```

```
Ruijie#show clock  //查看计算机上的时钟
Ruijie#show logging  //查看交换机的日志信息
Ruijie#show running-config //显示交换机的配置文件信息
Ruijie#show vlan  //查看交换机的 VLAN 包含的端口
Ruijie#show interface 接口名 //显示交换机的接口信息
Ruijie#show mac-address-table  //查看交换机的 MAC 地址表
Ruijie# show 参数 |begin 指定显示的起始字符串 //在 show 命令的输出内容中查找指定的内容，将第一个包含该内容的行以及该行以后的全部信息输出。如果只对某部分内容感兴趣，可以使用这个命令来控制输出的内容。注意，指定显示的起始字符串区分大小写
```

9. 保存配置及重启交换机

（1）保存配置

配置完交换机，需要将配置信息写入交换机的配置文件（startup-config）中保存。当交换机重启后，配置文件中的配置信息会被加载到内存成为当前运行配置文件（running-config）。可以使用以下命令来保存交换机的配置文件信息。

```
Ruijie# write memory
```

或者

```
Ruijie# write
```

也可以使用以下命令。

```
Ruijie# copy running-config startup-config
```

（2）重启交换机

当交换机需要重启时，在特权模式下执行交换机重启（reload）。

```
Ruijie#reload
Processed with reload? [no]yes //输入 yes 后，按 Enter 键，可重启交换机
```

2.5.3 交换机的安全登录管理

给控制台设置口令可以防止本地非法登录。使用 Telnet、SSH、Web、SNMP 等远程方式登录交换机时，要在交换机上配置管理 IP、开启相应的服务、进入线路模式开启、配置密码或同时配置用户名和密码等操作。

为防止未经授权的用户管理交换机，可以设置特权口令，为不同的管理员设置不一样的权限级别，限制可使用的命令。

1. 配置登录提示信息

（1）配置每日通知

配置每日通知信息，当用户登录系统时，这些信息会在终端上显示出来。命令格式如下。

```
banner motd c message c
```

其中，message 为配置的每日通知信息内容，c 为用户自定义的分隔符，分隔符不能与通知信息中的字符相同，并且与通知信息之间留出空格。

示例：配置每日通知为“hello,world”。

```
Ruijie(config)#banner motd $ hello,world $//$为分隔符，英文为通知信息
```

（2）配置登录标题

登录设备时给出提示信息，这个信息显示在每日通知之后。命令格式如下。

```
banner login c message c
```

其中，message 为配置的提示信息内容，c 为用户自定义的分隔符，分隔符不能与提示信息中的字符相同，并且与提示信息之间留出空格。

示例：指定登录标题信息为“enter your password”。

```
Ruijie(config)# banner login $ enter your password $
```

2. 配置交换机特权口令及特权级别

控制网络上终端访问设备的一个简单办法，就是使用口令保护和划分特权级别。口令保护可以控制对网络设备的访问，划分特权级别可以在用户登录成功后，控制其可以使用的命令。为了适应多人管理网络的场景，把设备上的命令合理划分到多个特权级别，给每个特权级别设置口令，可以更好地防止对网络设备进行非授权访问。

系统默认只有两个命令级别：普通用户级别（1 级）和特权用户级别（15 级）。1 级是普通用户，可用命令最少，15 级为最高级权限级别，可使用所有命令。1～14 级可以由用户自己定义，权限由低到高，并为指定的级别配置安全加密口令。

（1）命令授权配置

命令授权功能可以为一个命令级别的模式设置可用的命令。如果想让更多的授权级别使用某一条命令，则可以将该命令的使用权，授予较低的用户级别。如果想让命令的使用范围小一些，则可以将该命令的使用权授予较高的用户级别。命令授权配置命令格式如下。

```
Ruijie(config)# privilege mode [all] {(level level) | reset} command-string
```

命令功能：可以将一条命令的执行权限授予一个命令级别。各参数解释如下。

- mode：被授权命令所属的 CLI 命令模式，可以指定 config（全局配置模式）、exec（特权命令模式）、interface（接口配置模式）等。用户可以为每个模式的命令划分 16 个授权级别。通过给不同的级别设置口令，就可以通过不同的授权级别使用不同的命令集合。
- all：将指定命令的所有子命令的权限，变为相同的权限级别。
- level level：授权级别，范围从 0 到 15。
- reset：将命令的执行权限恢复为默认级别。
- command-string：要授权的命令字符串拼写。

说明

为了更好地表达命令格式的使用方法，对多参数的命令表达格式做一个约定：斜体表示使用时需要填写的参数；“[]”方括号，表示其中的参数可选，使用命令时根据要实现的功能确定；“|”表示或者，两个参数选择其一；“{}”大括号，表示有多个参数；“()”表示括号中的参数作为一个整体使用。

示例：为 level1 指定可用的子命令。

```
Ruijie(config)# privilege exec all level 1 reload //将 reload 命令及其子命令授予级别 1，并设置级别 1 为有效级别
```

（2）与授权级别相关的命令

```
Ruijie#show privilege  //显示当前所处的级别
Ruijie#enable level  //进入指定级别的特权模式，其中 level 范围从 0 到 15，省略 level 的 enable 命令，表示直接进入 15 级特权模式
Ruijie#enable level  //不使用 level 参数时从特权用户模式退到普通用户模式。如果加上权限等级，则将当前权限等级降低到指定的权限等级
```

使用 enable level，从高级别切换到低级别时，不需要口令，但从低级别向高级别切换时，需要输入口令。

（3）口令配置

在全局配置模式下，配置口令有两种方式。

1）enable password

enable password 为简单加密的口令，只能为 15 级设置口令。口令在配置文件中可以看到明文。命令格式如下。

```
Ruijie(config)enable password  口令字符串
```

示例：配置简单加密口令。

```
Ruijie(config)#enable password Ruijie  //设置特权口令为 Ruijie
```

用这条命令配置完后，使用 show running 显示运行配置文件时，可以看到口令字符串以明文形式显示。

2）enable secret

enable secret 口令为安全加密口令，可以为 0～15 级设置口令。口令在配置文件中为密文，不能看到实际口令。命令格式如下。

```
enable secret [level Level] {secret |(0 encrypted-secret)}
```

- secret：用户进入特权 EXEC 配置层的口令。
- Level：用户的级别，范围从 0 到 15。
- 0 encrypted-secret：设置不加密文本的口令。

示例：配置某级别的特权口令。

```
Ruijie(config)#enable secret level 4  0 test //为进入 4 级特权模式指定口令 test，当输入 enable 4 时会提示输入特权口令
```

注意

同级别同时存在以上两种口令时，则 password 口令不生效。如果设置非 15 级的 password 口令，会给出警告提示，并自动转为 secret 口令；如果设置 15 级的 password 口令和 secret 口令完全相同，会给出警告提示；口令必须以加密形式保存，password 口令使用简单加密，secret 口令使用安全加密。

3. 远程访问管理

远程登录除了开启服务外，还要根据登录验证方式的不同，进行不同的设置。验证分为两种验证方式：密码验证、用户名加密码验证。

（1）开启要运行的服务

enable service 在全局配置模式下要打开指定的服务，命令格式如下。

```
enable service { ssh-server | telnet-server | web-server |snmp-agent}
```

其中，ssh-server、telnet-server、web-server、snmp-agent 为可选参数，用于指定要开启的服务。使用 show service 命令可以查看开启了哪个服务。

（2）进入线路子模式

要配置线路方式登录，需要先进入指定的线路子模式。命令格式如下。

```
Ruijie(config)# line [aux | console | tty | vty] first-line [last-line]
```

可以进入的子模式有 aux（辅口）、console（控制口）、tty（异步口）、vty（虚终端线路）。其中，vty 用于 Telnet 或 SSH 连接，aux 和 tty 一般仅出现在路由器产品上。

first-line 和 last-line 用来指定可连接线路数的起始与结束编号。

（3）指定线路模式下的通信协议

```
transport input {all | ssh | telnet | none}
```

其中，all 允许 SSH 及 Telnet 通信，若指定为 SSH 或 Telnet 时，表示只允许指定的那一种通信，none 不允许任何协议通信。

示例：配置 SSH 协议。

```
Ruijie(config)#line vty 0 4            //进入线路模式
Ruijie(config-line)#transport input ssh  //指定 Line 下可以通信的协议为 SSH
```

（4）只用密码方式远程登录

这种方式只需要在线路方式中设置登录口令即可。

```
Ruijie(config-line)#password 口令  //配置线路登录口令，口令字符可以是大小写字母、数字，且区分大小写
```

```
Ruijie(config-line)#login  //只开启对线路口令检查功能。这条命令需要与 password 口令配合使用，才能激活线路。只需密码验证即可登录
```

如需要登录时验证用户名及口令，就需要在全局模式下配置，命令格式如下。

```
Ruijie(config)#username name password  password
```

其中，name 为用户名，password 为口令字符，可以是大小写字母、数字，且区分大小写。

激活本地用户名和口令，命令格式如下。

```
Ruijie(config-line)#login local  //在 AAA（提供验证授权的服务）关闭的情况下，要进行本地用户认证时，使用该配置命令。它需要与 username 配合使用
```

4. 配置 Web 登录

在配置 Web 登录时除了开启 web-server 服务外，必须配置口令验证或用户名加密码验证。此外，还会用到下列命令。

（1）指定 HTTP 服务端口

```
ip http port number  //指定 HTTP 服务端口，默认是 80
```

（2）设置 Web 登录认证类型

```
ip http authentication { enable | local }
```

- enable：采用 enable password 或 enable secret 命令设置的口令进行认证，口令必须为 15 级，默认为 enable。
- local：采用本地 username 命令设置的用户名和口令进行认证，该用户必须绑定 15 级权限。

5. 配置 SSH 登录

SSH 协议是专为远程登录会话和其他网络服务提供的安全性协议，由于信息传输是加密的，因此可以有效防止远程管理过程中的信息泄露问题。

配置 SSH 时，除了前面讲过的要开启 ssh-server 服务外，还会用到下列命令。

（1）指定 SSH 加密方式

crypto key generate DSA|RSA //加密方式有两种：DSA 和 RSA，二者择其一

（2）配置 SSH 支持的版本

```
ip ssh version {1 | 2} //SSH 有两个版本，版本 2 安全性较好
```

（3）配置 SSH 的超时时间

```
ip ssh time-out time  //配置 SSH 的超时时间（范围为 1 s～120 s）
```

如果想查看当前线路方式登入的用户，可以使用命令 show users。

2.5.4　SNMP 管理

对于规模较大的网络，管理员要对分散的各处设备采用命令行方式，人工进行批量远程配置和管理，其工作量非常大，且效率很低。网络管理员可以利用 SNMP 远程管理和配置设备，并对这些设备进行实时监控。

利用支持 SNMP 协议的网络管理系统（Network Management System，NMS），网络管理员可以对网络上的结点进行信息查询、网络配置、故障定位、容量规划、网络监控和管理。网络管理软件如锐捷 StarView、华为 iManager 都可实现管理网络设备。组网拓扑如图 2-15 所示，其中采用了双 NMS 结构。

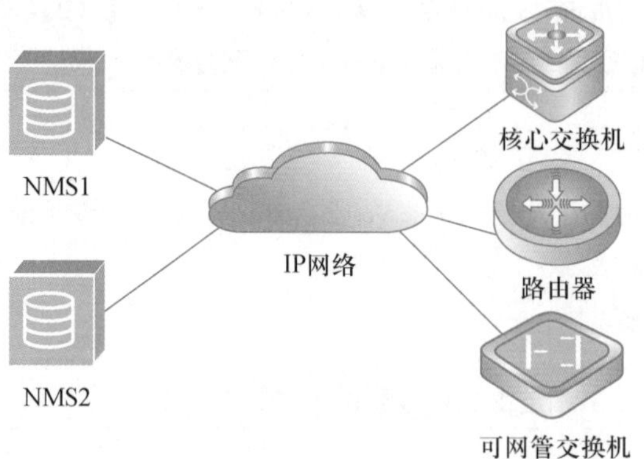

图 2-15
网络管理系统组网拓扑

SNMP 作为一种应用层协议，是专门用于在 IP 网络中管理网络结点（如服务器、工作站、路由器、交换机等）的一种标准协议。众多厂家的产品都支持该协议。

（1）SNMP 系统的组成

SNMP 系统为客户机/服务器模式，包括 SNMP 网络管理系统（NMS）、MIB 管理信息库、SNMP 代理、被管理对象 4 个部分。

NMS 作为整个网络的网络管理中心，对设备进行管理，每个被管理设备中都包含驻留在设备上的 SNMP Agent 进程、MIB 和多个被管对象。NMS 通过与运行在被管理设备上的 SNMP Agent 交互，由 SNMP Agent 通过对设备端的 MIB 进行操作，完成 NMS 的指令，如图 2-16 所示。

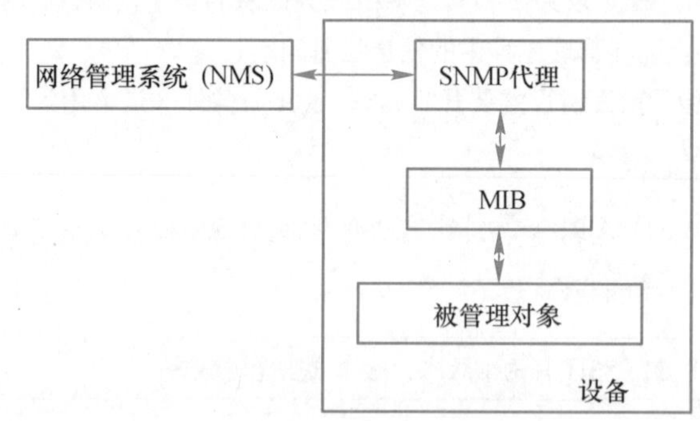

图 2-16
网络管理系统逻辑关系

- NMS：是网络中的管理者，采用 SNMP 协议对网络设备进行管理/监视，运行在 NMS 服务器上。
- SNMP Agent：是被管理设备中的一个代理进程，用于维护被管理设备的信息数据并响应来自 NMS 的请求，把管理数据汇报给发送请求的 NMS。

- 被管理对象：每一个设备可能包含多个被管理对象，被管理对象可以是设备中的某个硬件，也可以是在硬件、软件（如路由选择协议）上配置的参数集合。
- MIB：是一个数据库，指明了被管理设备所维护的变量。每个被管理对象在 MIB 数据库以树状结构进行存储，并被分配一串数字来标识对象（这串数字标识被称为 OID），如图 2-17 所示。

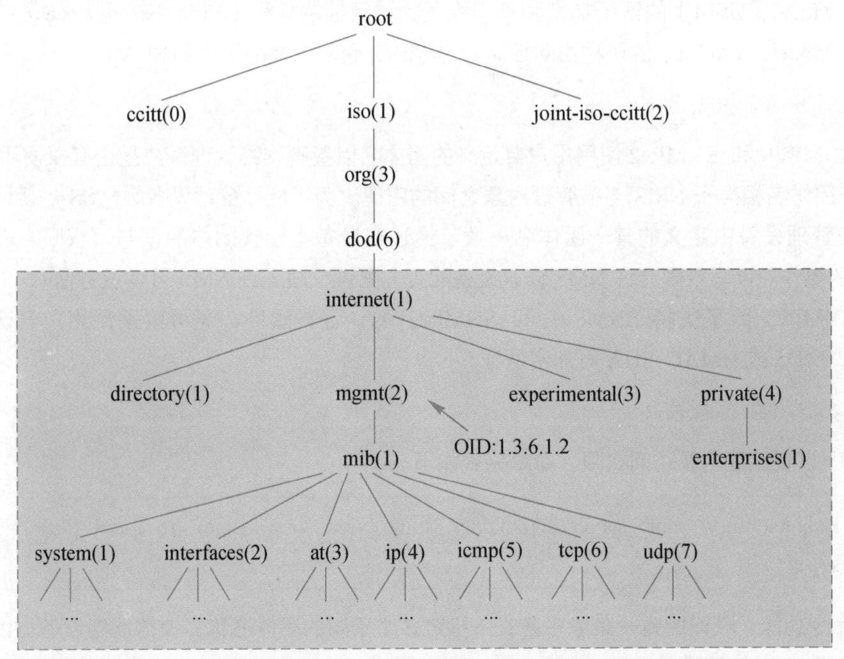

图 2-17
对象命名树的层次结构
（Internet 部分）

表 2-6 列出了 Internet 中用于管理的 MIB 的类别、标号及表示的对象。

表 2-6　MIB 各结点含义

类　别	标号	所包含的信息
system	（1）	主机或路由器的操作系统
interfaces	（2）	各种网络接口及它们的测定通信量
address translation	（3）	地址转换（如分组统计）
ip	（4）	Internet 软件（IP 分组统计）
icmp	（5）	ICMP 软件（已收到 ICMP 消息的统计）
tcp	（6）	TCP 软件（算法、参数和统计）
udp	（7）	UDP 软件（UDP 通信量统计）
egp	（8）	EGP 软件（外部网关协议通信量统计）

MIB 视图是 MIB 的子集合，用户可以将 MIB 视图内的对象配置为 exclude 或 include，exclude 表示当前视图不包含该 MIB 子树的所有结点，include 表示当前视图包含该 MIB 子树的所有结点。用户可以配置 MIB 视图来限制 NMS 能够访问的 MIB 对象。

（2）SNMP 的版本

SNMP 协议版本有 3 个，分别为 SNMPv1、SNMPv2c、SNMPv3。

- SNMPv1 是 SNMP 协议的最初版本，提供的网络管理功能有限。SNMPv1 基于团体名认证，安全性较差，且返回报文的错误码也较少。
- SNMPv2c 也采用团体名认证，比 SNMPv1 支持更多的标准错误码信息，支持更多的数据类型（如 Counter64、Counter32）。
- SNMPv3 主要在安全性方面进行了增强，提供了基于用户安全模型（User Security Model，USM）的认证加密和基于视图的访问控制模型（View-based Access Control Model，VACM）的两种访问控制。SNMPv3 版本支持的操作和 SNMPv2c 版本一样。

（3）SNMP 的安全

SNMPv1 和 SNMPv2 使用用户自定义的团体名以鉴别网络管理系统是否有权使用 MIB 对象，团体名相当于 NMS 与被管理对象之间的密码。为了能够管理设备，NMS 的团体名必须同被管理设备中定义的某个团体名一致。通过在设备上设置团体的读与写权限，来限制 NMS 的操作。读写权限允许 NMS 修改设备配置，只读权限允许 NMS 可读设备信息。

SNMPv3 除了支持 SNMPv1 和 SNMPv2 的认证方式外，还可以采用用户名认证及 HMAC-MD5 或 HMAC-SHA 等加密认证。

（4）SNMP 的配置命令

① 设置认证名及访问权限，命令格式如下。

```
Ruijie(config)# snmp-server community string [view view-name] [ro | rw] [host ipaddr] [number]
```

命令功能：可以配置一条或多条，来指定多个不同的团体名称，使得网络设备可以供不同权限的 NMS 来管理。

- string：团体字符串，相当于 NMS 和 SNMP 代理之间的通信密码。
- view-name：指定视图的名称，用于基于视图的管理。
- ro：指定 NMS 对 MIB 的变量只能读，不能修改。
- rw：NMS 对 MIB 的变量可读可写。
- number：访问控制列表序列号（0～99），通过指定关联的访问列表号，控制能访问 MIB 的 NMS 地址范围。
- ipaddr：指定能访问 MIB 的 NMS 地址。

示例：设置设备的团体名为 public，并指定为只读访问。

```
Ruijie(config)# snmp-server community public ro //创建 public，设置 MIB 变量为只读
```

② 配置 MIB 视图和组。

创建一个 MIB 视图，包含或排除关联的 MIB 对象。命令格式如下。

```
Ruijie(config)# snmp-server view view-name oid-tree {include|exclude}
```

- view-name：创建视图使用的名称。
- oid-tree：视图包含的 MIB 对象的一棵 MIB 子树。
- include：标明该 MIB 对象子树被包含在视图内，与 execlude 参数，二者择其一。
- exclude：标明该 MIB 对象子树被排除在视图之外。

示例：创建 MIB 视图为 mib2，及包含子树为 1.3.6.1。

```
Ruijie(config)# snmp-server view mib2 1.3.6.1 include//设置一个视图 mib2，包括 1.3.6.1 所有的子树（OID 为 1.3.6.1）
```

创建一个组，并和视图关联。命令格式如下。

```
snmp-server group groupname {v1|v2c|v3{auth|noauth|priv}}[read readview] [write writeview] [access {num|name}]
```

- v1|v2c|v3：指明 SNMP 版本。
- auth：该组用户传输的消息需要验证，但数据不需要保密，只对 v3 有效。
- noauth：该组用户传输的消息不需要验证数据，也不需要保密，只对 v3 有效。
- priv：该组用户传输的消息需要验证，同时传输的数据需要保密，只对 v3 有效。
- readview：关联一个只读视图。
- writeview：关联一个读写视图。

示例：采用 V3 加密方式，创建组 mib2user 并与只读视图 mib2 关联。

```
Ruijie(config)# snmp-server group mib2user v3 priv   read mib2//创建一个 mib2user 组采用 v3 版本加密的与只读视图 mib2 关联。
```

③ 配置 SNMP 用户。

如果基于用户的方式进行 SNMP 管理，则需要配置用户。

```
snmp-server user username groupname {v1|v2|{v3 [encrypted] [auth {md5 | sha} auth-password]} [priv des56 priv-password]} [access {num|name}]
```

- username：用户名。
- groupname：该用户对应的组名
- v1|v2|v3：指明 SNMP 版本。只有 SNMP v3 支持后面的安全参数。
- encrypted：指定密码输入的方式为密文输入，否则以明文输入。如果选择了以密文输入，则需要输入连续的十六进制数字字符表示的密钥。注意，使用 MD5 的认证密钥长度为 16 字节，而 SHA 认证协议密钥长度为 20 字节，以两个字符表示一个字节，加密表示的密钥仅对本引擎有效。
- auth：指定是否使用验证。md5 指定使用 MD5 认证协议，sha 指定使用 SHA 认证协议。
- auth-password：设置认证协议使用的口令字符串（不超过 32 个字符）。系统自动将这些口令转换成相应的认证密钥。
- priv：指定是否使用保密。des56 指定使用 56 位的 DES 加密协议。
- priv-password：为加密用的口令字符串（不超过 32 个字符）。系统将这个口令转换成相应的加密密钥。

示例：设置一个 SNMP v3 用户，使用 MD5 认证和使用 DES 加密。

```
Ruijie(config)# snmp-server user user-2 mib2user v3 auth md5 authpassstr priv des56 despassstr //将用户 user-2 加入 mib2user 组，采用 MD5 认证，认证字符串 authpassstr 及 DES 加密，加密口令为 despassstr
```

④ 配置 SNMP 主机地址。

配置 Agent 主动发送消息的 NMS 主机地址。该命令支持设置 SNMP 主机地址、主机端口，vrf 选项、消息类型、认证名（在 SNMPv3 下是用户名）、安全级别（仅 SNMPv3 支持）等，命令格式如下。

```
Ruijie(config)# snmp-server host host-addr [vrf vrfname] [traps] [version {1|2c|3[auth|noauth|priv]}] community-string [udp-port port-num] [type]
```

- host-addr：SNMP 主机地址。
- ipv6-addr：SNMP 主机地址（IPv6）。
- vrfname：设置 vrf 转发表名称。
- version：选择 SNMP 版本，v1、v2C、v3。
- auth|noauth|priv：设置 v3 用户的安全级别，其中 auth 提供 HMAC-MD5 或 HMAC-SHA 认证，noauth 只使用用户名确认数据合法性，priv 提供 HMAC-MD5 或 HMAC-SHA 认证及 CDC-DES 数据加密。noauth、auth、priv 这 3 个安全级别由低到高。
- community-string：团体字符串或用户名（v3 版本）。
- port-num：设置 SNMP 主机端口。
- type：主动发送的陷阱类型，如 SNMP。

示例：指定主机发送的事件类型及使用的团体名。

```
Ruijie(config)# snmp-server host 192.168.12.219 public snmp//指定一个 SNMP 主机，接收SNMP 事件陷阱
```

⑤ 配置 Agent 主动向 NMS 发送 Trap 消息。

Trap 是 Agent 不经请求主动向 NMS 发送的消息，用于报告一些紧急而重要事件的发生。默认为不允许 Agent 主动发送 Trap 消息，如果要允许，只能在全局配置模式下。

```
Ruijie(config)# snmp-server enable traps [type] [option]
```

示例：配置被管理主机向 NMS 发送消息。

```
Ruijie(config)# snmp-server enable traps snmp   //启用主动发送 SNMP 事件陷阱消息
Ruijie(config)# snmp-server host 192.168.12.219 public snmp //配置 Agent 主动发送消息的NMS 主机地址 192.168.12.219
```

2.6 网络设备启动故障排查

2.6.1 网络设备启动过程中的常见问题及处理办法

下面总结网络设备启动或使用过程中可能会出现的常见硬件问题，并给出相应的解决办法。

故障 1：交流电源模块不能供电。

【故障描述】

Status 状态指示灯不亮，风扇不旋转。

笔 记

【故障处理方法】

检查机柜接线是否正确，检查机柜电源插座与电源线的连接是否有松动，检查电源模块与电源线的连接是否有松动。如果确认电源线没有问题，则可能是机箱内部的电源模块损坏。

故障 2：连接后链路指示灯不亮。

【故障描述】

插入网络线或者光纤线后端口的 Link 指示灯没有电路。

【故障处理方法】

检查交换机和连接设备是否开机，确认网线两端插入交换机及相关设备，检查是否使用正确的电缆或光缆种类，交换机两端的 SFP 模块是否匹配，同时确认 RJ45 线和光纤线长度是否超限等。

故障 3：线卡上电后指示灯异常。

【故障描述】

Status 灯一直闪烁。

【故障处理方法】

说明系统故障，需要将交换机送修。

故障 4：系统自动关机。

【故障描述】

机器运行一段时间后自动关机。

【故障处理方法】

检查电源插头是否松动，是否停电，供电电压是否波动。检查机箱后侧风扇是否运转正常。如果仍然不能发现故障，则内部电源模块可能出现故障。

故障 5：风扇没有工作。

【故障描述】

有一个或者多个风扇停止转动。

【故障处理方法】

检查电源插头是否松动，是否正常供电。Status 如果点亮说明供电正常，如果供电正常则风扇故障，送修更换风扇。

如果实在无法找出故障问题的原因，这时就需要联络企业客服。在联络前，应准备好下列信息：机箱类型和序列号、维护协议或者保修信息、安装在用户交换机中的软件版本、购买日期、问题的简短说明、为了确定问题所曾采用的步骤的简短说明。

2.6.2 网络设备故障排查规范

由于网络产品的软硬件异常或缺陷、用户网络环境原因、人为原因，导致用户网络中断或网络应用质量下降，影响到用户业务运营的事件，统称为故障。而网络工程师通过自身技术能力或调动相关资源修复客户网络的异常、恢复客户网络的过程，称为故障处理。

- 故障处理是网络工程师的三大基础交付业务（故障处理、项目实施、网络维护）之一，是客户口碑的生命线，通常认为是影响客户口碑最大的因素。
- 网络维护是指网络工程师通过自身技术能力，帮助客户实现网络优化、网络改造、网络搬迁等，以达到客户业务对网络要求的工作。

网络工程师经常把故障处理和网络维护混为一谈，其中区分的关键点在于是否影响了客户业务，故障实际上是因为网络产品的软硬件问题、环境问题等引起的影响客户业务的事件，而网络维护多为客户主动发起的网络变更。

1. 网络故障概述

在实际网络设备管理工作中，遇到网络故障时，要采用“观察现象—分析原因—排查纠错—测试运行—恢复运行”的方法对故障进行处理。

网络故障通常有以下几种可能。

① 物理层中物理设备相互连接失败或者硬件和线路本身的问题。

② 数据链路层的网络设备的接口配置问题。

③ 网络层网络协议配置或操作错误。

④ 传输层的设备性能或通信拥塞问题。

⑤ 网络应用程序错误。

诊断网络故障的过程应该沿着 OSI 七层模型从物理层开始向上进行。首先检查物理层，然后检查数据链路层，以此类推，确定故障点。

2. 网络故障排查的步骤

故障排查的步骤如下。

① 确定故障的具体现象，分析造成这种故障现象的原因。例如，主机不响应客户请求服务，可能的故障原因是主机配置问题、接口卡故障或路由器配置命令丢失等。

② 收集需要的用于帮助隔离可能故障原因的信息。从网络管理系统、协议分析跟踪、路由器诊断命令的输出报告或软件说明书中收集有用的信息。

③ 根据收集到的情况考虑可能的故障原因，排除某些故障原因。例如，根据某些资料可以排除硬件故障，把注意力放在软件原因上。

④ 根据最后的可能故障原因，建立一个诊断计划。开始仅用一个最可能的故障原因进行诊断活动，这样容易恢复到故障的原始状态。如果一次同时考虑多个故障原因，返回故障原始状态就比较困难。

⑤ 执行诊断计划，认真做好每一步测试和观察，每改变一个参数都要确认其结果，分析结果，确定问题是否解决，如果没有解决，继续下去，直到故障现象消失。

3. 故障信息收集的内容及方法

在客户条件允许的情况下，第一时间要完成故障的准确完整信息收集，避免因没有收集信息或信息收集不全导致无法定位。

在客户网络设备发生故障时，可根据故障情况进行信息收集，见表 2-7。

表 2-7　故障收集的内容及方法

类别	信息收集内容	信息收集要求	信息收集方法
设备信息收集	收集设备信息，如错误提示、运行状态等	在客户允许的时间内完成	通过状态命令或厂商推荐的故障设备一键信息搜集工具收集
项目信息	了解项目背景，包含客户单位、项目大小及使用多少设备等信息	可在业务恢复之后进行信息收集	可以通过客户或者销售、售前了解到

续表

类别	信息收集内容	信息收集要求	信息收集方法
客户声音	客户态度及故障处理时效，解决方案期望等信息	可在业务恢复之后进行信息收集	从客户沟通中获取
故障影响	故障给客户业务带来的影响	可在业务恢复之后进行信息收集	获取故障影响面话术 （工程师：请问这个故障现在影响了哪些人，范围有多大呢？具体影响到哪些业务？ 工程师：请问这个故障除了业务本身的影响，还会影响到贵单位的哪些特定事件呢？）
故障现象	● 明确故障现象：故障时设备、客户业务的状态。 ● 发生概率：与客户了解故障发生的概率（故障发生次数、故障发生时间是否有规律、是否与当时客户的操作/业务流量有关）	可在业务恢复之后进行信息收集	从客户沟通中获取，到现场排查
故障环境	● 设备在现网中使用时间。 ● 设备承载的业务情况。 ● 故障前是否有网络变更。 ● 网络拓扑等	可在业务恢复之后进行信息收集	从客户沟通中获取，到现场排查

表 2-7 中提到的“一键信息搜集工具”可以在锐捷“服务与支持”→“通用工具”中下载智能诊断工具，应用这个工具前，需要在设备上提前配置好 Telnet 或 SSH 登录。

4. 故障收集时需要注意的要点

（1）现场信息收集应注意的要点

① 常用工具必须提前安装好并能正常使用，如 Wireshark、CRT、VMware、TFTP 等。

② 如果故障属于可复现，做好故障复现前的准备工作，如信息收集脚本编写、命令汇总等。

③ 未经客户允许不可对在网设备进行任何操作，或将操作风险提前告知客户再进行收集。

④ 承载客户核心业务的设备发生故障后，不能为了信息收集、故障定位等原因，而不第一时间恢复客户业务（不同客户有不同的业务恢复要求，如移动公司对重大事故的定义为：在凌晨 1 时至凌晨 6 时，业务故障历时超过 60 分钟；在其他时间段，业务故障历时超过 30 分钟）。

（2）远程信息收集应注意的要点

① 在需要客户协助做信息收集前，首先应确定客户是否具备配合条件，如业务恢复时效的限制。

② 如果具备远程登录计算机的条件，应首先采用远程计算机方式进行信息收集，客户配合接入到选定位置即可。

③ 如果具备 Telnet 远程登录设备的条件，可选用 Telnet 远程登录方式进行收集，注意不能做可能会导致远程断开的操作，如修改互联网 IP 地址。

④ 如果以上②、③条件都不具备，而现场客户具备一定技术能力，且在工程师明确配合收集信息的目标后，客户愿意配合的情况下，可将一键信息收集命令、收集脚本及其收集注意事项发送给客户，请客户协助收集。为了节省时间，在收集过程中，工程师可以使用电话等即时通信方式进行远程指导。

⑤ 如以上条件都不具备，则需要优先协助客户恢复业务，可通过电话、微信、QQ 或者其他即时通信工具，将恢复方法告知客户，远程指导客户完成。

2.6.3　常见故障排查案例

【案例 2-1】 电口无法 Link UP 或收发帧错误。

对于这种的故障过程排查过程如下。

（1）检查接口配置和双工速率情况

```
show run interface 接口        //查看接口信息
show interface status          //查看接口双工速率情况
show interface 接口            //查看接口双工速率情况，及查看接口是否有 crc、error 等
```

（2）调整两端设备双工速率

通常建议使用默认设置自动协商双工速率，但如果接口无法 UP，可以尝试强制双工速率观察，命令如下。

```
Ruijie(config)#interface 接口                          //进入怀疑有故障的接口
Ruijie(config-GigabitEthernet x/y)#speed 1000          //指定接口速率
Ruijie(config-GigabitEthernet x/y)#duplex full         //指定全双工
```

双工速率还可以配置为 speed 100、speed 10、speed auto、duplex half、duplex auto。

（3）检查或更换网线

① 检查网线长度是否超过 100 m，若超过，需要和客户沟通修改网络部署方案，或者中间串入设备以减少线缆的连接长度。

② 检查网线是否为超五类线，若不是，建议更换超五类线观察（若客户的网线都是同一批制作，建议另外用不同批次网线测试）。

若更换网线依然无法解决，则继续下一步排查。

（4）替换法

① 更换交换机接口（若交换机有多个芯片，需选取不同芯片上的接口测试。如 48 口交换机，最好分别在前 24 口和后 24 口选取一个接口测试）。

② 更换其他槽位线卡测试（针对机框式设备，盒式设备忽略此步）。

③ 更换交换机。

【案例 2-2】 光口状态无法进入 Link UP 状态。

对于这种的故障过程排查过程如下。

（1）show 命令确认基本信息

① show 命令查看交换机型号。

```
show version    //确认交换机型号，以便确认该交换机的光口是否为光电复用口
```

② show 命令查看是否光电复用口及双工速率。

```
show int status //查看光模块所插接口的介质类型为 copper 还是 fiber，及接口协商的双工速率情况
show int 接口  //查看光模块所插接口，该命令查看接口介质类型为 copper 还是 fiber，及接口协商的双工速率情况
```

说明

若是光电复用口，但是介质类型为 copper，需要通过命令修改接口介质类型为光口。

```
Ruijie(config)#int gi x/y    //gx/y 表示光模块所插接口编号
Ruijie(config-GigabitEthernet x/y)#medium-type fiber    //将 G0/2 口配置为光口
```

（2）更改双工速率配置观察

通常建议使用默认设置为自动协商双工速率，但如果接口无法 UP，可以尝试强制双工速率观察，命令如下。

```
Ruijie(config)#int gi x/y    //gx/y 表示光模块所插接口编号
Ruijie(config-GigabitEthernet x/y)#speed 1000         //指定接口速率
Ruijie(config-GigabitEthernet x/y)#duplex full         //指定全双工
```

双工速率还可以配置为 speed 100、duplex half。

（3）show 命令查看光模块型号/光衰

```
show int gx/y trans         //查看光模块的类型和序列号
show int gx/y trans dia      //查看光衰范围是否正常
```

注意

如果 RX Power 小于该模块的接收光强的最小值，就会导致无法 Link UP，进行以下排查。

- 检查光模块和光纤波长的对应关系。
- 更换尾纤。
- 检查光纤总长是否超过光模块支持的最大距离，或使用测试仪测试光纤的光衰是否过大。

（4）show 命令查看接口配置

```
show run int gi x/y   //查看接口配置，确认是否有配置干扰接口 UP 的命令，如 shut down 等命令
```

（5）检查光纤收发是否插反

拔出光纤，对调光纤的收发端，再插入，检查光口指示灯是否点亮。

（6）确认光模块和光纤类型是否匹配

确认光模块和光纤类型是否匹配，单模模块需要配合单模光纤使用，多模模块需要配合多模光纤使用。以经验来看，多模光纤颜色绝大部分是橙色的，单模光纤颜色绝大部分是黄色的。

（7）单端口自环测试，检查是否 Link UP

光口上插入光模块，使用光纤短接光模块的收发两端（光纤一端 RX 插入光模块的一个孔，光纤另一端 TX 插入同一个光模块的另一个孔），检查是否 Link UP。

① 如果可以 Link UP，说明本端交换机和光模块工作正常，检查交换机配置、中间链路、对端交换机配置。

② 如果不能 Link UP，说明交换机端口或者光模块损坏，采用替换法逐一替换。

40 km 以上的光模块连接短距离光纤必须安装光衰减器再进行测试，直接短接可能导致光模块接收光强太大导致物理损坏。

（8）替换法

① 更换尾纤。

② 更换交换机端口位置。

③ 更换光模块。

④ 更换交换机。

总结：对于案例 2-1 和案例 2-2，不论更换接口/交换机能否解决问题，都需要针对故障接口或故障交换机进行信息收集。

```
show version //查看交换机版本信息
show version slot //显示设备插槽和模块信息
show run  //显示当前设备配置好的所有信息，包括本机系统版本号、VLAN 划分、DHCP 分配、端口分配、速率、工作模式
show log  //查看设备的日志
show interface status //查看交换接口的信息，包括状态、VLAN、双工、速度和使用介质
show int  //显示所有接口详细信息
show interfaces counters errors  //查看物理线路的错误计数器
show interface counters rate  //查看每个接口收发包的速率
show interface counters summary //显示接口计数器的汇总信息
show spanning-tree summary  //显示生成树拓扑状态汇总信息
show arp  //显示 ARP 表
show arp counters  //显示 ARP 表条目数
show mac-address-table  //查看 MAC 转发表
show mac-address-table count  //显示地址表中 MAC 地址的统计信息
```

2.7　工程文档制作

2.7.1　工程文档制作工具

在工程招投标、工程施工、项目验收等过程中会用到各式各样的文档，下面简单介绍制作这类文档的工具。

1．办公软件 WPS Office

WPS Office 是由金山办公出品的一款面向个人和企业的办公软件产品，其中面向个人和教育行业的版本是免费的，企业版是收费。该软件小巧，功能强大，是集文字处理、电子表格、电子文档演示为一体的信息化办公平台。多个系统平台都可以使用，在计算机、手机、平板等平台上都能随时随地办公，利用 WPS 的云存储功能可以很方便地在这些平台上共享文档。它支持多种文档格式，兼容 Microsoft Word、Microsoft Excel、Microsoft PowerPoint 文档格式，支持 PDF 文档的编辑与格式转换，还集成了思维导图、流程图、表单等功能，且提供大量的文档模板。

2．Microsoft Office 办公套件

Microsoft Office 是微软公司开发的一套基于 Windows 操作系统的商业办公软件套装。常用组件有 Word、Excel、PowerPoint 等，在市场上占有很大份额。

3．Microsoft Visio

这款软件是微软公司出品，用于制作流程图、网络拓扑图、各类工程图等图表的专业办公绘图软件，属于商业版软件，运行在 Windows 平台。软件内置了数十种行业模板和数千种自定义形状，使用户能更从容地创建各种易于理解的直观视觉对象。

4．亿图图示专家

亿图图示专家（EDraw Max），是一款基于矢量的绘图工具。它属于商业版软件，可以制作具备专业外观的流程图、组织图、网络图和商业图表，也可以方便地绘制各种专业的建筑图、思维导图、工作流程图、时装设计、UML 图表、电气工程图、方向地图、程序结构图、数据库图表、拓扑图等。

在设计时，采用全拖曳式操作，结合 4 600 多个常用图形模板库和用户自定义实例库，最大程度地减少了用户的工作量。亿图兼容很多文件格式，可以一键导出 PDF、Word、PPT、Excel、图片、HTML、Visio 等文件格式，导出的文件仍然保留矢量格式，利用云存储功能可以进行分享。

2.7.2 网络设备配置文档制作

在网络工程项目中，有一个环节是设备选型，在这个环节需要确定所选设备的详细信息，将这些信息汇总成一张表格。这张表格不仅要包含产品本身的信息，还应包括产品的附属配件的信息。只有这样，才能准确地估算出工程价格及技术指标参数。

下面以某工程项目的产品选型为例（对原产品清单进行了删减），介绍网络设备配置文档的结构。其基本结构见表 2-8。

表 2-8 产品配置清单

序号	产品名称	品牌型号	生产厂家	产地	技术参数
一、核心交换机					
1	核心交换机	LS-7510E	×××	杭州	H3C S7510E 以太网交换机主机，背板容量≥2.4 Tbps，交换容量≥1.152 Tbit/s，包转发率≥780 MPPS，支持专门硬件的 OAM 和 BFD 检测。业务槽位数≥10，端口密度 GE≥504

续表

序号	产品名称	品牌型号	生产厂家	产地	技术参数
……					
二、汇聚交换机系列					
1	24 口千兆交换机	LS-5500-28C-EI	×××	杭州	××× S5500-28C-EI- 以太网交换机主机（24GE+4SFP Combo+2Slots），背板交换容量≥192 Gbit/s，包转发率≥96 MPPS，另配××× S5500 2 端口万兆以太网 SFP+接口板
2	光/电模块	SFP-GE-SX-MM850-A	×××	杭州	光模块-SFP-GE-多模模块-（850 nm，0.55 km,LC）
3	安装材料与外购件	光跳线 多模	×××	上海	双芯 LC-LC 多模千兆 3 米跳线
……					
三、接入交换机系列					
1	48 口千兆交换机	LS-5120-48P-EI-H3	×××	杭州	××× S5120-48P-EI- 以太网交换机主机（48GE+4SFP Combo），背板交换容量≥240 Gbit/s，转发性能≥72 MPPS
……					

表格中的产品名称、品牌型号、生产厂家、产地、技术参数等信息应来自厂商网站的产品宣传页或代理经销提供的资料，信息要做到准确无误。在工程实践中，表格的具体内容必须由熟悉厂商产品的网络工程师确定。

2.7.3　网络故障报告文档制作

按照信息收集方法，由网络管理员对网络中发生的故障形成报告性文字，方便故障分析和解决，同时也为日后解决类似故障提供参考。

网络故障分析报告涵盖了故障报告的内容，下面介绍网络故障分析报告的大致格式，这样有助于理解故障处理的全过程。

×××网络故障分析报告

1. 故障描述

1.1 故障现象

（这部分内容要详细描述故障出现的时间、地点、表现、造成的影响等信息。另外要向服务方了解发生故障前后，曾做过什么操作、网络做过什么改动、是否做过工程施工等，这些信息有时对发现故障会很有帮助）

1.2 网络拓扑图

（这部分内容要给出详细网络拓扑，并给出详细的文字说明，如接口间的连接关系、接口配置等信息）

2. 现场检查及处理办法

2.1 现场检查或远程检查

（这部分内容要详细描述在故障现场所进行的各种检查，使用的工具，发现的问题等）

2.2 故障分析及故障点定位

（如果是单纯的故障报告，这部分及后面的内容可以不表述。这部分内容要根据网络拓扑、现场检查，对故障可能的原因进行分析，确定故障发生的原因，并进行故障点定位）

2.3 处理方法及结果

（这部分内容要给出处理办法，处理后要确认故障是否解决）

2.4 分析总结

（这部分内容对整个故障进行分析总结，如果有好的建议可以在这里提出）

网络故障分析报告示例如下。

×××网络故障分析报告

1. 故障描述

1.1 故障现象

2020 年 8 月 10 日之前，局域网内各个部门及服务器之间都能互访。

① 8 月 11 号开始，网络时常出现访问偏慢等状态，并且有时出现丢包现象。

② 平均每周出现 2～4 天间歇性断网现象，时长一般为 30～60 s，然后自动恢复，在此期间，一号楼与二号楼的终端无法与服务器及各个设备之间进行通信。

1.2 网络拓扑图

×××××的网络拓扑如图 1 所示，从中可知，客户端访问服务器、访问外网的链路非常简单。

访问服务器：客户端→接入交换机→核心 3750→4924→服务器群→存储及数据交换。

访问外网：客户端→接入交换机→核心 3750→4924→防火墙→路由器→外网。

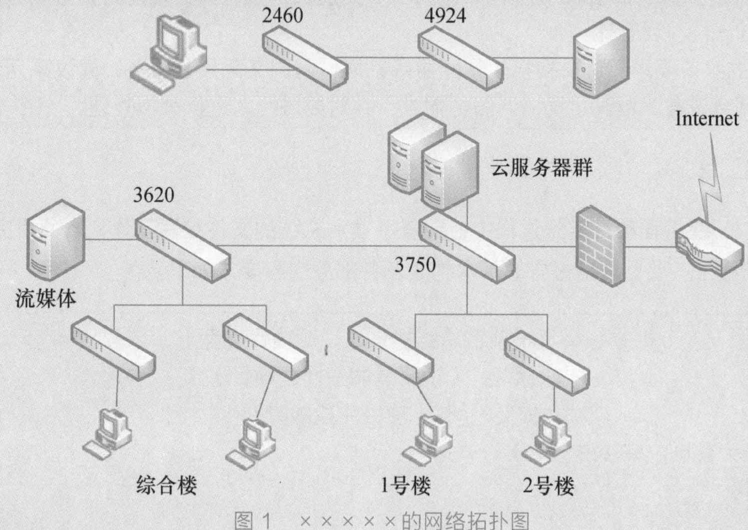

图 1　×××××的网络拓扑图

2. 现场检查及处理方法

2.1　现场检查

① 通过检查网络设备配置及网络当前运行状况，发现先运行的配置未被修改，检查连接交换机及交换机的光纤和模块，均未发现问题。

② 8 月 25 日在与核心交换机连接的服务器上，安装 Solarwinds 监控软件，开启核心交换机 3750 上 SNMP 服务。

③ 观察防火墙及监控软件，发现防火墙上的流量灯一直处于高流量状态，并且监控软件中显示，工作日每天的平均流量在 300～700 GB，周末为 40～80 MB。

④ 局域网内架设了桌面云服务器及流媒体服器，提供给全网使用。

2.2 故障分析

根据网络拓扑及网络故障现象分析，该局域网内出现间歇性断网，可能有以下几个原因。

① 中间那台 3750 故障。

② 一号楼、二号楼连接的光纤线路有问题。

③ 由于网络内部架设了云服务器，而内网设备未进行升级，超过该设备的性能瓶颈，交换机无法在瞬间处理高流量的数据而丢弃数据包，继而出现间歇性断网。

④ 局域网内存在病毒，各个客户端受到病毒攻击导致出现间歇性断网。

2.3 处理方法

由于网络内部架设了桌面云服务器，观察流量监控，发现 3750 上每天都会有 300～700 GB 的流量经过该设备，而这台核心 3750 在一号楼、二号楼网络中充当汇聚层，做三层数据转发，一旦出现问题，会导致一号楼、二号楼网络的瘫痪。

9 月 12 号，使用锐捷 5760 交换机替换中间这台 3750。

根据厂商分析，局域网内架设云桌面服务器，而一号楼、二号楼的网络数据会源源不断地直接或间接地经过 3750 转发到核心交换机，再转发给防火墙，连接到外网，同时又经过该交换机与流媒体服务器及服务器群通信，3750 交换机转发数据流量过高，超过该交换机的性能，导致断网。

2.4 分析总结

替换这台设备后，未出现之前现象，由此可以看出：

① 原有 3750 网络流量过大，CPU 处理的报文增多，有时输入命令过程中会出现反应迟钝。

② 网络内部架设云服务器后，硬件未得到及时升级，流量过高、服务需求过高，会造成这种现象。设备 4924 网络流量较大，建议采用性能更高的交换机担任汇聚层交换。

③ 在一号楼和二号楼网络内部的流量都流向 3750 交换机，超过其处理能力，导致短暂性丢弃数据包，建议更换核心层的 3750 交换机。

由于局域网内的服务要求超过交换机的性能瓶颈，局域网内又采用云服务，建议采用性能更好的交换机更换 3750 和 4924 两台设备，以满足局域网服务需求，并对局域网内进行杀毒处理。

2.7.4　项目总结文件制作

在工程项目实施过程中，要着手项目总结的文件编写工作，当项目完成后要提交项目总结报告。项目总结报告的基本构成及各部分内容要求如下。

×××项目总结报告（说明项目类型）

项目名：（说明具体是什么项目）

提交时间：（项目完成的时间）

（这部分内容一般作为首页，单独占一页）

第 1 章 项目基本情况

1.1 项目概述

（这部分内容概述项目建设地点、项目业主信息、项目性质、特点及开工和竣工时间等）

1.2 项目主要建设内容

（这部分内容概述项目建设的主要内容、初步设计的情况、实际建成后的规模）

1.3 项目投资资金来源及使用情况

（这部分内容概述资金来源计划和实际情况、变化及原因）

1.4 项目实施进度

（这部分内容概述项目周期各个阶段的起止时间、时间进度表、建设工期）

1.5 项目运行及现状

（这部分内容概述项目运行现状、设计实现状况、项目效益情况等）

第 2 章 项目实施过程概述

1.2.1 项目实施准备

（这部分内容包括项目勘察、设计方案、开工准备、招标采购和资金筹措等情况）

1.2.2 项目建设实施

（这部分内容包括项目合同执行与管理情况、工程建设与进度情况、项目设计变更情况、项目投资控制情况、工程质量控制情况、工程监理和竣工验收情况）

1.2.3 项目运营情况（因项目的不同，表述内容会有所不同）

（这部分内容包括项目实施管理和运营管理情况、项目设计能力实现情况、项目技术改造情况、项目运营成本和财务状况以及产品方案与市场情况）

第 3 章 项目效果和效益（根据项目的不同，有的项目有效果没有效益，而有的会同时具备）

（这部分内容根据项目的不同，介绍项目建成后，解决了什么问题，带来的好处等）

第 4 章 项目主要经验教训、结论和相关建议

（这部分内容从项目实施过程、效果和效益、目标实现以及可持续性等方面进行综合分析，总结项目的主要经验与教训，对项目提出相关的对策和建议）

项目实施

任务 2-1 通过 Console 方式配置交换机

实操 1

使用 Console 方式配置交换机

【任务描述】

一台交换机损坏，公司新购一台可网管型交换机，现需要登录交换机，熟悉交换机的基本操作。交换机 Console 线连接方式如图 2-18 所示。

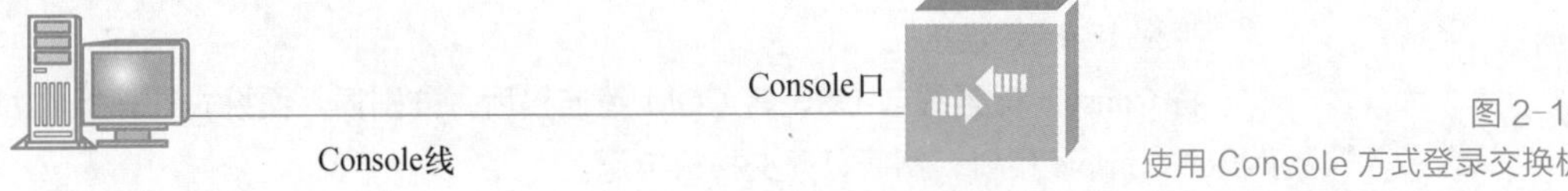

图 2-18 使用 Console 方式登录交换机

【设备清单】

计算机 1 台，交换机 1 台，Console 线 1 根，USB 转 COM 线 1 根。

【任务实施】

交换机的电源接通时，会执行加电自检的 POST 程序，POST 完成后，指示灯闪烁，加载 IOS 和配置文件到内存，如果连接了终端，会在终端上显示提示信息。

当交换机第一次被配置时，Console 口配置是唯一的手段。当交换机出厂时，一般厂家会随设备附上 Console 线。常见的 Console 线如图 2-19 所示。

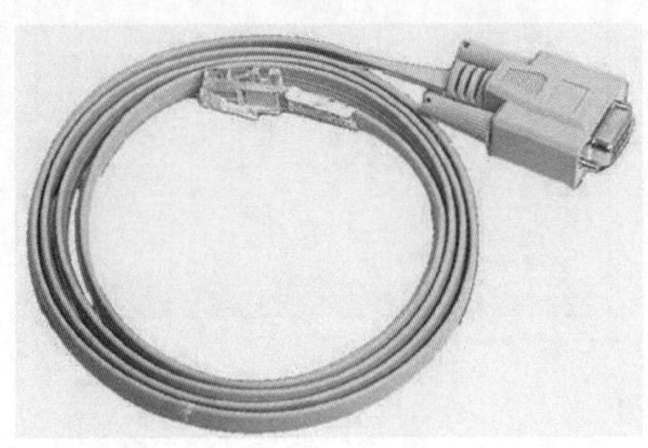

图 2-19 Console 线

Console 线一端为 RJ45 接口，用于连接网络设备上带有 Console 字样的接口，另一端为 DB-9 串行接口，可连接 PC 机箱后面的 9 根针 COM 接口，使用虚拟终端程序可以配置。如果在没有 COM 口的便携式计算机上使用时，需要购买 USB 转 COM 线，如图 2-20 所示，利用这根转接线连接便携式计算机的 USB 接口，并在便携式计算机上安装 USB to Serial 的驱动程序。

以终端方式配置交换机的常用程序有 Windows 超级终端（Windows XP 自带，Windows 7 以后版本需网上下载）、SecureCRT、Putty 等，这些软件可以从网上下载。

用户使用 Console 方式配置交换机时，通信参数配置要和交换机 Console 口的配置保持一致，Console 口基本的通信参数包括传输速率、校验方式、停止位和数据位等，设备出厂时都设置了默认值。

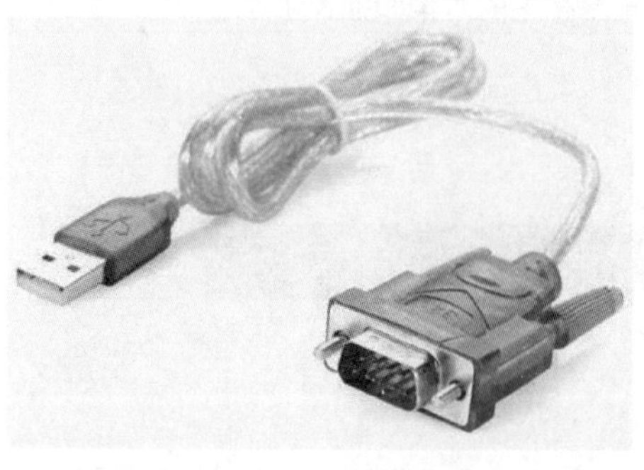

图 2-20
USB 转 COM 线

下面以便携式计算机为例演示交换机配置环境的搭建过程，提前准备好 COM 转 USB 驱动程序、SecureCRT。

步骤 1：硬件连接。

将 Console 配置线与 USB 转 COM 线连接后，分别插入便携式计算机的 USB 接口和交换机的 Console 接口，然后打开交换机电源。

步骤 2：安装 USB 转 COM 驱动程序。

下载 USB 转 COM 驱动后，直接执行驱动安装程序，即可完成完装。

在计算机的“控制面板”→“设备管理器”中，查看当前激活可用的串口，本例是 COM4，如图 2-21 所示。

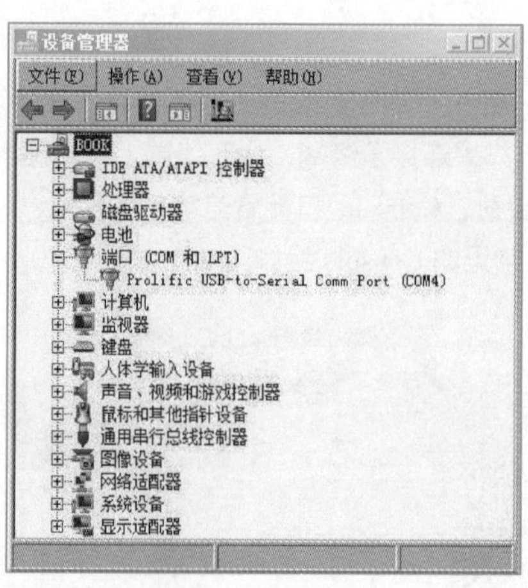

图 2-21
查看激活的 COM 口

步骤 3：创建串行连接。

打开 SecureCRT 软件，单击“快速连接”按钮，打开如图 2-22 所示对话框。

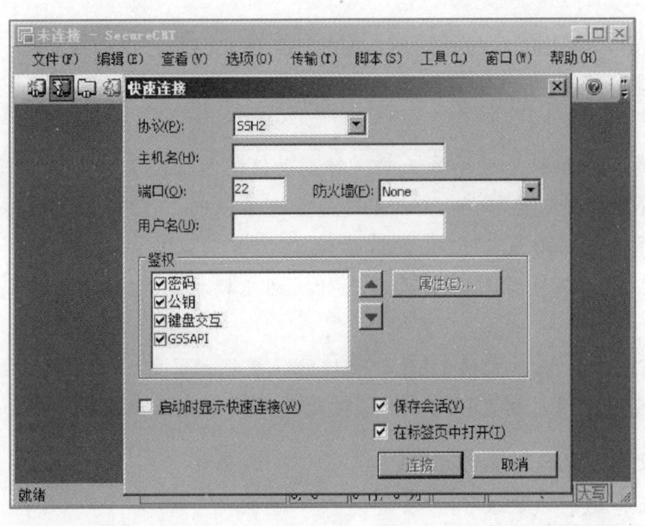

图 2-22
使用 SecureCRT 连接功能

步骤 **4**：参数设置。

设置“协议”为 Serial、“端口”为 COM4、“波特率”为 9600，取消选中 RTS/CTS 复选框（关闭流控功能），如图 2-23 所示。

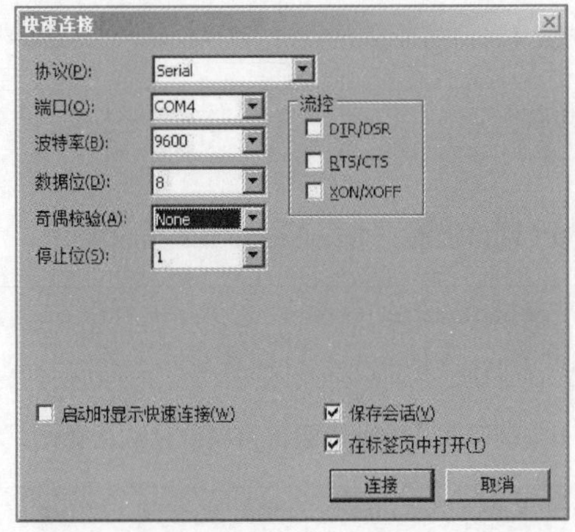

图 2-23
通信参数选择

单击“连接”按钮，出现交换机的主机名提示，如 Ruijie>，这表示连接成功，如图 2-24 所示。

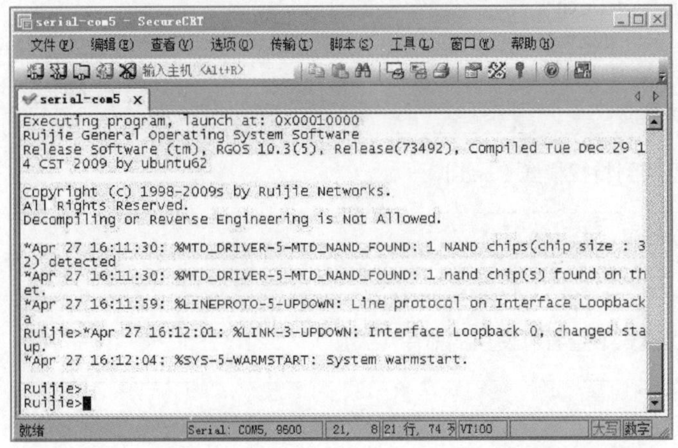

图 2-24
交换机配置命令行界面

提示

若没有字符提示，按 Enter 键没反应，或出现乱码，那么可以尝试如下方法恢复。

① 首先确认串口线是否已接好，串口线是否断线，连接的串口是否与超级终端上配置的串口一致。

② 检查终端的各项参数是否设置正确（特别关注流控 RTS/CTS、波特率）。

③ 检查 Console 口是否连接好，COM 口是否连接正确，可以尝试插拔一下。

④ 修改波特率为 57600 或 115200 再次尝试。

⑤ 重启交换机是否有重启日志提示、进行拔插交换机网线（确认是否只有输出没有输入）等操作。

⑥ 尝试更换 Console 线、更换 USB 转串口线、更换计算机、更换超级终端软件。

⑦ 尝试连接其他交换机的 Console 口，对比观察是否能正确连接。

步骤 5：命令练习。

在终端模式下进行命令练习。

① 进入特权模式（enable）。

```
Ruijie>enable
Ruijie#
```

② 进入全局配置模式（configrue terminal）。

```
Ruijie#configure terminal
Ruijie(config)#
```

③ 进入交换机的 F0/1 端口视图 （interface FastEthernet 0/1）。

```
Ruijie(config)#interface FastEthernet 0/1
Ruijie(config-if-FastEthernet 0/1)#
```

④ 进入交换机的 F0/2 端口视图（可以尝试方向键，从历史记录中选择，然后修改）。

```
Ruijie(config-if-FastEthernet 0/1)#interface FastEthernet 0/2 //上翻后修改
Ruijie(config-if-FastEthernet 0/2)#
```

⑤ 返回上一级（exit）。

```
Ruijie(config-if-FastEthernet 0/2)#exit
Ruijie(config)#
```

⑥ 直接返回到特权模式（end）。

```
Ruijie(config)#end
Ruijie#
```

⑦ 在特权模式下查看可使用的命令（？）。

```
Ruijie#?
……
Ruijie#
```

⑧ 命令简写（conf t）进入全局配置模式。

```
Ruijie#conf t
Ruijie(config)#
```

⑨ 按组合键（Ctrl+C 或 Ctrl+Z）从全局模式返回特权模式。

```
Ruijie(config)#    //直接按 Ctrl+C 或 Ctrl+Z 组合键
Ruijie#
```

⑩ 在不同模式下执行某个命令。

尝试在用户模式、特权模式和全局模式下，执行 show run 命令，显示交换机的配置。注意体会命令应该在哪种模式下执行。

```
Ruijie#exit
Ruijie>show run   //在用户模式下显示运行配置信息
                ^
% Invalid input detected at '^' marker. //提示命令错误，说明当前模式不支持该命令
Ruijie>en
Ruijie#show run
……（略）  //有内容显示，可以尝试读一下内容，出现“--More--”按空格键显示下一屏，若按 Ctrl+C 组合键则终止显示
Ruijie#conf t
Enter configuration commands, one per line.   End with CNTL/Z.
Ruijie(config)#show run
……（显示内容略）  //说明 show run 命令在全局模式下也能执行。尝试在接口模式下是否能执行
Ruijie(config)#
```

➲【任务评测】

序号	测评点	配　分	得　分
1	对相关知识的理解	20	
2	目标达成度	40	
3	岗位规范	20	
4	职业素养	20	
总分			

任务 2-2　通过 Telnet 方式配置交换机

➲【任务描述】

在 A 公司新购买的那台可网管型交换机上，已经完成了交换机的基本配置，但还需要对这

台交换机进行远程登录配置，实现通过 Telnet 远程登录管理设备。为了实现多人协同管理，对这些人员划分级别，使他们只能执行自己权限内的可用命令。设备连接的拓扑图如图 2-25 所示。

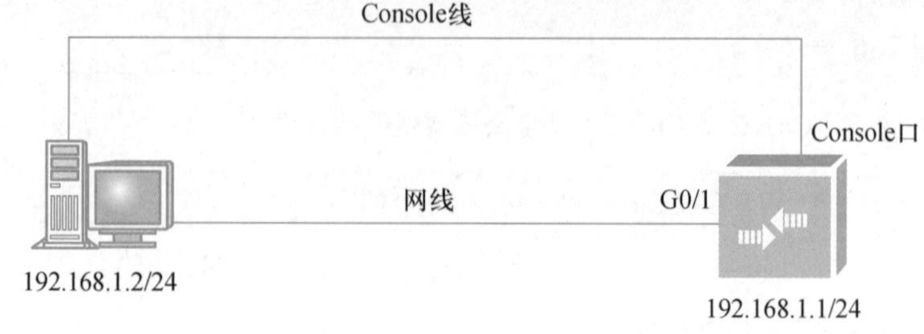

图 2-25
Telnet 方式配置交换机拓扑

【设备清单】

交换机 1 台，网线 1 根，Console 线 1 根，PC 1 台。

【任务实施】

整个工作过程分为两部分：第一部分为配置权限级别，并进行命令授权（若实际工作中，整个网络不需要做授权管理，这部分可以不做配置）；第二部分是配置 Telnet 登录，为适应不同的登录需求，Telnet 登录设置给出了两种独立的方案，在实际工作中可以选择其中一种进行配置。

Telnet 协议是远程登录服务的标准协议，通常被称为远程登录。用户通过网络远程登录到交换机或路由器等设备，可以在本地计算机上管理网络设备。

配置 Telnet 远程登录的基本流程如下。

① 配置交换机的远程登录地址。

② 为交换机上已有的命令级别配置特权密码。

③ 交换机上开启 Telnet 登录服务。

④ 配置线路模式登录交换机的密码或配置用户名加密码方式登录。

步骤 1：硬件连接。

按拓扑图连接设备，用 Console 线配置交换机的 Telnet 登录，PC 通过网线来验证 Telnet 登录。

步骤 2：以 Console 方式登录交换机。

① 打开计算机上的“超级终端”，交换机通电，以 Console 方式登录交换机，等出现“Ruijie>”提示符，再进行后续操作。

② 检查 PC 上是否开启 Telnet 客户端。

为了能够运行 Telnet 客户端程序，可以先检查 Windows 系统是否已经开启了 Telnet 客户端程序，检查方法：单击“控制面板”→“程序和功能”→“打开或关闭 Windows 程序”图标，弹出如图 2-26 所示窗口，选中“Telnet 客户端”复选框，单击“确定”按钮即可。

③ 为某级别配置口令，并将命令授权。

```
Ruijie(config)#enable secret level 4  0 test2 //配置级别 4 的特权口令为 test2
Ruijie(config)#enable secret level 5  0 test //配置级别 5 的特权口令为 test
Ruijie(config)# privilege exec all level 4 reload rename //将特权模式下 reload、rename 命令授权给级别 4
Ruijie(config)#privilege config all level 5 interface //将全局模式下的 interface 命令及其子命令授权给级别 5
```

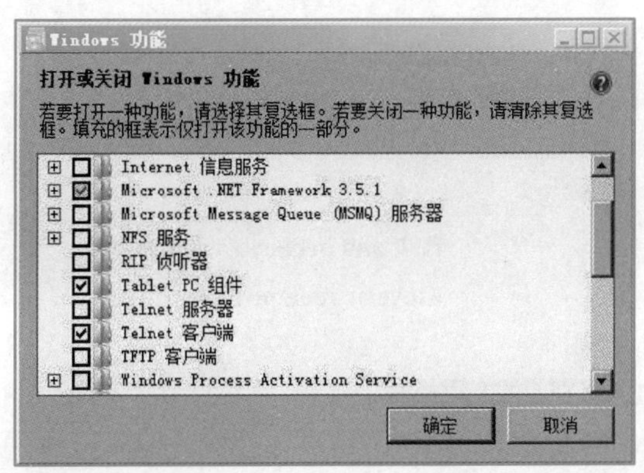

图 2-26
查看 Telnet 客户端

④ 不同权限级别间的切换。

不管是在终端模式还是控制台模式，各级别间切换时遵守：从低级别向高级别切换时需要输入口令，反之不需要口令。

```
Ruijie(config)#exit  //退回特权模式
Ruijie#exit  //退出登录
Ruijie CON0 is now available
Press RETURN to get started
Ruijie>enable //不加级别参数，直接进入最高级别 15
Ruijie#show privilege //查看当前所在级别
Current privilege level is 15
Ruijie#enable 4  //虽然级别 4 设置了口令，由于是从当前级别 15 切换到级别 4，所以不需要输入口令。可以尝试一个没有设置密码的级别（如 enable 7），查看能否进入该级别
Ruijie#show privilege //查看当前所在级别
Current privilege level is 4
Ruijie#enable 1  //由级别 4 切换到级别 1（高级别向低级别切换）
Ruijie>enable 4  //由级别 1 切换到级别 4（低级别向高级别切换），提示输入口令
Password:  //输入 test2
```

⑤ 查看级别 4 与级别 5 授权的命令。

```
Ruijie#enable 4  //切换到级别 4
Ruijie#?  //查看当前可以使用的命令
Exec commands:
……（前面的命令略）
  ping6                    Ping6
  reload                   Halt and perform a cold restart
  rename                   Move or rename files
  show                     Show running system information
……（后面的命令略）

Ruijie#enable 5 //由级别 4 切换到级别 5（低级别向高级别切换），提示输入口令
```

```
Password:  //输入 test
Ruijie#? //查看当前可以使用的命令，可以看到，level 4 授权的两条命令，在当前级别中也出现了
……（前面的命令略）
  reload                    Halt and perform a cold restart
  rename                    Move or rename files
……（后面的命令略）
Ruijie#conf t //进入级别 5 的全局模式
Ruijie(config)#?  //查看该级别模式的可用命令，发现 interface 已经可以使用
Configure commands:
……（前面的命令略）
  help          Description of the interactive help system
  interface     Select an interface to configure
  policy-map    Configure QoS Policy Map
  show          Show running system information
Ruijie(config)#
```

⑥ 查看开启的服务。

```
Ruijie#show service          //查看交换机开启的服务
Ruijie#show service
ssh-server      : disabled    //SSH 服务关闭
telnet-server : enabled     //Telnet 服务关闭
web-server      : disabled    //Web 服务关闭
snmp-agent      : enabled     //SNMP 服务关闭
```

⑦ 配置交换机的管理 IP。

```
Ruijie>enable  //进入特权模式
Ruijie#configure terminal  //进入全局配置模式
Ruijie(config)#interface vlan 1   //进入 VLAN 1 接口
Ruijie(config-if)#ip address 192.168.1.1 255.255.255.0  //为 VLAN 1 接口上设置管理 IP
Ruijie(config-if)#exit //退回全局配置模式
```

⑧ 配置 Telnet 方式登录交换机。

在实际应用中，实现交换机的远程 Telnet 登录可以选择下面两种方案中的一种。

方案 1：使用密码登录交换机。

a. 配置 Telnet。

```
Ruijie(config)#line vty 0 4  // 进入 Telnet 密码配置模式，0 4 表示允许共 5 个用户同时使用 Telnet 登入交换机
Ruijie(config-line)#password ruijie   // 将 Telnet 密码设置为 ruijie
Ruijie(config-line)#login   //启用密码才能 Telnet 成功
```

```
Ruijie(config-line)#exit      //回到全局配置模式
Ruijie(config)#enable password   test //配置进入特权模式的密码为 test
Ruijie(config)#enable secret 0 abcd   //配置加密口令为 abcd
Ruijie(config)#end    //退回特权模式
Ruijie#write
```

说明

上面使用了 enable password 和 enable secret 配置口令，是为了验证进入特权模式时，哪个口令起作用。

b. 查看配置结果。

```
Ruijie(config)#show running-config //查看当前运行配置文件
……
enable secret 5 $1$yhN3$26zpzyFzxEE9Dtyy     //给级别 15 配置的口令，加密显示
enable secret level 4 5 $1$DF7D$1wtB3pzyCBx7r45w   //给级别 4 配置的口令
enable password test   //明文口令
……
interface VLAN 1
 no ip proxy-arp
 ip address 192.168.1.1 255.255.255.0     //设置 VLAN 1 IP 地址
!
line con 0
line vty 0 4   //配置的 Telnet 密码信息
 login
 password ruijie
end
```

c. 验证登录。

查看 PC 的 IP 地址，确保和交换机的管理 VLAN 1 的 IP 地址在同一个地址段上。然后在 PC 的"运行"对话框中（如图 2-27 所示），输入 cmd 命令，然后在命令行中运行 Telnet 的客户端程序，输入 telnet 192.168.1.1 命令。

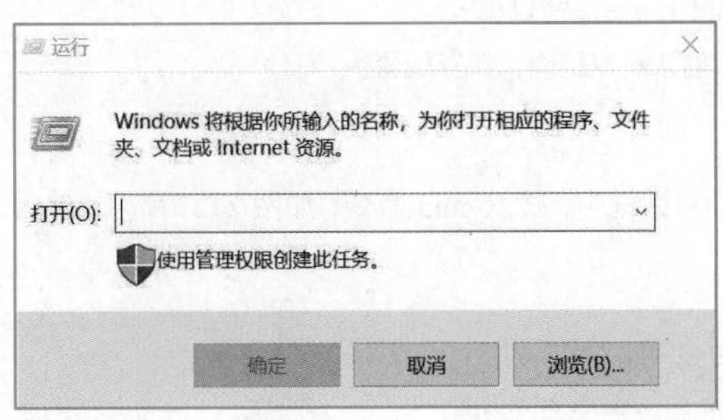

图 2-27
运行 Telnet 界面

Telnet 连接到交换机，提示如下。

```
User Access Verification
```

```
Password:            //输入 ruijie 口令后登录成功
Ruijie>enable 15     //进入级别 15 的特权模式，可省略 15
Password:            //输入 test，发现不能登录，只有输入 abcd 才可以登录
Password:
```

试一试：在 Telnet 客户端进行权限级别切换。

d. 配置 banner 信息。

为了使登录界面更友好，还可以配置 banner 信息。

```
Ruijie(config)#banner motd C huan ying deng lu jiao han ji C   //配置每日提醒
Ruijie(config)#banner login C welcome,please input your password C   //配置登录提示
```

e. 重新进行 Telnet 登录。

```
 huan ying deng lu jiao han ji   //每日提醒
 welcome,please input your password   //登录提示
User Access Verification
Password:
```

登录时注意观察界面变化。

方案 2：以用户名及密码登入交换机的配置。

a. 配置 Telnet。

在配置好管理 IP 的基础上，接下来配置 Telnet 的用户名及密码登入。

```
Ruijie(config)#line vty 0 4    //进入 Telnet 密码配置模式，0 4 表示允许共 5 个用户同时使用
Telnet 登入交换机
Ruijie(config-line)#login local   //启用 Telnet，使用本地用户和密码功能
Ruijie(config-line)#exit   //回到全局配置模式
Ruijie(config)#username admin password test   //配置远程登入的用户名为 admin，密码为 test
Ruijie(config)#enable password   abcd    //配置进入特权模式的密码为 abcd
Ruijie(config)#end    //退回特权模式
Ruijie#write    //确认配置正确，保存配置
```

b. 验证登录。

在 PC 的“运行”对话框中，输入 cmd 命令，如图 2-27 所示，然后输入 telnet 192.168.1.1 命令，提示如下。

```
User Access Verification
Username：admin     //输入 admin
Password:           //输入 test 口令后登录
Ruijie>enable       //进入特权模式
Password:           //输入特权口令 abcd
```

```
Ruijie#
```

【任务评测】

序号	测评点	配　分	得　分
1	对相关知识的理解	20	
2	目标达成度	40	
3	岗位规范	20	
4	职业素养	20	
总分			

任务 2-3　交换机恢复出厂设置

【任务描述】

某企业的一台交换机因产品换代被替换后准备做报废处理，为防止企业网络信息被非法利用，需要将交换机恢复出厂设置，然后入库。拓扑图如图 2-18 所示。

【设备清单】

交换机 1 台，Console 线 1 根，PC 1 台。

【任务实施】

在特权模式下管理交换机中文件的常用命令如下。

```
Ruijie#cd  文件夹名        //改变当前文件夹
Ruijie#cp dest 目标文件名或文件夹 sour 源文件名      //将源文件复制到指定文件夹或文件。如 cp dest config.bak sour config.text    //将 config.text 备份一份，命名为 config.bak
Ruijie#delete 文件名 //删除指定的文件，文件名和扩展名不省略，功能与 rm 命令相同。有的设备上使用 del 而不是 delete 命令进行删除
Ruijie#dir  [文件|文件夹]    //显示交换机的文件或文件夹，功能与 ls 命令相同。不带参数的 dir 命令可以显示当前文件夹的所有内容
Ruijie#mkdir 文件夹  //创建文件夹，要创建的文件不能与已有的文件或文件夹同名
Ruijie#rmdir 文件夹  //删除文件夹
```

交换机上的配置文件 config.text 保存着网络的配置信息，如果对 config.text 重命名或删除，交换机重启时因找不到文件名为 config.text 的文件，而进入出厂设置状态。

删除 config.text 文件会导致配置丢失。

步骤 1：硬件连接。

按拓扑图连接设备，用 Console 线配置交换机。

步骤 2：恢复出厂设置。

在交换机可以正常进入特权模式的情况下，进行下面的操作。

① 进入特权模式。

```
Ruijie>enable   //进入特权模式
```

② 查看设备 Flash 当前文件列表。

```
Ruijie#dir        //查看 Flash 当前文件列表
Directory of flash:/
    Mode    Link    Size          MTime                 Name
-------- ---- ---------- ------------------------ ------------
            1       2840      2016-10-23 17:05:09    config.text
   <DIR>    1          0      1970-01-01 00:00:00    dev/
   <DIR>    2          0      2007-01-01 16:37:59    mnt/
            1          8      2016-10-14 14:54:17    priority.dat
   <DIR>    0          0      1970-01-01 00:00:00    proc/
   <DIR>    1          0      2016-10-12 09:49:12    ram/
            1   13138784      2007-01-01 16:38:17    rgos.bin
   <DIR>    2          0      2016-10-12 09:49:55    tmp/
   <DIR>    4          0      2007-01-01 16:40:06    web/
            1    5845952      2007-01-01 16:40:05  web_management_pack.upd
------------------------------------------------------------------------------
3 Files (Total size 18984744 Bytes), 6 Directories.
Total 132120576 Bytes (126MB) in this device, 108597248 Bytes (103MB) available.
```

上面列出的每一行表示一个文件或文件夹的信息，没有<DIR>标记的为文件，有<DIR>标记的为文件夹。config.text 文件保存了用户对交换机所做的配置信息，rgos.bin 为交换机的 IOS 文件。

③ 将配置文件 config.text 删除。

```
Ruijie#delete config.text            //删除配置文件 config.text
Are you sure you want to delete "config.text"? [No/yes]y
File "config.text" is deleted.
```

有些版本的锐捷设备执行删除命令时可能与上面有所不同，可以尝试执行下面的命令。

```
Ruijie#delete flash:/config.text     //删除配置文件 config.text
Are you sure you want to delete "/config.text"? [No/yes]yes
File "/config.text" is deleted.
```

④ 重启设备恢复出厂设置。

```
Ruijie#reload       //重启交换机
Proceed with reload? [no]y
```

➲【任务评测】

序号	测评点	配　分	得　分
1	对相关知识的理解	20	
2	目标达成度	40	
3	岗位规范	20	
4	职业素养	20	
	总分		

项目总结

通过本项目的学习，我认识了____

____

____

____

我对哪些还有疑问：____

____

____

____

工程师寄语

交换技术与交换机主要应用于局域网系统的组建，要成为一名合格的、优秀的网络系统工程师、网络运维工程师，不但要精通交换技术，掌握交换机的配置与使用，还应熟悉各种系统的操作标准。

作为一名网络工程师，应该具备以下这些能力。

① 能根据应用部门的要求进行网络系统的规划、设计和网络设备的软硬件安装调试升级等工作。

② 能进行网络系统的运行、维护和管理，能高效、可靠、安全地管理网络资源。

③ 能根据中小型企业网络设计方案，独立完成方案的组网与实施。

④ 作为网络专业人员对系统开发进行技术支持和指导。

⑤ 具有工程师的实际工作能力和业务水平，能指导助理工程师从事网络系统的构建和管理工作。

学习检测

1. 在 R2624 路由器发出的 ping 命令中，“U”代表（　　）。

   A. 数据包已经丢失　　B. 遇到网络拥塞现象

   C. 目的地不能到达　　D. 成功接收到一个回送应答

2. Ethernet Hub 的介质访问协议为（　　）。

   A. CSMA/CA　　B. Token-Bus

   C. CSMA/CD　　D. Token-Ring

3. 设计网络时应控制冲突域的规模，使网段中的（　　）数量尽量最小化。

A. 交换机　　B. 路由器

C. 主机　　D. 网络结点

4. 以太网采用的通信协议是（　　）。

A. 载波侦听　　B. 多路访问

C. 冲突检测　　D. CSMA/CD

5. 100Base-FX 代表的是（　　）。

A. 3 类双绞线　　B. 5 类双绞线

C. 100 Mbit/s 光纤　　D. 6 类双绞线

项目 3 VLAN 及生成树技术

项目背景

随着网络规模的逐渐扩大，交换机的数量也随之增加，当大量的广播流同时在网络中传播时，发生数据包碰撞的概率也会增加，为了缓解这些碰撞，网络会重传更多的数据包，轻则会引起可用带宽阻塞，严重的话会出现广播风暴导致全网瘫痪。师傅老张和小李规划网络时，提出了这个问题，小李想到在课堂学习时，老师曾提到可以采用 VLAN 技术和生成树技术来抑制网络广播风暴和解决环路问题。本项目请了解 VLAN 及生成树的技术原理和在实际项目工程中的应用。

项目目标

知识目标

- 了解 VLAN 技术产生的原因。
- 掌握 VLAN 的分类。
- 掌握 VLAN 的干道技术。
- 掌握 VLAN 的配置方法。
- 了解生成树协议。
- 掌握生成树协议工作原理。

技能目标

- 掌握 VLAN 的配置。
- 掌握生成树协议的配置。
- 掌握链路聚合的配置。

知识结构

本项目主要帮助同学们了解 VLAN 和生成树的工作原理及特点，掌握在交换机上配置 VLAN 和生成树协议。本项目的知识结构如图 3-1 所示。

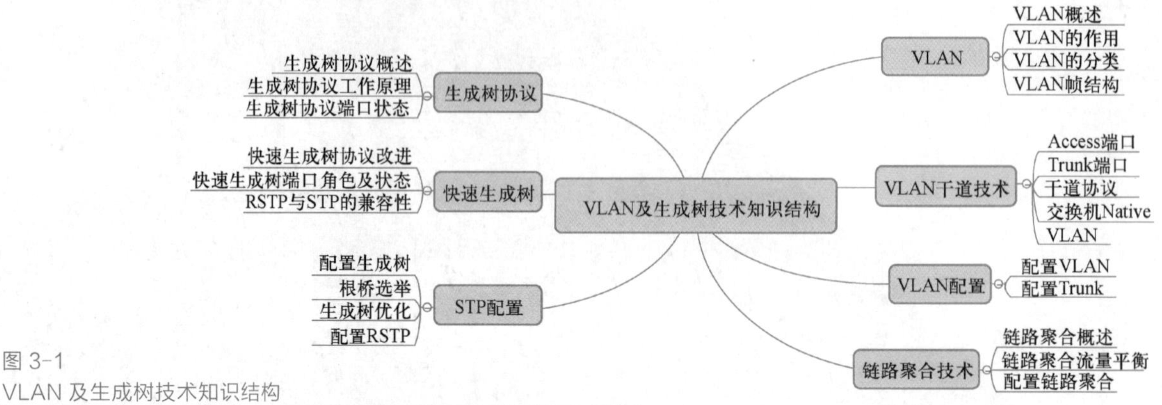

图 3-1
VLAN 及生成树技术知识结构

课前自测

在开始本项目学习之前，请先尝试回答以下问题。

1. 什么是广播风暴？广播风暴是如何产生的？

2. 虚拟局域网的作用是什么？ 在实际网络中，对 VLAN 进行划分的方式有哪几种？

3. 要解决冗余链路带来的环路问题应该用什么方法？尝试描述 STP 的工作原理和 STP 树的生成过程。

项目分析及准备

3.1 VLAN

局域网的发展是 VLAN 产生的基础。局域网中的广播帧、多播帧和目标不明的单播帧都会在同一个广播域中畅行无阻，这对于只能构建单一广播域的二层交换式网络来说，极易引起广播碰撞和广播风暴等问题，进而造成网络带宽资源的极大浪费，如果不对局域网进行有效的广播域隔离，一旦病毒发起泛洪广播攻击，将会很快占用完网络带宽，导致网络阻塞和瘫痪。虚拟局域网允许一组不限物理位置的用户群共享一个独立的广播域，可在一个物理网络中划分多个 VLAN，使不同的用户群属于不同的广播域。VLAN 技术在根本上解决网络效率与安全性等问题。

3.1.1 VLAN 概述

微课 3.1
VLAN

虚拟局域网（Virtual Local Area Network，VLAN），是在一个物理网络上划分出来的逻辑网络，不受物理位置的限制。它对应于 OSI 模型的第二层网络，这一层中的单播、广播和多播帧仅在一个 VLAN 内转发、扩散，不会直接进入其他 VLAN 中。VLAN 技术能降低广播包消耗带宽的比例，对显著提高网络性能起到一定的作用。如图 3-2 所示，一个端口可被定义为一个 VLAN 的成员，所有连接到这个特定端口的终端都是虚拟网络的一部分，一个物理网络可以包含多个 VLAN，当在 VLAN 中增加、删除和修改用户时，不必从物理上调整网络配置。

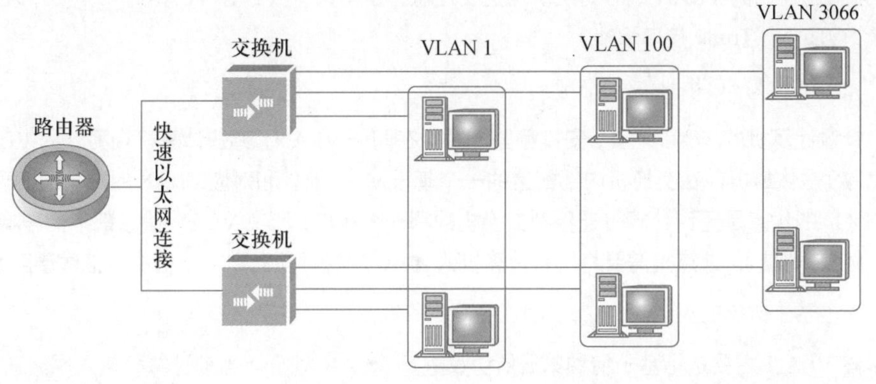

图 3-2
VLAN 的示例图

3.1.2 VLAN 的作用

VLAN 在交换式网络中的主要功能如下。

（1）防范广播风暴

将网络划分为多个 VLAN，可减少参与广播风暴的设备数量。

（2）提高网络性能

将第二层平面网络划分为多个逻辑工作组（广播域），可以减少网络上不必要的流量并提高性能。

（3）增强网络安全

将含有敏感数据的用户组可与网络的其他部分隔离，从而降低泄露机密信息的可能性。

笔 记

（4）增强组网的灵活性

能轻松地将不同地域、连接在不同交换机上某些相同类型的用户划分到同一个 VLAN 中，或是将几个物理位置相同的交换机重新划分 VLAN 之后，形成若干相互独立的逻辑交换机。

（5）提高管理效率

VLAN 为管理网络带来了便利，当为特定 VLAN 准备一台新交换机时，之前为该 VLAN 配置的所有策略和规程均可在指定新交换机端口后应用到端口上。网络管理员可通过 VLAN 名称快速了解该 VLAN 的功能。

3.1.3 VLAN 的分类

VLAN 的配置有多种类型，大致可以归纳为静态 VLAN 和动态 VLAN 两类。其中，静态 VLAN 是在配置后计算机所在的 VLAN 信息只和连接的交换机接口有关，通常所说的基于接口的 VLAN 就是静态 VLAN。动态 VLAN 是网络管理人员首先根据某种特性建立一个复杂的数据库，计算机可以随意连接交换机的任何接口，而所在的 VLAN 和计算机本身的某些信息或协议有关，该 VLAN 按其实现原理又可以细化为：基于接口的 VLAN、基于 MAC 地址的 VLAN、基于协议的 VLAN、基于 IP 子网的 VLAN。

（1）基于接口的 VLAN

根据交换机的接口情况划分 VLAN，所以当某台计算机连到交换机的某接口时，该计算机所在 VLAN 就由该接口分配的 VLAN 决定。这种划分方式实现简单，安全可靠，便于管理，是目前普遍使用的 VLAN 划分方法。但是要注意，使用该方式划分 VLAN，一个接口只能属于一个 VLAN（Trunk 接口除外）。

（2）基于 MAC 地址的 VLAN

针对计算机的 MAC 地址，安排哪些计算机在同一 VLAN，哪些计算机在另外的 VLAN，该 VLAN 是依靠提前在交换机内部配置的一个基于 MAC 地址和对应 VLAN 的数据库实现的。该 VLAN 的优点是无论计算机连接到交换机的哪一个接口，所在 VLAN 信息都不受影响（仅考虑 MAC 地址），缺点是需要将所有计算机的 MAC 地址都输入到交换机中，工作量巨大。

（3）基于协议的 VLAN

该 VLAN 主要是指基于何种第三层协议进行 VLAN 划分。当前计算机接入网络通常都基于 TCP/IP 协议，但在之前对于不同的网络还存在许多其他协议集，如 IPX/SPX 协议，所以对于存在多种不同协议的混合型网络，可以基于不同的第三层协议来进行 VLAN 划分。该种技术实现复杂，目前已经很少使用。

（4）基于 IP 子网的 VLAN

通常使用子网划分的方式用于减小广播域，实际上也可以基于子网和网络地址来实现 VLAN 划分，如提前在交换机中配置了各子网对应的 VLAN 信息数据库，一旦有计算机连入交换机就可以根据其 IP 地址判断它所在的 VLAN 信息。

3.1.4 VLAN 帧结构

IEEE 802.1Q 标准定义了 VLAN 以太网帧的格式，在传统的以太网帧格式中插入 4 个字节的标识符，称为 VLAN 标记（也称为 Tag 域），用来指明发送该帧的工作站属于哪一个

VLAN，如果在网络通信过程中还使用传统的以太网帧格式，那么就无法划分 VLAN。

如图 3-3 所示，Tag 字段由以下两大块构成。

① 标记协议标识（TPID）：固定值 0x8100，表示该帧载有 802.1Q 标记信息。

② 标记控制信息（TCI）：具体包含如下 3 部分。

- Priority：优先级，3 比特。
- Canonical Format Indicator：1 比特，表示总线型以太网、FDDI、令牌环网等。
- VLAN ID：12 比特，表示 VLAN 的 ID 值，范围 1～4094。

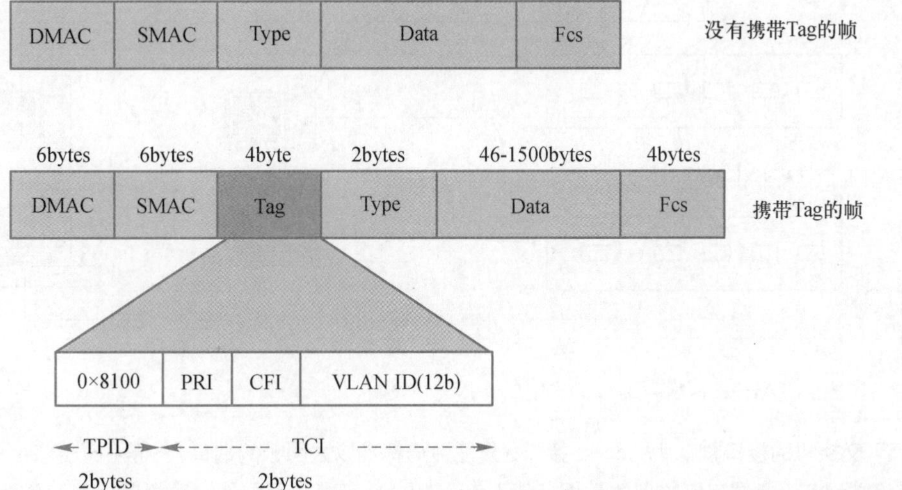

图 3-3
VLAN 帧结构

在网络通信过程中，对于所有进入交换机（已划分 VLAN）接口的普通以太网帧都需要增加一个 VLAN 字段用于标识该 VLAN 帧，这个过程称为打签（Tag）。如果该帧是要到达本地交换机同一 VLAN 内的其他计算机，该帧到达目的计算机所连的接口后，则将 VLAN 标签去掉直接发送给目的计算机，该过程称为裁签（Untag）。如果该帧想到达本地交换机中的其他 VLAN，则将该帧丢掉（跨 VLAN 无法访问）。如果该帧想要跨中继链路到达远程交换机的相同 VLAN，则带 VLAN 标签一同传输，到达目的地后再将该 VLAN 标签去掉（Native VLAN 帧可以不带签在中继链路中传输，以提高通信效率），然后将该帧发送到相同 VLAN 中的目的计算机，如图 3-4 所示。

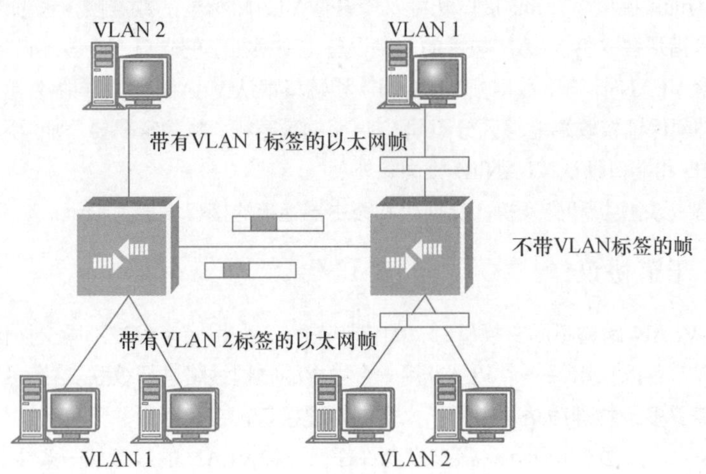

图 3-4
VLAN 数据帧的传输

3.2 VLAN 干道技术

微课 3.2
VLAN 干道技术

在规划企业级网络时，很有可能会遇到同一部门的用户分散在同一座建筑物的不同层中，这时可能需要跨越多台交换机的多个端口划分 VLAN，那么同一个 VLAN 内的主机彼此间应如何自由通信？最简单的方法就是在交换机 1 和交换机 2 上各拿出一个端口将两台交换机进行级联，可使 VLAN 内主机实现跨交换机进行通信。但此方法额外占用了交换机端口，其扩展性和管理效率都不好，如图 3-5 所示。为了解决这个问题，出现了 VLAN 干道技术。

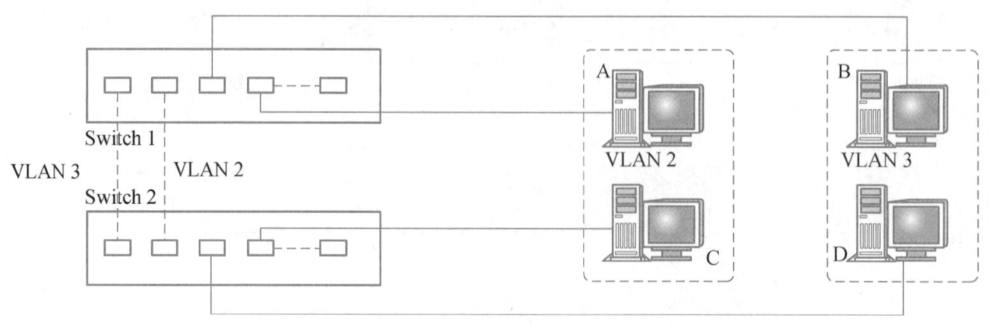

图 3-5
VLAN 内的主机跨交换机的通信

3.2.1 Access 端口

交换机的接口默认为 Access 接口，只能传送标准以太网帧的端口，一般用于连接计算机等终端设备，此端口接收到的数据帧都不包含 VLAN 标签，而向外发送数据帧时，必须保证数据帧中不包含 VLAN 标签。

Access 接口具有以下特性。

① Access 接口是二层口，不能为它配置 IP 地址，没有路由功能。

② 每个 Access 接口只能属于一个 VLAN（默认是 VLAN 1），它只能转发属于同一个 VLAN 的帧。

3.2.2 Trunk 接口

Access 接口只能转发来自同一个 VLAN 的帧，如果想让它能够转发不同 VLAN 的帧，需要设置为 Trunk 接口。Trunk 接口既可以传送有 VLAN 标签的数据帧，也可以传送标准以太帧，一般是指那些支持 VLAN 技术的网络设备（交换机）的端口，这些端口接收到的数据帧一般都包含 VLAN 标签（数据帧 VLAN ID 和端口默认 VLAN ID 相同除外），而向外发送数据帧时，必须保证接收端能够区分不同 VLAN 的数据帧，故常常需要添加 VLAN 标签（数据帧 VLAN ID 和端口默认 VLAN ID 相同除外）。

通常需要把交换机和交换机、交换机和路由器连接的接口设置为 Trunk 接口。

3.2.3 干道协议

当一个 VLAN 跨越不同交换机时，如何使在同一 VALN 上但在不同交换机上的计算机能进行通信呢？可以采用每一个 VLAN 用一个独立的物理线路进行级联。当有多个 VLAN 时，这种方法会需要多条物理线路，占用了太多的物理接口，在实际中并不可行。另一种方法是采用 Trunk 技术，如图 3-6 所示，该技术允许任何一种 VLAN 的信息从一条线缆通过，相当于在一条物理链路上绑定了多条逻辑连接。

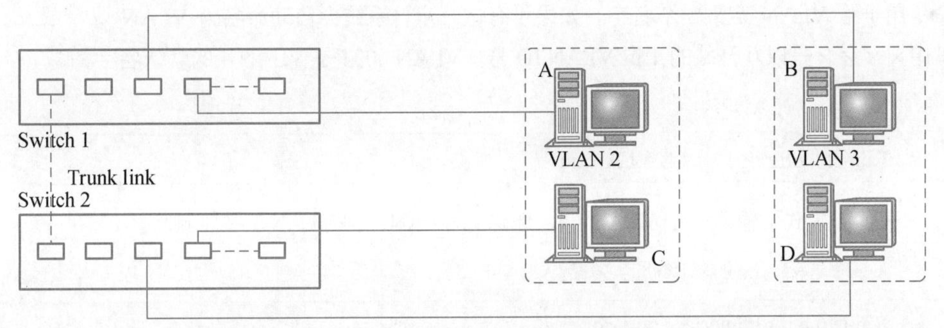

图 3-6
VLAN 干道技术

Trunk 干线是网络中两台交换机之间的物理和逻辑关联。在一个交换网络中，一条 Trunk 干线是一个点到点的连接，能支持多个 VLAN，并将带有标签的帧发送到干线两端相关的端口来传送，节约端口的同时也使管理变得简单，如图 3-7 所示。

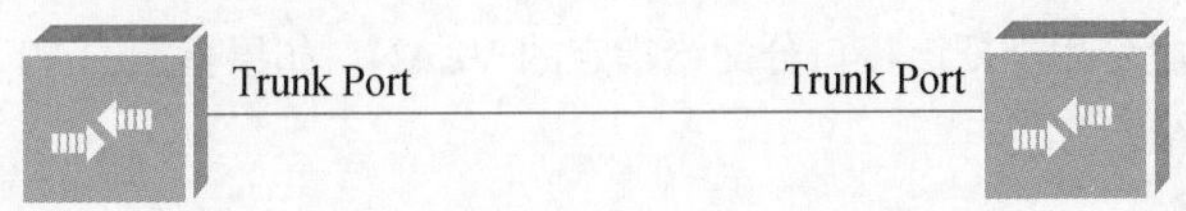

图 3-7
Trunk 干线示例图

3.2.4 交换机 Native VLAN

Native VLAN，也叫默认 VLAN（也有称为本征 VLAN），主要是指通过 Trunk 链路传输各种 VLAN 数据的方式，仅对于 Trunk 接口有效。交换机上通常的 Native VLAN 就是指 VLAN 1，Native VLAN 不仅承载着接口信息，还负责 STP、CDP 等信息的传输。Trunk 接口采用 802.1Q 协议来处理 Native VLAN。除了 Native VLAN（VLAN 1）不打标记之外，其他 VLAN 都打标记。在传输 Native VLAN 数据前会去掉 VLAN 标签，到达对方的 Trunk 接口后因为没有标签需要重新打上本地 Native VLAN 标签，并将其发送到 Native VLAN 对应的 VLAN 中，这样便于双方一些公共信息以及大数量信息的传输。

Native VLAN 仅用于 Trunk 接口的 VLAN 数据传输，默认为 VLAN 1，也可以使用 switchport trunk native VLAN VLAN ID 命令修改 Trunk 接口的 Native VLAN，但要保证两边的 Native VLAN 一致，否则数据传输会出现问题。

3.3 VLAN 配置

每一个 VLAN 是以 VLAN ID 来标识的，取值范围为 2～4094。在设备中，用户可以添加、删除或修改 VLAN。初始时，交换机已经定义了一个 ID 为 1 的 VLAN，所有的物理接口默认属于这个 VLAN，这个 VLAN 不可被删除。可以在接口配置模式下配置一个端口的 VLAN 成员类型或加入，移出一个 VLAN。

微课 3.3.1
配置 VLAN

3.3.1 配置 VLAN

（1）VLAN 的创建与命名

```
Ruijie (config) # VLAN VLAN-id
Ruijie (config-VLAN)#name VLAN-name
```

VLAN 命令用于指定一个 VLAN，如果指定的 VLAN 不存在，则创建这个 VLAN，name 命令用于给 VLAN 定义一个名字。如果没有这一步，系统会自动命名为 VLAN ××××，其中××××是以 0 开头的 4 位 VLAN ID 号。VLAN 0004 是 VLAN 4 的默认名字。

（2）删除 VLAN

```
Ruijie(config)#no VLAN VLAN-id
```

在全局模式下输入一个 VLAN ID，删除此 VLAN，但 VLAN 1 不能删除。

（3）将当前 Access 口添加到指定 VLAN

```
Ruijie (config)#interface port-id
Ruijie (config-if)#switchport mode access
Ruijie (config-if)#switchport access VLAN VLAN-id
```

- interface 命令用于指定一个接口，这个接口只能是物理接口。
- switchport 命令用于把该接口分配给指定的 VLAN。如果指定的 VLAN 不存在，则创建这个 VLAN。

（4）向当前 VLAN 添加或删除一个或一组 Access 接口

```
Ruijie (config)# VLAN VLAN-id
Rujie (config-VLAN)# add interface {interface-id | range interface-range}
Ruijie (config-VLAN)# no add interface {interface-id | range interface-range}
```

该命令只对 Access 接口有效，对于两种形式的接口加入 VLAN 命令，配置生效的原则为后配置的命令覆盖前面配置的命令。

（5）查看 VLAN

```
Ruijie #show VLAN
```

（6）查看二层接口信息

```
Ruijie (config-VLAN)#show interface interface-id switchport
```

配置举例：定义一个 ID 为 20 的 VLAN，并将 FastEthernet0/1 和 FastEthernet0/2 指派给这个 VLAN。

```
Ruijie >enable
Ruijie #configure terminal
Ruijie(config)#VLAN 20
Ruijie(config-VLAN)#name VLAN 20
Ruijie(config-VLAN)#exit
Ruijie(config)#interface f0/1
Ruijie(config-if)#switchport access VLAN 20
Ruijie(config-if)#interface f0/2
Ruijie(config-if)#switchport access VLAN 20
Ruijie(config-if)#end
Ruijie#
```

3.3.2 配置 Trunk

一个 Trunk 是将一个或多个以太网交换接口和其他网络设备（如路由器或交换机）进行连接的点对点链路，一条 Trunk 链路可以传输属于多个 VLAN 的流量。

（1）把接口配置为 Trunk 接口

```
Ruijie (config)#interface port-id
Ruijie (config-if)#switchport mode trunk
```

- interface 命令用于指定要修改的接口，这个接口只能是物理接口。
- switchport mode trunk 命令用于将该接口设置为 Trunk Port。

（2）恢复 Trunk 接口为 Access 接口

```
Ruijie (config)#interface port-id
Ruijie (config-if)#switchport mode access
```

也可以使用 no switchport mode 命令将接口模式恢复为默认值，即 Access Port。

（3）定义 Trunk 接口的许可 VLAN 列表

```
Ruijie(config-if)#switchport trunk allowed VLAN {all|[add|remove|except]} VLAN-list
```

默认情况下，Trunk 链路允许所有 VLAN 的流量通过，但可采用手工静态指定或动态自动判断两种方式来设置允许通过 Trunk 链路的 VLAN 流量，这里采用手工静态指定的方式进行配置。命令中参数 VLAN-list 可以是一个 VLAN，也可以是一系列 VLAN，以小的 VLAN 开头，以大的 VLAN 结尾，中间用-号连接。all 的含义是许可 VLAN 列表包含所有支持的 VLAN，remove 表示将指定 VLAN 列表从许可 VLAN 列表中删除，except 表示将除列出的 VLAN 列表外的所有 VLAN 加入许可 VLAN 列表。

① 交换机的端口 2 是 Trunk 链路接口，现要将 VLAN 2 和 VLAN 5 从 Trunk 链路中删除，在配置前，首先应使用 interface 命令选中 Trunk 链路端口，然后再从 Trunk 链路中产出指定的 VLAN，即不允许这些 VLAN 的通信流量通过 Trunk 链路。配置命令如下。

```
Switch(config)#interface f0/2
Switch(config-if)#switchport trunk allowed VLAN remove 2,5
```

② 若在 Trunk 链路中产出 VLAN 20～VLAN 30 的流量，则配置命令如下。

```
Switch(config-if)#switch port trunk allowed VLAN remove 20-30
```

③ 交换机的端口 2 是 Trunk 链路接口，现要添加允许 VLAN 2 和 VLAN 5 的通信流量通过，配置命令如下。

```
Switch(config)#interface f0/2
Switch(config-if)#switchport trunk allowed VLAN add 2,5
```

（4）显示 VLAN

在特权模式下，才可以查看 VLAN 的信息配置命令如下。

```
Ruijie #show VLAN
```

配置举例：配置交换机的 FastEthernet 0/1 为 Trunk 接口。

```
Ruijie>enable
Ruijie #configure terminal
Ruijie (config )#interface f0/1
Ruijie (config -if)#switchport mode trunk
Ruijie (config-if)#end
Ruijie #
```

3.4　生成树协议

在某些交换网络中，可能由于网络管理人员疏忽或者为了构造二层冗余网络产生了环路网络，如果交换机没有开启生成树功能，或者本身不具备生成树这一特性，会由于交换环路的存在而导致整个网络瘫痪，生成树协议可以很好地解决此问题，保留二层物理环路存在的同时，创建逻辑上的无环路拓扑网络（如树状拓扑）避免网络单点故障发生，保证正常的网络通信，链路聚合技术可把多条小宽带的链路组成一条大宽带的逻辑链路，在保证冗余的同时实现增加带宽和负载均衡的效果。

3.4.1　生成树协议概述

“冗余”是提高网络可靠性，减少故障影响的重要方法，当网络中出现单点故障时，“冗余”可以激活其他备份组件，尽量减少丢失的连接，保障网络的不间断运行。生成树协议（Spanning-Tree Protocol，STP）是一种在交换网络中自动消除二层环路的网络协议，通过算法，使冗余端口处于“阻塞状态”，网络中的计算机在通信时仅有一条链路生效，当这条链路出现故障时，将会计算出最优链路，将处于阻塞状态的端口重新打开，有效解决冗余链路带来的环路问题，可在多 VLAN、大量交换机、多厂商的复杂二层网络环境中应用。

以下是生成树协议中常用的一些术语。

（1）网桥

早期的交换机一般只有两个转发端口，称为网桥或桥。在 IEEE 的术语中，桥一直沿用至今，现在泛指具有任意多个端口的交换机。

桥 ID（Bridge ID，BID）：共 8 个字节，分为两部分，前面是桥优先级，后面是桥 MAC 地址。桥优先级为 16 位，桥 MAC 地址是 48 位，默认值为 32768，取值范围为 0～65535，如图 3-8 所示，配置时要为 4096 的倍数。在进行根桥选举时，先比较桥优先级，优先级值小的最优，如果优先级值相同，那么再比较桥 MAC 地址，桥 MAC 地址小的为优。

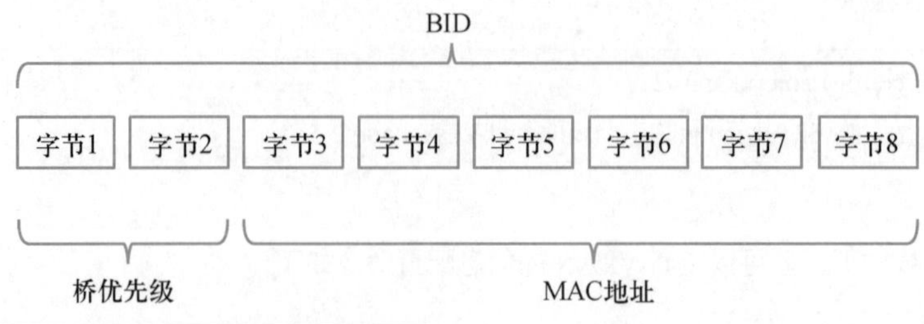

图 3-8
桥 ID 的组成

- 桥的 MAC 地址：一个桥由多个转发端口，每个端口都有一个 MAC 地址。交换机会把编号最小的端口的 MAC 地址作为整个桥的 MAC 地址。

（2）端口 ID

一个桥的端口 ID（Port Identity Document，PID），常见的有以下两种。

① 端口 ID 由两个字节组成，字节 1 是该端口的端口优先级值，字节 2 是该端口的端口编号。

② 端口 ID 由 2 字节（16 位）组成，前 4 位是该端口的优先级，后 12 位是该端口的编号，如图 3-9 所示。端口优先级的值可手动设定，也可由设备自动生成。

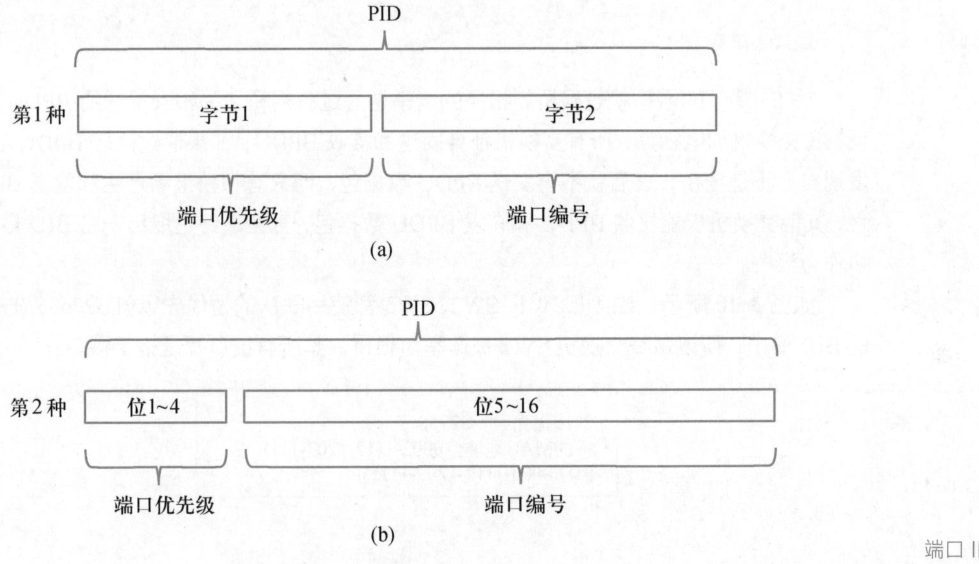

图 3-9
端口 ID 的定义

（3）根桥

根桥（Root Bridge，RB）是桥 ID 最低的网桥，是网络的核心，是生成树的树根，其选举结果直接决定了其他设备及接口的状态。可通过人为修改桥 ID 达到调整根桥的目的。根桥的所有接口都为指定接口，接口状态一直为转发状态。

（4）根路径开销

根路径开销是指本设备到达根桥的开销（接收数据的入接口的开销之和）接口速率与接口默认开销有某种对应关系，根据 IEEE 802.1D 规范，对应关系为：10 Mbit/s-100、100 Mbit/s-19、1 Gbit/s-4、10 Gbit/s-2。

（5）网桥协议数据单元

网桥协议数据单元（Bridge Protocol Data Unit，BPDU），是生成树协议中的“hello 数据包”，每隔一定时间间隔（通常为 2 s，可配置）进行发送，它在各网桥之间交换信息。生成树协议就是通过在各交换机之间周期发送的 BPDU 来发现网络中的环路，并通过阻塞有关接口来断开环路。STP 中有配置 BPDU 和拓扑变更 BPDU 两种类型。

3.4.2 生成树协议工作原理

STP 自动消除二层环路的过程为，首先所有交换机都广播各自的 BPDU 数据包，通过

BPDU 比较决定桥 ID 最小的交换机成为整个网络的根桥，然后以根桥为中心按照某种规则判定其他非根桥交换机的根接口、指定接口、非指定接口等接口特征，最后阻塞非指定端口就实现了消除物理环路，形成了逻辑无环的树状拓扑结构。如果正常的链路发生故障，STP 会重新计算，恢复阻塞的接口，保证网络通信的正常进行。

概括来说，STP 树的生成过程主要分为以下 4 步。

① 选举根桥，作为整个网络的根。

② 确定根端口，确定非根桥与根桥连接的最优端口。

③ 确定指定端口，确定每条链路与根桥连接的最优端口。

④ 阻塞备用端口（Alternate Port，AP），形成一个无环网络。

1. 选举根桥

桥 ID 最低的网桥就是根桥。根桥的选举是通过各网桥之间相互发送的 BPDU 数据来实现，在交换机加电初期，所有交换机都会发送和接收 BPDU，如果通过比较 BPDU 的桥 ID 值发现自己不是根桥，之后就不再发送 BPDU 数据包，而只有根桥继续产生和发送 BPDU 数据包，其他交换机仅能接收 BPDU 和转发 BPDU 数据包，直至最终选取出一台 BID 最小的交换机作为根桥。

如图 3-10 所示，交换机 SW1、SW2、SW3 都使用默认的桥优先级值 32768，交换机 SW1 的 BID 最小，所以最终交换机 SW1 被选举为根桥，其所有接口都是指定接口。

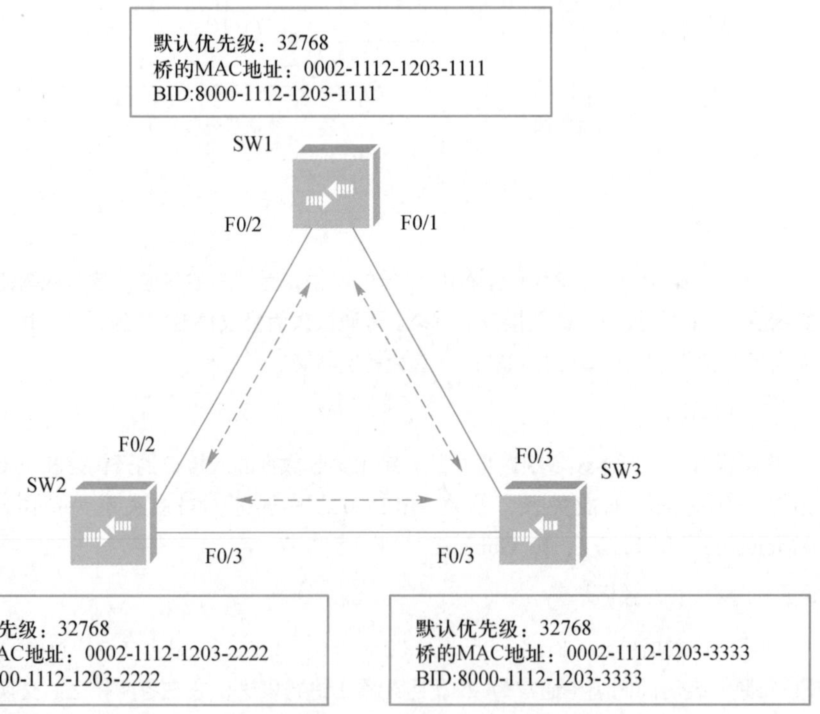

图 3-10
选举根桥

2. 确定根端口

根桥确定后，除了根桥以外的所有交换机都是非根桥，非根桥可能通过多个端口与根桥通信。为了保证从非根桥到根桥的工作路径是最优且唯一的，需要根据接收的 BPDU 报文设定各接口的类型及状态，以防止逻辑环路的发生。非根桥交换机上的主要活跃接口的端口被称为根端口，并且一台非根桥设备上最多只能有一个根端口。同一网段上和根端口相连的另一接口为指定端口。根端口的选举可通过遍历下列条件确定（从上向下依次进行）。

① 到达根桥的路径开销（Root Path Cost，RPC）最小的端口。该项是指从非根桥某端口出发，沿到达根桥方向所经过的所有物理网段的端口开销累加和（合称路径开销）最小，而这个接口就有可能是该非根桥的根端口。

端口开销为交换环境中交换机的端口类型开销值，如普通的生成树协议中默认端口开销值：10 Mbit/s 链路为 100、100 Mbit/s 链路为 19、1 Gbit/s 链路为 4、10 Gbit/s 链路为 2。

如图 3-11 所示，SW1 已被选举为根桥，且知道每条链路速率，可通过比较非根桥各端口到达根桥的路径开销来确定指定端口。SW2 的 F0/2 端口的 RPC 为 19，F0/3 端口的 RPC 为 38，RPC 较小的那个端口为自己的根端口，因此，交换机 SW2 把 F0/2 端口确定为自己的根端口，同理，SW3 将 F0/3 端口确定为自己的根端口。

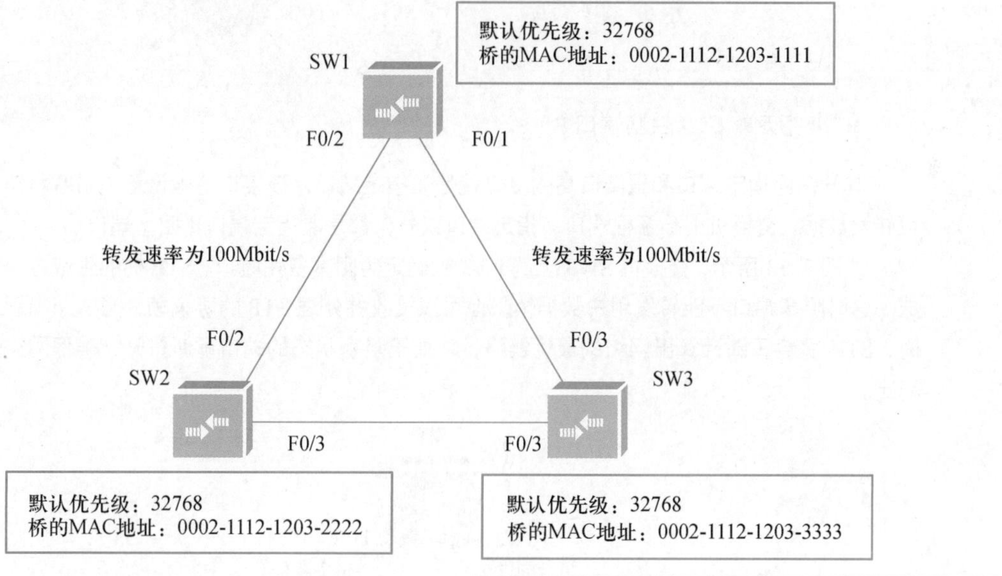

图 3-11
确定根端口

② 比较上行设备的 BID，BID 较小的端口为根端口。

③ 比较发送方端口 ID，端口 ID 较小的为根端口。

以上 3 条规则在选举根端口中采用的方法是依次遍历，即从上向下按条件匹配，如果有一个条件符合就是根端口。

3. 确定指定端口

交换机上除了根端口之外的活跃接口就是指定接口，下列有关指定端口的特性，可以帮助用户快速确定指定端口。

① 根桥交换机的所有端口都为指定端口。

② 和根端口直接相连的接口为指定端口。

③ 每一物理网段只有一个指定端口。

④ 每台交换机可以有多个指定端口，但只能有一个根端口。

如图 3-12 所示，SW1 为根桥，SW2 的 BID 小于 SW3 的 BID，且每条链路的开销相同。

可以根据前面讲的确定根端口的方法和指定端口的特点，验证 3 台交换机各自端口的角色。这里需要指出的是，根桥上不存在任何根端口，只存在指定端口。

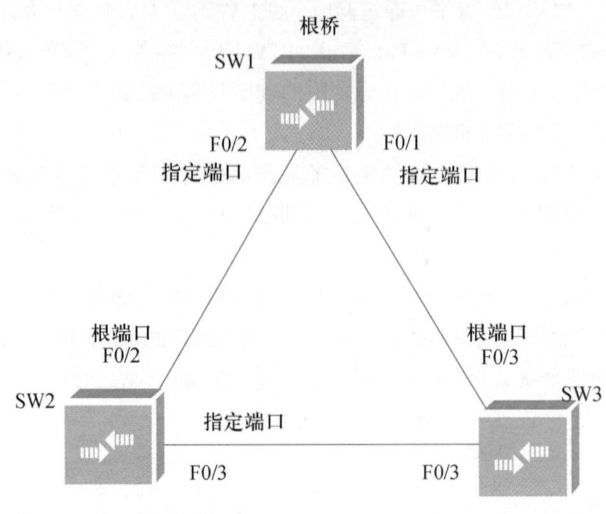

图 3-12
STP 树的指定端口

4. 非指定端口（阻塞端口）

其开销比指定端口和根接口高的接口就是非指定端口，该接口将被设置为阻塞状态，不可转发数据。交换机上除了根端口、指定端口以外，都是非指定端口（阻塞端口）。

如图 3-13 所示，交换机 SW3 上的 F0/3 被确定为阻塞备用端口，STP 树的生成过程便完成。这时阻塞端口不能转发用户数据帧，但可以接收并处理 STP 的协议帧，当链路出现故障时，STP 将会重新计算出网络的最优链路，将处于阻塞状态的端口重新打开，确保网络连接稳定。

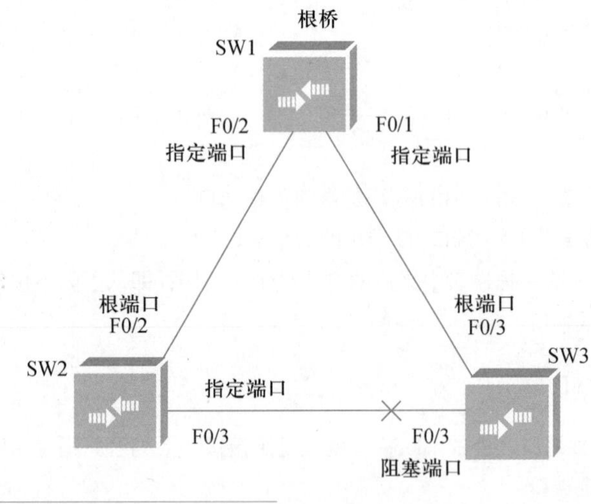

图 3-13
阻塞备用端口

3.4.3　生成树协议端口状态

STP 不仅定义了根端口、指定端口、备用端口 3 种端口角色，还将端口的状态分为禁用状态、阻塞状态、侦听状态、学习状态、转发状态 5 种。这些状态的迁移用于防止网络 STP 收敛过程中可能存在的临时环路。5 种 STP 端口状态的简要说明见表 3-1。

表 3–1　5 种 STP 端口状态的简要说明

端口状态	简要说明
禁用（Disabled）	无法接收和发出任何帧，端口处于关闭（Down）状态
阻塞（Blocking）	只能接收 STP 帧，不能发送 STP 帧，也不能转发用户数据帧
侦听（Listening）	可以接收并发送 STP 帧，但不能进行 MAC 地址学习，也不能转发用户数据帧
学习（Learning）	可以接收并发送 STP 帧，也可以进行 MAC 地址学习，但不能转发用户数据帧
转发（Forwarding）	可以接收并发送 STP 帧，也可以进行 MAC 地址学习，还能够转发用户数据帧

网络中每台交换机在刚加电启动时，每个接口都要经历生成树的 5 种状态：禁用、阻塞、侦听、学习、转发。在能够转发用户数据之前，接口最多要等 50 s，其中 20 s 阻塞时间（Max Age）、15 s 侦听延迟时间（Forward Delay）、15 s 学习延迟时间（Forward Delay）。通常，在一个大中型网络中，整个网络拓扑稳定为一个树型结构大约需要 50 s，因而生成树协议的收敛时间是较长的。STP 收敛计时情况如图 3-14 所示。

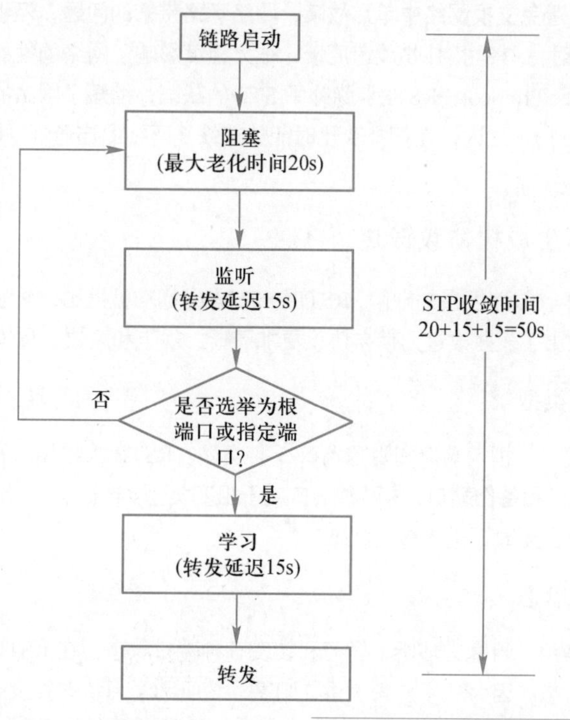

图 3-14
STP 收敛计时图

STP 端口状态迁移过程如下。

① STP 交换机的端口在初始启动时，会从禁用状态进入阻塞状态。

② 阻塞状态（Blocking）：刚开始交换机的所有接口均处于阻塞状态，在阻塞状态下，只能接收和分析 BPDU，不转发用户数据帧。阻塞时间（Max Age）为 20 s。

③ 听状态（Listening）：进入侦听状态，能接收和发送 BPDU，不学习 MAC 地址，不转发数据帧。交换机向其他交换机通告该接口并参与选举根接口或指定接口。当端口被选为根端口或指定端口，将转入学习状态；若不是根接口也不是指定接口的成为非指定接口，将退回阻塞状态。此时侦听延迟时间（Forward Delay）为 15 s。

④ 学习状态（Learning）：进入学习状态，可以发送并接收 BPDU，从中学习 MAC 地址，建立 MAC 地址表，但仍不能转发数据帧，此时网络中可能存在因 STP 树的计算过程不同步而产生的临时环路。学习延迟时间（Forward Delay）为 15 s。

⑤ 转发状态（Forwarding）：端口进入转发状态后，可以正常转发数据帧。

说明

在整个迁移过程中，端口一旦被关闭或发生了链路故障，就会进入禁用状态，在端口状态的转换过程中，如果端口的角色被判定为非根端口或非指定端口，则其端口状态也立即退回阻塞状态。当拓扑稳定后，只有根桥才会每隔 Hello Time 时间发送一次配置 BPDU。其他交换机收到 BPDU 后，启动老化计时器，并从指定端口发送更新参数后的最佳 BPDU。如果超过 Max Age 仍没有收到 BPDU，则说明拓扑发生变化，STP 将触发收敛过程。

3.5　快速生成树

STP 虽然能够避免交换网络中单点故障、网络环路带来的问题，但也存在一些不足，当网络拓扑发生变化时，STP 拓扑收敛速度慢，很大程度影响了网络的性能。快速生成树协议（Rapid Spanning Tree Protocol，RSTP）弥补了 STP 的缺陷，缩短了网络的收敛时间，其收敛速度最快可以缩短到 1 s 之内，在拓扑变化时能快速恢复网络的连通性。RSTP 的算法和 STP 基本一致。

3.5.1　快速生成树协议改进

为了解决 STP 收敛速度慢的缺陷，RSTP（802.1W）标准被提出，作为 STP 的补充。RSTP 在 STP 的基础上做出了一些改进，使得协议更加清晰、规范和高效。具体如下。

1. 增加端口类型

STP 中有根端口、指定端口和阻塞端口 3 种类型。RSTP 为根端口和指定端口设置了快速切换用的替换端口和备份端口，这两种端口属于阻塞类型。当根端口/指定端口失效情况下，替换端口/备份端口会无时延进入转发状态。

2. 减少端口状态

STP 中存在禁用、阻塞、侦听、学习和转发 5 种端口状态，在 RSTP 中只有丢弃、学习和转发 3 种端口状态。因为从用户角度讲，阻塞、侦听和学习状态并没有区别，同样不转发用户流量。两者端口状态行为对比见表 3-2。

表 3-2　STP 与 RSTP 端口状态行为对比

STP 端口状态	RSTP 端口状态	端口状态对应的行为
Disabled	Discarding	如果不转发用户流量也不学习 MAC 地址，那么端口状态就是 Discarding 状态
Blocking		
Listening		
Learning	Learning	如果不转发用户流量但是学习 MAC 地址，那么端口状态就是 Learning 状态

续表

STP 端口状态	RSTP 端口状态	端口状态对应的行为
Forwarding	Forwarding	如果既转发用户流量又学习 MAC 地址，那么端口状态就是 Forwarding 状态

3. BPDU 的处理

① BPDU 的类型变为 Type2。

② 每台交换机都可以发送 RSTP BPDU 而不是只有根桥可以发送 BPDU，好处是各交换机提供了一种保活机制，如果在一定时间没有收到对方的 RSTP BPDU，则会认为对端设备挂了。

③ RSTP 规定，如果 3 个周期没有收到对方的 RSTP BPDU，则会把端口保存的 RSTP BPDU 老化。

④ 处于阻塞的端口收到低优先级的 RSTP BPDU 也会对其做出回应，且阻塞端口直接做出回应，不需要 STP 必须有指定端口才回应。

4. 根据不同的端口类型，采用不同的收敛策略

RSTP 提出了快速收敛机制，包括边缘端口控制、根端口快速切换机制和指定端口快速切换机制。

① 边缘端口（Edge Port）：指和终端而不是交换机相连的端口，该端口可以直接进入转发状态，不需要任何时延。

② 根端口（Root Port）：使用替换端口立即进入转发状态，无任何时延。

③ 点对点端口（Point-to-Point）：指只连接两个交换机的点对点链路的端口。该类端口可以通过邻居握手协商端口状态，无须等待 50 s 完成切换，缩短了收敛时间。对于 3 台以上交换机共享的链路，下游网桥不会响应上游指定端口发出的握手请求，只能等待两倍的转发时延（30 s）才能进入转发状态。

笔 记

3.5.2 快速生成树端口角色及状态

RSTP 在 STP 基础上新增加了两种端口角色，分别是替换端口和备份端口。通过增加端口角色，简化了生成树协议的理解与部署。因此，RSTP 中共有根端口、指定端口、替换端口和备份端口 4 种端口角色。

替换端口和备份端口的定义如下。

1. 备份端口

由于学习到自己发送的配置 BPDU 报文而阻塞的端口，作为指定端口的备份，提供了另外一条从根结点到叶结点的备份通路。

2. 替换端口

由于学习到其他网桥发送的配置 BPDU 报文而阻塞的端口，提供了从指定桥到根的另一条可切换路径，作为根端口的备份端口。

RSTP 的端口状态在 STP 的基础上进行了改进，由原来的禁用、阻塞、侦听、学习和转发 5 种状态缩减为丢弃、学习和转发 3 种，详细说明见表 3-3。

表 3-3　RSTP 的端口状态说明表

端口状态	说　明
Forwarding（转发）	在这种状态下，端口既转发用户流量又处理 BPDU 报文
Learning（学习）	这是一种过渡状态。在 Learning 下，交换设备会根据收到的用户流量，构建 MAC 地址表，但不转发用户流量，所以称为学习状态。Learning 状态的端口处理 BPDU 报文，不转发用户流量
Discarding（丢弃）	Discarding 状态的端口只接收 BPDU 报文

3.5.3　RSTP 与 STP 的兼容性

RSTP 可以与 STP 完全兼容，RSTP 会根据收到的 BPDU 版本号来自动判断与之相连的网桥是支持 STP 还是支持 RSTP，如果与 STP 网桥互连就只能按 STP 的 Forwarding 方法，过 30 s 再 Forwarding，无法发挥 RSTP 的最大优势。RSTP 和 STP 混用会出现这样的问题，如图 3-15（a）所示，SW1 支持 RSTP，SW2 只支持 STP，两者互连，SW1 发现与它相连的是 STP 桥，就会发 STP 的 BPDU 来兼容它。如图 3-15（b）所示，把 SW2 换成了支持 RSTP 的 SW3，但 SW1 却依然在发 STP 的 BPDU，这样使 SW3 也认为与之互连的是 STP 桥，结果两台支持 RSTP 的设备却用 STP 在互操作，大大降低了效率。为解决这个问题，RSTP 提供了 Protocol-migration 功能来强制发 RSTP BPDU（这时对端网桥必须支持 RSTP），这样 SW1 强制发了 RSTP　BPDU，SW3 就发现与之互连的网桥是支持 RSTP 的，于是两台设备就都以 RSTP 运行，如图 3－15（c）所示。

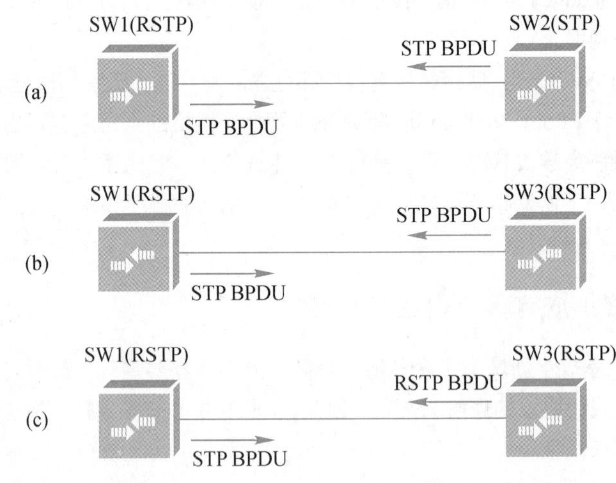

图 3-15
RSTP 与 STP 互操作

3.6　STP 配置

在二层以太网中，两台交换机之间只能有一条活动着的通路，否则就会产生广播风暴。但是为了加强局域网的可靠性，建立冗余链路又是必要的，其中的一些通路必须处于备份状态，当网络发生故障，一条链路失效时，冗余链路就必须被提升为活动状态。手工控制这样的过程显然是一项非常艰苦的工作，因此掌握 STP 的配置方法尤其重要。

3.6.1　配置生成树

STP 的目的是把杂乱的网络拓扑结构生成一个树形结构。遵循 IEEE 802.1D 的标准。

生成树主要的命令如下。

1．打开、关闭 Spanning Tree 协议

默认情况下，交换机是启用 STP 功能的，如果 STP 处于关闭状态，则需要进入全局配置模式打开 Spanning-tree 协议，命令如下。

```
Ruijie #configure terminal                    //进入全局配置模式
Ruijie (config)#spanning-tree                 //打开 Spanning Tree 协议
Ruijie (config)#end                           //退回特权模式
Ruijie #show spanning-tree                    //核对配置条目
Ruijie #copy running-config startup-config    //保存配置
```

如果要关闭 Spanning Tree 协议，可用 no spanning-tree 全局配置命令进行设置。

2．配置生成树工作模式为 STP

```
Ruijie #configure terminal
Ruijie (config)# spanning-tree mode  stp
Ruijie (config)#end
```

工作模式分别为 MSTP、RSTP、STP，默认工作模式为 MSTP，如果要恢复其默认模式，可用 no spanning-tree mode 全局配置命令进行设置。

3．配置端口的优先级

```
Ruijie #configure  terminal
Ruijie (config) #interface  interface-id
Ruijie (config-if) #spanning-tree port-priority<0-240>
Ruijie (config)  # end
Ruijie #show  spanning-tree  interface  interface-id
```

当有两个端口连在一个共享介质上，设备会选一个高优先级（数值小）的端口进入 Forwarding 状态，低优先级（数值大）的端口进入 Discarding 状态。端口可配置的优先级值也有 16 个（0～240），都为 16 的倍数，默认值为 128，数值越小，优先级越高。

4．配置端口的路径成本

```
Ruijie (config-if)#spanning-tree cost cost
```

5．查看生成树的配置

```
Ruijie #show spanning-tree
Ruijie #show spanning-tree summary                       //显示生成树的概要信息
Ruijie #show spanning-tree interface interface-id        //显示接口生成树信息
```

6．Spanning Tree 的默认配置

通过 Spanning-tree reset 命令让其参数恢复到默认配置，各项目的默认值见表 3-4。

表 3-4　STP 默认配置

项　　目	默 认 值
Enable State	Disable，不打开 STP
STP MODE	MSTP
STP Priority	32768
STP port Priority	128
STP port cost	根据端口速率自动判断
Hello Time	2 s
Forward-delay Time	15 s
Max-age Time	20 s
Path Cost 的默认计算方法	长整型
Tx-Hold-Count	3
Link-type	根据端口双工状态自动判断
Maximum hop count	20
VLAN 与实例对应关系	所有 VLAN 属于实例 0，只存在实例 0

3.6.2　根桥选举

1. 配置根桥

STP 有自动选举出根桥的功能，但在实际工作中，会事先指定性能较好，距离网络中心较近的汇聚或核心交换机作为根桥。最便捷的方法是设置桥的优先级。建议把核心交换机的优先级设得高一些（数值小），这样有利于整个网络的稳定。B ID 优先级设置值有 16 个（0～61440），都为 4096 的倍数，默认值为 32768，数值越小，优先级越高。

配置网桥优先级的命令如下。

```
Ruijie (config) #spanning-tree priority <0-61440>
```

也可以直接执行命令来直接指定根桥。此时，根桥的优先级值被自动设置为 0，且不能通过执行来更改该设备的桥优先级的值。

指定根桥的命令如下。

```
Ruijie (config)#spanning-tree VLAN 1 root primary
Ruijie (config)#end
Ruijie #
```

2. 配置备份根桥

指定一台交换机为备份根桥，在作为根桥交换机发生故障时接替它成为新的根桥。在设备上执行命令后，其桥优先级的值被自动设为 4096，且不能通过命令进行修改。

指定备份根桥的命令如下。

```
Ruijie (config)#spanning-tree VLAN 1 root secondary
```

```
Ruijie (config)#end
Ruijie #
```

3.6.3 生成树优化

简单的 STP 配置虽然解决了网络环路，但收敛时间过长（默认值 50 s 左右），对生成树进行优化以提升工作效率显得尤其重要。

1．调节 STP 计时器参数

在 STP 网络中，STP 树的完全收敛需要依赖定时器的计时，端口状态从阻塞状态迁移到转发状态至少需要两倍转发延迟（Forward Delay）的时间长度，总收敛时间太长，一般需要近 1 min，为了加快 STP 的收敛速度，可以手动修改 STP 的计时器参数。其中影响 STP 收敛的计时器参数主要有 Forward Delay Timer 和 BPDU MAX Age，可以把对应计时器的参数改小，但一般情况下是选择默认值。

2．P/A 机制

P/A 机制是交换机之间的一种握手机制，用来保证一个指定端口能够从丢弃状态快速进入转发状态，从而加快生成树的收敛。

3．引入边缘端口

运行 STP 的交换机，其端口在初始启动后，会进入阻塞状态，如果该端口被选举为根端口或指定端口，从侦听到学习状态再到转发状态需要耗时 30 s 的时间才能转发数据，如果交换机下面连接的是主机或服务器，引发环路的风险很小，再经历 30 s 的收敛过程就毫无意义。可以将交换机的端口配置为边缘端口，默认不参与生成树的计算，当边缘端口被激活时，端口状态会立即切换到转发状态开始收发网络流量，提高网络效率。

配置边缘端口的命令如下。

```
Ruijie# configure terminal                          //进入全局配置模式
Ruijie(config)# interface interface-id              //进入该 Interface 的配置模式
Ruijie(config-if)# spanning-tree autoedge           //打开该 Interface 的 Autoedge
Ruijie(config-if)# end  //退回特权模式
Ruijie# show spanning-tree interface interface-id   //核对配置条目
```

关闭 Autoedge，在 Interface 配置模式下使用 spanning-tree autoedge disabled 命令设置。

4．BPDU 保护

开启 Port Fast 接口的目的是连接主机或者服务器，不参与生成树计算，减少不必要的收敛时间，但如果将边缘端口误接交换设备，收到了 BPDU，则该端口立即变成了普通的生成树端口，在此过程可能会引发网络中 RSTP 的重计算，从而对网络造成影响。为了解决此问题，BPDU Guard 功能可以使端口收到 BPDU 时，立刻被 shutdown。配置 BPDU Guard 的命令如下。

```
Ruijie# configure terminal      //进入全局配置模式
```

```
Ruijie(config)# spanning-tree portfast bpduguard default  //全局打开 BPDU Guard
Ruijie(config-if)# interface  interface-id                //打开该 Interface 的配置模式
Ruijie(config-if)#spanning-tree portfast                  //打开该 Interface 的 Port Fast
Ruijie(config-if)# end
Ruijie# show running-config                               //核对配置条目
```

关闭 BPDU Guard，可使用全局配置命令 no spanning-tree portfast bpduguard default 进行设置。

5. BPDU 过滤

当交换机直接与主机相连时，不需要向主机发送 BPDU，因为主机不参与生成树的计算，所以发过去会丢弃，浪费资源。

（1）全局启用

全局启用会作用于交换机上所有处于工作状态且没有单独在接口下配置 BPDU 过滤特性的 PortFast 端口（也就是说要想全局启用生效，端口必须先配置 PortFast 属性）。如果该端口收到了 BPDU，那么就不再处于 PortFast 状态，BPDU 过滤特性也将被禁用，然后开始和其他 STP 接口一样收发 BPDU。在启动时，端口会传输 10 个 BPDU 数据包，如果该端口在这个时间段内收到了 BPDU 数据包，那么同样会退出 PortFast 状态并禁用 BPDU 过滤特性。

（2）端口启用

端口会忽略收到的 BPDU 数据包，也不会发送任何 BPDU 数据包，这不需要预先开启 PortFast 特性。BPDU 过滤优先级高于 BPDU 防护，当有 BPDU 过滤时，BPDU 防护将不生效。

全局启用的命令如下。

```
Ruijie# configure terminal   //进入全局配置模式
Ruijie(config)# spanning-tree portfast bpdufilter default   //全局打开 BPDUfilter
Ruijie(config)# interface Interface-id     //进入该 Interface 的配置模式
Ruijie(config-if)# spanning-tree portfast    //打开该 Interface 的 PortFast，全局 BPDU Filter 配置才生效
Ruijie(config-if)# end    //退回特权模式
Ruijie# show running-config    //核对配置条目
Ruijie# copy running-config startup-config    //保存配置
```

接口启用的命令如下。

```
Ruijie(config-if)# spanning-tree bpdufilter enable   //端口启用
```

说明

关闭 BPDU Filter，可以使用全局配置命令 no spanning-tree portfast bpdufilter default 进行设置。针对单个 Interface 打开 BPDU Filter，可以用 Interface 配置命令 spanning-tree bpdufilter enable 进行设置，用 spanning-tree bpdufilter disable 命令关闭 BPDU Guard。

6. 根保护

当一个具有更高优先级的网桥接入当前网络时，会造成当前网络拓扑的变化，导致一系列事情的发生。根保护的目的是确保根桥的稳定，如果启用了根保护的端口上收到一个更优的 BPDU，则该端口会进入不一致根的状态（等效于 Blocking 状态），这时不会处理 BPDU，即新的 BPDU 不会得到传播，也就不会竞选根桥，这样就保证了原有拓扑的稳定性。此时，处于不一致根状态的端口还会继续监听，如果不再收到更优 BPDU，端口就会取消阻塞，依次进行 STP 的状态过渡，最终进入转发状态。根保护的目的是防止新加入的交换机抢占根桥的角色来影响整个网络。

3.6.4 配置 RSTP

配置 RSTP 常用的命令如下。

（1）开启生成树协议

```
Ruijie(config)#spanning-tree
```

锐捷交换机上，默认状态下 STP 是关闭的，需要用命令打开。

（2）配置生成树模式

```
Ruijie(config)#spanning-tree mode RSTP
```

（3）配置端口链路类型

可以根据需要将端口配置为点对点模式或共享模式。

```
Ruijie(config-if)#spanning-tree link-type{point-to-point|shared}
```

（4）配置 RSTP 版本检查

对所有端口进行强制版本检查。

```
Ruijie#clear spanning-tree detected-protocols
```

对特定端口进行强制版本检查。

```
Ruijie#clear spanning-tree detected-protocols  interface  interface
```

（5）配置 FortFast 端口

启用接口的 PortFast 特性。

```
Ruijie(config-if)#spanning-tree portfast
```

禁用接口的 PortFast 特性。

```
Ruijie(config)#spanning-tree portfast disable
```

3.7 链路聚合技术

随着企业网络规模的不断扩大，用户对骨干链路的带宽和可靠性提出了更高的要求。通过更换高速率的接口卡或更换支持高速率接口板的设备等传统方式可以增加带宽，但缺点是费用高且不够灵活。在不进行硬件升级的条件下，链路聚合技术将多个物理接口捆绑为一个逻辑接口，在增加链路带宽同时还采用备份链路的机制，有效提高了设备之间链路的可靠性。

3.7.1　链路聚合概述

1．链路聚合的概念

链路聚合（Link Aggregation）是将多个物理端口汇聚在一起，形成一个逻辑端口，以实现增加网络带宽和负载均衡的技术。链路聚合一般部署在核心结点，以便提升整个网络的吞吐量。

链路聚合是将两台设备之间的多条物理链路聚合在一起作为一条逻辑链路来使用。链路聚合能提高链路带宽，理论上，聚合后的链路带宽为所有成员带宽的总和。链路聚合为网络提高了可靠性，链路中一个成员接口发生故障，该成员的物理链路会将流量切换到另一条链路上。链路聚合可以在一个接口上实现负载均衡，一个聚合口可以将流量分散到多个不同的成员接口上，通过成员链路将流量发送到同一个目的地，将网络产生拥塞的可能性降到最低。

如图 3-16 所示，两台核心交换机之间通过两条成员链路互相连接，通过部署链路聚合，可以确保两台交换机间的链路不产生拥塞，还可以提供冗余链路的功能。

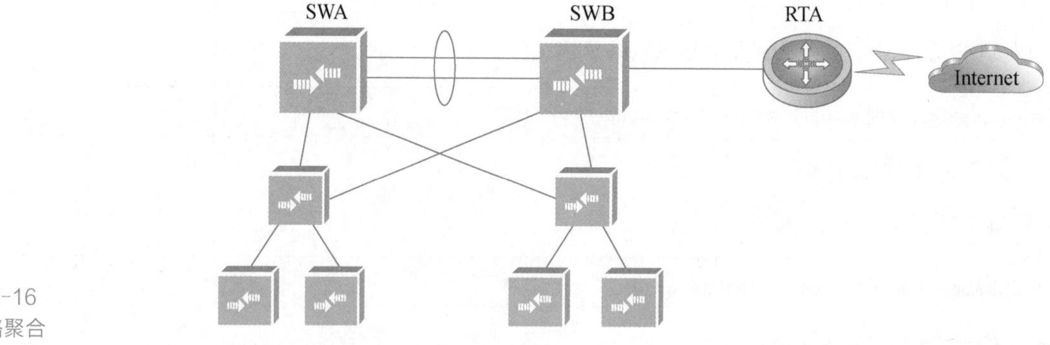

图 3-16
链路聚合

2．二层链路聚合和三层链路聚合

聚合组是一组以太网端口的集合。聚合组是随着聚合端口的创建自动生成的，其编号与聚合端口编号相同。

（1）聚合组的分类及特性

根据加入聚合组中以太网端口的类型，聚合组可以分为二层聚合组和三层聚合组两大类。其具体特性如下。

- 二层聚合组：二层链路聚合通常用于二层交换环境中的带宽扩容，如对于 Trunk 链路或者使用普通 Access 链路的带宽扩容，这些接口本身就属于二层接口，链路聚合只不过是将多个相同性质的物理接口共同组合成为一个逻辑接口。配置的二层链路聚合接口不能设置 IP 地址，只能配置类似于 Access 或 Trunk 接口的功能，其拓扑图如图 3-17 所示。

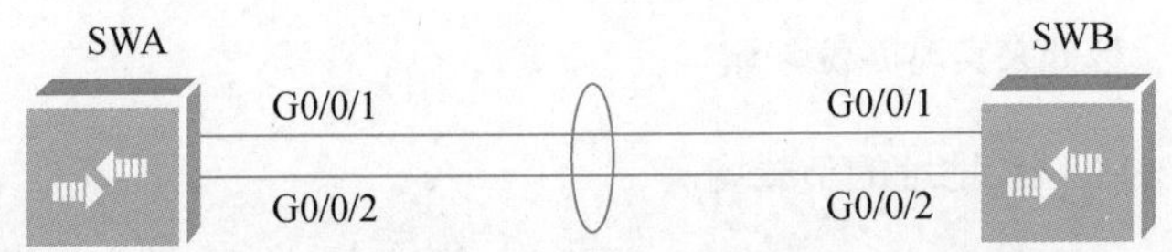

图 3-17
二层聚合组拓扑图

- 三层链路聚合：仅能在三层交换机上配置链路聚合，需要使用 no switchport 命令将二层接口转变为三层接口，三层的链路聚合端口可以设置 IP 地址，接口特性比二层链路聚合端口更为丰富，其拓扑图如图 3-18 所示。

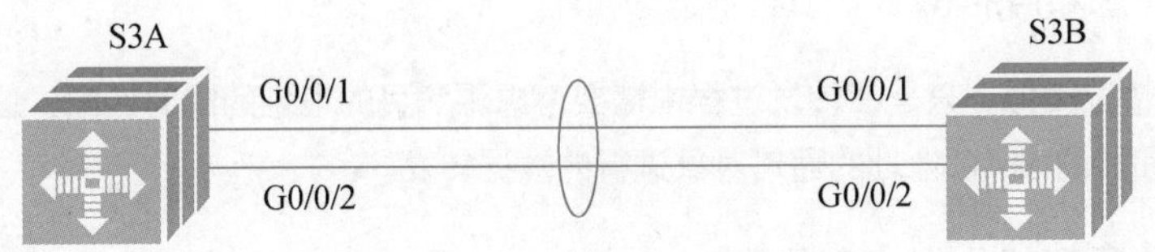

图 3-18
三层聚合组拓扑图

（2）链路聚合的模式

链路聚合可以通过手工配置和链路汇聚控制协议自动实现。链路汇聚控制协议（Link Aggregation Control Protocol，LACP）是用来实现以太网通道的协议，利用该协议可以通过与相邻交换机动态协商的办法，将具有相同特性的接口形成一个通道。

两种方式的特性如下。

1）手工配置链路聚合

手工配置链路聚合是在需要聚合的双方接口下指定聚合的工作模式都为 ON，使得两端的链路一直处于活跃状态，从而实现线路绑定。这种方法的特点是实现简单，但是如果某一端接口出现问题将难以实现线路自动切换。

2）链路汇聚控制协议（LACP）

IEEE 802.3ad 中定义了 LACP。不同厂商的设备只要支持 802.3ad 标准即可进行互连组成快速以太网通道。LACP 的主要模式有两种：Passive 和 Active，具体特性如下。

- Passive 模式：为默认模式，将接口置于被动协商状态。Passive 状态下的接口会响应收到的 LACP 数据包，但不会发起 LACP 协商。
- Active 模式：将接口置于主动协商状态。Active 状态下的接口会通过发送 LACP 数据包来向其他接口发起协商。两端运行 LACP 的接口状态匹配见表 3-5。

表 3–5　LACP 协商规律

	Active	Passive
Active	√	√
Passive	√	×

3.7.2　链路聚合流量平衡

在配置链路聚合后，可以使用 port-channel load-balance 命令实现负载均衡，具体可实现的负载均衡技术如下。

1. 基于源 MAC 地址的负载均衡

对于到达以太网通道的数据包，通过判断源 MAC 地址进行以太网通道的端口选择，这样可以实现来自不同主机的数据包按照不同的端口进行转发，而同一主机的数据包采用相同的端口进行转发，以此来实现负载均衡。

2. 基于目的 MAC 地址的负载均衡

对于到达以太网通道的数据包，通过判断目的 MAC 地址进行以太网通道的端口选择，这样可以将到达不同目的地址的数据包按照不同的端口进行转发，而到达同一目的地址的数据包采用相同的端口进行转发，以此来实现负载均衡。

3. 基于源和目的 MAC 地址的负载均衡

和上述情况类似，只是在转发过程中需要考虑源和目的地址的同时匹配，这种负载均衡用于明确源和目的 MAC 地址的通信对象进行的数据转发。

4. 基于源 IP 地址的负载均衡

和基于源的 MAC 地址负载均衡类似，只不过按照源 IP 地址进行负载均衡的转发。

5. 基于目的 IP 地址的负载均衡

和基于目的 MAC 地址负载均衡类似，只不过按照目的 IP 地址进行负载均衡的转发。

6. 基于源和目的 IP 地址的负载均衡

和基于源和目的 MAC 地址的负载均衡类似，但需要进行源和目的 IP 地址的同时匹配。

3.7.3 配置链路聚合

1. 二层接口（L2 Aggregate Port）

Aggregate Port 是由多个物理成员端口聚合而成的。可以把多个物理链接捆绑在一起形成一个简单的逻辑链接，这个逻辑链接称为集合端口（Aggregate Port，AP）。

对于二层交换来说，AP 就像一个高带宽的 Switch Port，它可以将多个端口的带宽叠加起来使用，扩展了链路带宽。此外，通过 L2 Aggregate Port 发送的帧还将在其成员端口上进行流量平衡，如果 AP 中的一条成员链路失效，L2 Aggregate Port 会自动将这条链路上的流量转移到其他有效的成员链路上，从而提高连接的可靠性。

L2 Aggregate Port 的成员端口类型可以为 Access Port 或 Trunk Port，但同一个 AP 的成员端口必须为同一类型，要么是 Access Port，要么是 Trunk Port。

2. 三层接口（L3 Aggregate Port）

L3 Aggregate Port 也是由多个物理成员端口汇聚构成的一个逻辑上的聚合端口组，汇聚的端口必须为同类型的三层接口。对于三层交换来说，AP 作为三层交换的网关接口，相当于把同一聚合组内的多条物理链路视为一条逻辑链路，是链路带宽扩展的一个重要途径。此外，通过 L3 Aggregate Port 发送的帧同样能在 L3 Aggregate Port 的成员端口上进行流量平衡，当 AP 中的一条成员链路失效后，L3 Aggregate Port 会自动将这条链路上的流量转移到其他有效的成员链路上，提高连接的可靠性。L3 Aggregate Port 不具备二层交换的功能，可通过 no switchport 命令将 L2 Aggregate Port 转变为 L3 Aggregate Port，接着将多个 Routed Port 加入此 L3 Aggregate Port，然后给 L3 Aggregate Port 分配 IP 地址来建立路由。

3. 接口编号规则

对于 AP，其编号的范围为 1 至设备支持的 AP 个数。

（1）创建或访问一个聚合链路接口，并进入接口配置模式的命令 interface aggregateport

```
interface aggregateport port-number
```

- port-number：Aggregate Port 号，范围由设备和扩展模块决定。

将其他接口加入到一个 AP 中，AP 的所有成员接口将被视为一个整体，成员接口的属性将由 AP 的属性决定。 AP 端口进行开启关闭的命令如下。

1）关闭 AP 1

```
Ruijie(config)# interface aggregateport 1
Ruijie(config-if)# shutdown
```

2）打开 AP 1

```
Ruijie(config)# interface aggregateport 1
Ruijie(config-if)# no shutdown
```

（2）查看接口状态的命令

```
Ruijie # show interface aggregateport 1
```

说明

若使用脚本多次快速地做 no shutdown 接口操作，可能会发生接口状态翻转提示信息。

（3）将某个 L2 Aggregate Port 转化为 L3 Aggregate Port 的命令

```
Ruijie(config-if)# no switchport
```

配置 IP 地址和子网掩码。

```
Ruijie(config-if)# ip address ip_address    subnet_mask
```

例如，创建 L3 Aggregate Port，并给该接口分配 IP 地址。

```
Ruijie# configure terminal
Enter configuration commands, one per line. End with CNTL/Z.
Ruijie(config)# interface aggregateport 2
Ruijie(config-if)# no switchport
Ruijie(config-if)# ip address 192.168.1.1 255.255.255.0
Ruijie(config-if)# no shutdown
Ruijie(config-if)# end
```

1）二层链路聚合

```
Ruijie (config)#interface range 接口范围    //进入连续的接口范围
Ruijie (config-if)#channel-protocol lacp   //采用 LACP 实现链路聚合，如果采用手工聚合则可以不配置该命令
Switch(config-if)#channel-group 以太 mode{active|passive|desirable|auto|on}
//采用各种模式实现链路聚合
```

2）三层链路聚合

```
Ruijie (config)#interface   range   接口范围          //进入连续的接口范围
Ruijie (config-if)# no switchport                     //配置为三层接口
Ruijie (config-if)#channel-protocol lacp    //采用 LACP 实现链路聚合
Ruijie  (config-if)#channel-group 以太网通道号 mode  {active|passive|desirable|auto|on}  //采用各种模式实现链路聚合
Ruijie (config)#interface Port-channel  以太网通道号   //进入 Channel 1 逻辑接口
Ruijie (config-if)# no switchport                     //配置为三层接口
Ruijie (config-if)# ip address IP 地址  子网掩码     //配置三层接口的 IP 地址参数
```

3）验证链路聚合

```
Switch #show   spanning-tree                  //查看生成树下的各种接口特性
Switch #show   interface   trunk              //查看 Trunk 链路的各种接口特性
Switch #show   etherchannel   summary         //查看以太网通道的概要信息
```

4. 配置链路聚合的注意事项

① 确保在同一个网络中所有接口使用相同的协议。
② 以太网通道的两端接口必须使用相同的协议。
③ 要确保以太网通道中所有接口的速度、传输模式是一致的。
④ 交换机的一个接口只能属于一个以太网通道。
⑤ LACP 不支持半双工模式的连接。
⑥ 聚合端口必须属于同一个 VLAN 或都为 Trunk 接口（三层接口除外）。
⑦ 聚合端口必须使用相同的传输介质。
⑧ 聚合端口必须属于同一层次（二层或三层）。

项目实施

实操 4
利用 VLAN 隔离二层网络

任务 3-1　利用 VLAN 隔离二层网络

【任务描述】

某公司的技术部和财务部位于同一楼层，且两个部门的信息端口均连接在同一台交换机 SW1 上。为了保证两个部门的相对独立，请对交换机进行 VLAN 配置，使得交换机的 1～5

号端口属于财务部，6～17 号端口属于技术部，确保部门内可以通信，部门间不能通信。拓扑图如图 3-19 所示。

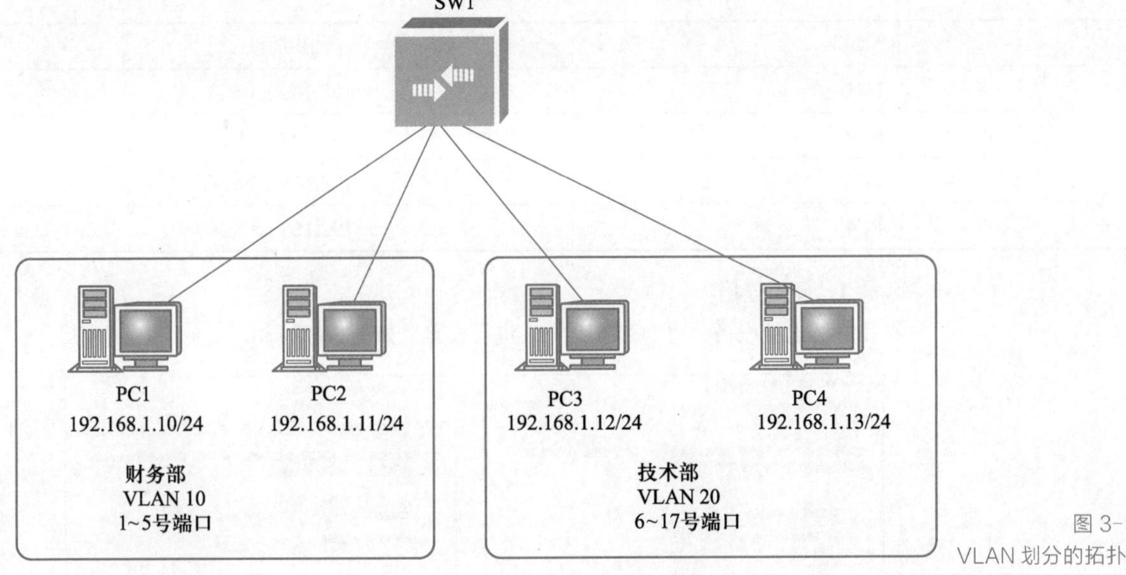

图 3-19
VLAN 划分的拓扑图

➲【设备清单】

交换机 1 台，网线 4 根，Console 配置线 1 根，PC4 台。

➲【工作过程】

使用 1 台交换机和 4 台 PC 来配置验证，其中 PC 作为控制台终端，使用 Console 口配置方式，使用网线将 4 台 PC 连接到交换机指定的端口上。在交换机上划分两个基于端口的 VLAN：VLAN 10（1～5 号端口）和 VLAN 20（6～17 号端口），使得 VLAN 10 的成员能够相互访问，VLAN 20 的成员能够相互访问，VLAN 10 和 VLAN 20 的成员之间不能互相访问，达到隔离效果。

网络规划如下。

（1）VLAN 规划表（见表 3-6）

表 3-6　VLAN 规划表

VLAN ID	VLAN 描述	用　途
VLAN　10	CAIWU	财务部
VLAN　20	JISHU	技术部

（2）端口规划表（见表 3-7）

表 3-7　端口规划表

本端设备	端口号	端口类型	所属 VLAN
SW1	G0/1-5	Access	VLAN 10
SW1	G0/6-17	Access	VLAN 20

（3）IP 地址规划表（见图 3-8）

表 3–8　IP 地址规划表

计算机	IP 地址
PC1	192.168.1.10/24
PC2	192.168.1.11/24
PC3	192.168.1.12/24
PC4	192.168.1.13/24

步骤 1： 硬件连接。

按拓扑图连接设备，对 PC 的 IP 地址进行设置，如图 3-20 所示。

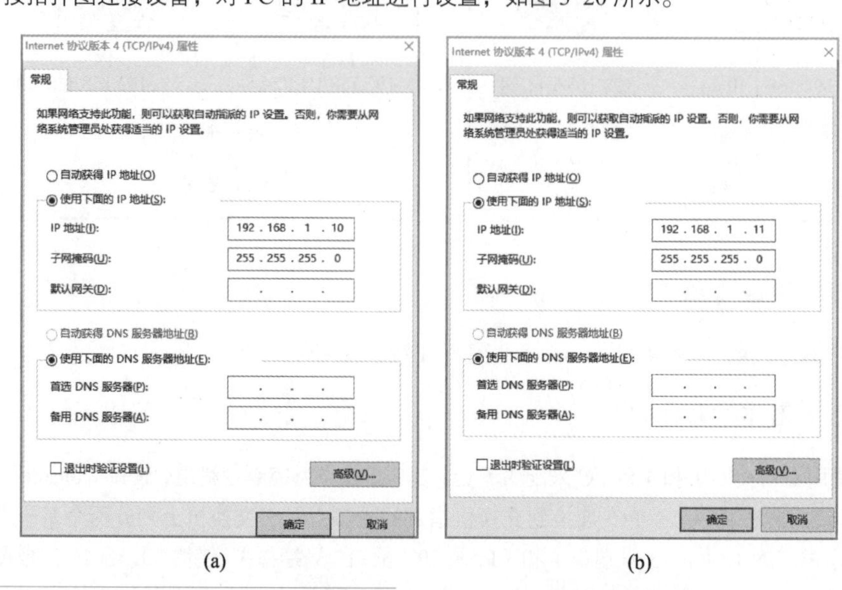

图 3-20
PC 的 IP 设置

测试主机之间的连通性，各台 PC 之间两两互 ping，PC1 ping PC2、PC3、PC4 的结果如图 3-21 所示，说明两个部门的主机在划分 VLAN 之前可以进行通信。

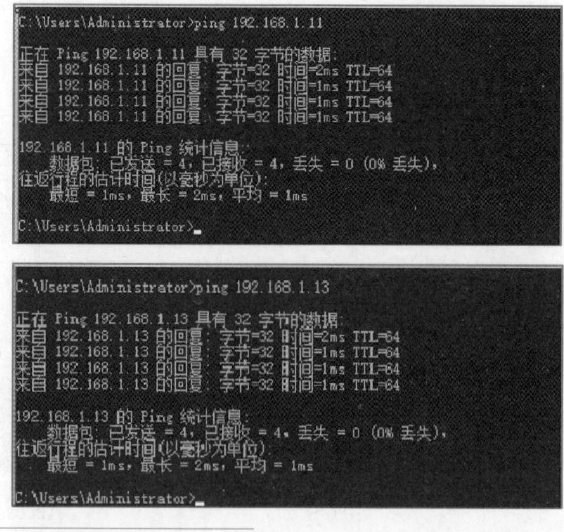

图 3-21
PC 之间的连通性测试结果

步骤 2：查看系统默认 VLAN 情况。

```
Ruijie>enable
Ruijie#show vlan
VLAN Name                               Status    Ports
----  ------------------------------------  ----------
--------------------------------------
   1 VLAN0001                           STATIC    Gi0/1, Gi0/2, Gi0/3, Gi0/4
                                                  Gi0/5, Gi0/6, Gi0/7, Gi0/8
                                                  Gi0/9, Gi0/10, Gi0/11, Gi0/12
                                                  Gi0/13, Gi0/14, Gi0/15, Gi0/16
                                                  Gi0/17, Gi0/18, Gi0/19, Gi0/20
                                                  Gi0/21, Gi0/22, Gi0/23, Gi0/24
                                                  Te0/25, Te0/26, Te0/27, Te0/28
```

默认情况下，交换机的所有端口属于 VLAN 1。

步骤 3：修改交换机的名字为 SW1，创建 VLAN 10、VLAN 20，并命名。

```
Ruijie#config terminal
Enter configuration commands, one per line.  End with CNTL/Z.
Ruijie(config)#hostname SW1
SW1(config)#VLAN 10
SW1(config-vlan)#name CAIWU
SW1(config-vlan)#exit
SW1(config)#VLAN 20
SW1(config-vlan)#name JISHU
SW1(config-vlan)#exit
SW1(config)#show vlan
VLAN Name                               Status    Ports
----  ------------------------------------  ----------
--------------------------------------
   1 VLAN0001                           STATIC    Gi0/1, Gi0/2, Gi0/3, Gi0/4
                                                  Gi0/5, Gi0/6, Gi0/7, Gi0/8
                                                  Gi0/9, Gi0/10, Gi0/11, Gi0/12
                                                  Gi0/13, Gi0/14, Gi0/15, Gi0/16
                                                  Gi0/17, Gi0/18, Gi0/19, Gi0/20
                                                  Gi0/21, Gi0/22, Gi0/23, Gi0/24
                                                  Te0/25, Te0/26, Te0/27, Te0/28
  10 CAIWU                              STATIC
  20 JISHU                              STATIC
```

步骤 4：将端口划到对应的 VLAN 中。本例中，将 G0/1～5 划分到 VLAN 10，将 G0/6～17 划分到 VLAN 20。

```
SW1#configure terminal
Enter configuration commands, one per line.   End with CNTL/Z.
SW1(config)#interface range g0/1-5
SW1(config-if-range)#switchport mode access
SW1(config-if-range)#switchport access VLAN 10
SW1(config-if-range)#exit
SW1(config)#interface range g0/6-17
SW1(config-if-range)#switchport mode access
SW1(config-if-range)#switchport access VLAN 20
SW1(config-if-range)#end
*Jun 15 09:51:16: %SYS-5-CONFIG_I: Configured from console by console
SW1#
```

步骤 5：查看 VLAN 信息，查看 VLAN ID、VLAN 名称、对应的端口号是否正确。

```
show vlan
VLAN Name                                Status    Ports
---- ---------------------------------- ---------
   1 VLAN0001                            STATIC    Gi0/18, Gi0/19, Gi0/20, Gi0/21
                                                   Gi0/22, Gi0/23, Gi0/24, Te0/25
                                                   Te0/26, Te0/27, Te0/28
  10 CAIWU                               STATIC    Gi0/1, Gi0/2, Gi0/3, Gi0/4
                                                   Gi0/5
  20 JISHU                               STATIC    Gi0/6, Gi0/7, Gi0/8, Gi0/9
                                                   Gi0/10, Gi0/11, Gi0/12, Gi0/13
                                                   Gi0/14, Gi0/15, Gi0/16, Gi0/17
SW1#
```

步骤 6：验证测试。

（1）同一 VLAN 内主机连通性测试

将 PC1、PC2 接入 1～5 号端口中的任意两个，将两台 PC 互 ping，结果如图 3-22 所示，PC1 和 PC2 可以通信。将 PC3、PC4 接入 6～17 号端口中的任意两个，将两台 PC 互 ping，结果如图 3-23 所示，PC3 和 PC4 可以通信。这说明相同 VLAN 内的主机是可以互相通信的。

```
C:\Users\Administrator>ping 192.168.1.11

正在 Ping 192.168.1.11 具有 32 字节的数据:
来自 192.168.1.11 的回复: 字节=32 时间=2ms TTL=64
来自 192.168.1.11 的回复: 字节=32 时间=1ms TTL=64
来自 192.168.1.11 的回复: 字节=32 时间=1ms TTL=64
来自 192.168.1.11 的回复: 字节=32 时间=1ms TTL=64

192.168.1.11 的 Ping 统计信息:
    数据包: 已发送 = 4，已接收 = 4，丢失 = 0 (0% 丢失)，
往返行程的估计时间(以毫秒为单位):
    最短 = 1ms，最长 = 2ms，平均 = 1ms

C:\Users\Administrator>
```

图 3-22
VLAN 10 内的 PC1 和 PC2 可以通信

```
C:\Users\Administrator>ping 192.168.1.13

正在 Ping 192.168.1.13 具有 32 字节的数据:
来自 192.168.1.13 的回复: 字节=32 时间=2ms TTL=64
来自 192.168.1.13 的回复: 字节=32 时间=1ms TTL=64
来自 192.168.1.13 的回复: 字节=32 时间=1ms TTL=64
来自 192.168.1.13 的回复: 字节=32 时间=1ms TTL=64

192.168.1.13 的 Ping 统计信息:
    数据包: 已发送 = 4，已接收 = 4，丢失 = 0 (0% 丢失)，
往返行程的估计时间(以毫秒为单位):
    最短 = 1ms，最长 = 2ms，平均 = 1ms

C:\Users\Administrator>
```

图 3-23
VLAN 20 内的 PC3 和
PC4 可以通信

（2）不同 VLAN 间主机的连通性测试

PC1 ping PC3、PC4，如图 3-24 所示，不能 ping 通。

```
C:\Users\Administrator>ping 192.168.1.12

正在 Ping 192.168.1.12 具有 32 字节的数据:
来自 192.168.1.10 的回复: 无法访问目标主机。
来自 192.168.1.10 的回复: 无法访问目标主机。
来自 192.168.1.10 的回复: 无法访问目标主机。
来自 192.168.1.10 的回复: 无法访问目标主机。

192.168.1.12 的 Ping 统计信息:
    数据包: 已发送 = 4，已接收 = 4，丢失 = 0 (0% 丢失)，

C:\Users\Administrator>ping 192.168.1.13

正在 Ping 192.168.1.13 具有 32 字节的数据:
来自 192.168.1.10 的回复: 无法访问目标主机。
来自 192.168.1.10 的回复: 无法访问目标主机。
来自 192.168.1.10 的回复: 无法访问目标主机。
来自 192.168.1.10 的回复: 无法访问目标主机。

192.168.1.13 的 Ping 统计信息:
    数据包: 已发送 = 4，已接收 = 4，丢失 = 0 (0% 丢失)，

C:\Users\Administrator>
```

图 3-24
VLAN 10 内的主机无法和
VLAN 20 内的主机通信

PC3 ping PC1、PC2，如图 3-25 所示，不能 ping 通。

```
C:\Users\Administrator>ping 192.168.1.10

正在 Ping 192.168.1.10 具有 32 字节的数据:
来自 192.168.1.12 的回复: 无法访问目标主机。
来自 192.168.1.12 的回复: 无法访问目标主机。
来自 192.168.1.12 的回复: 无法访问目标主机。
来自 192.168.1.12 的回复: 无法访问目标主机。

192.168.1.10 的 Ping 统计信息:
    数据包: 已发送 = 4，已接收 = 4，丢失 = 0 (0% 丢失)，

C:\Users\Administrator>ping 192.168.1.11

正在 Ping 192.168.1.11 具有 32 字节的数据:
来自 192.168.1.12 的回复: 无法访问目标主机。
来自 192.168.1.12 的回复: 无法访问目标主机。
来自 192.168.1.12 的回复: 无法访问目标主机。
来自 192.168.1.12 的回复: 无法访问目标主机。

192.168.1.11 的 Ping 统计信息:
    数据包: 已发送 = 4，已接收 = 4，丢失 = 0 (0% 丢失)，

C:\Users\Administrator>
```

图 3-25
VLAN 20 内的主机无法和
VLAN 10 内的主机通信

步骤 7：保存配置。

```
SW1#write

Building configuration...

[OK]
SW1#
```

注意

① 创建 VLAN 时，注意 VLAN ID 的值，1 为默认 VLAN ID，可选 VLAN ID 值为 2～4094。

② 创建 VLAN 时，为了明确 VLAN 的功能与作用，应为 VLAN 命名。

③ 配置完 VLAN 后，要检查端口与 VLAN 的对应关系。

【任务评测】

序号	测评点	配　分	得　分
1	对相关知识的理解	20	
2	目标达成度	40	
3	岗位规范	20	
4	职业素养	20	
总分			

任务 3-2　跨交换机的 VLAN 配置

【任务描述】

某公司的技术部和财务部通过两台 24 口交换机进行互连，且每台交换机上均有两个部门的计算机，出于数据安全的考虑，需要对两个部门的计算机进行隔离。要求财务部的计算机使用 SW1 的 G0/1～5 端口及 SW2 的 G0/1～5 端口，技术部的计算机使用 SW1 的 G0/6～17 端口及 SW2 的 G0/6～17 端口，所有计算机采用 192.168.1.0/24 网段。现在各交换机中创建相应的 VLAN 以实现跨交换机的 VLAN 内通信，拓扑图如图 3-26 所示。

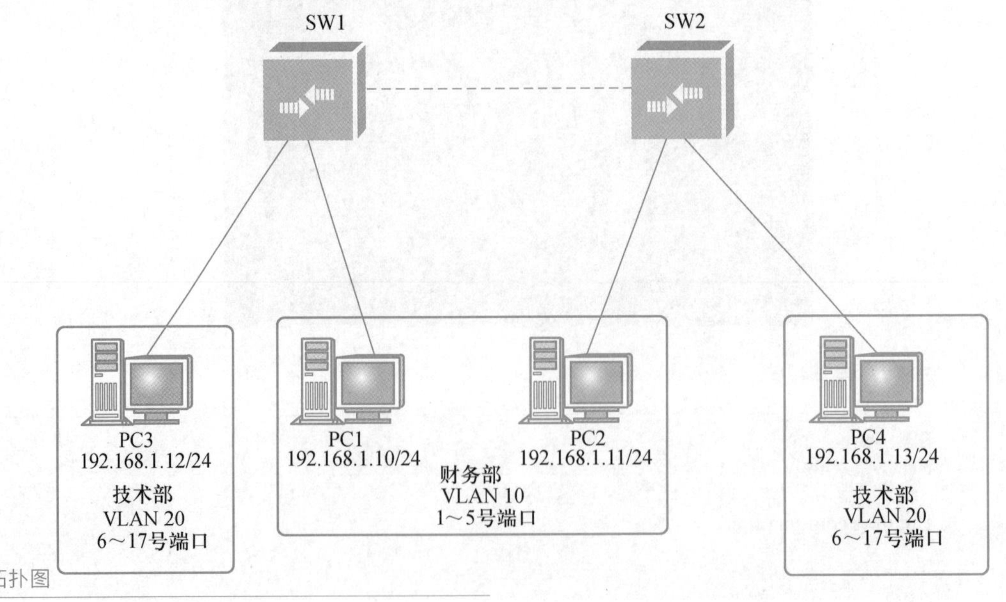

图 3-26
任务 3-2 网络拓扑图

➲【设备清单】

交换机 2 台，网线 5 根，Console 配置线 1 根，PC4 台。

➲【工作过程】

为实现各部门之间的隔离，需在交换机上创建 VLAN，并将各部门计算机的相应端口划分到相关的 VLAN 中，其中 VLAN 10、VLAN 20 分别用于财务部、技术部。同时，因同一个 VLAN 中的计算机分属在不同交换机上，故级联的通道应配置为 Trunk 类型，使其能传输不同 VLAN 的数据帧。

配置流程如下。

① 创建 VLAN，配置 Access 端口。

② 配置 Trunk 端口。

③ 配置各部门计算机的 IP 地址。

④ 进行验证测试。

网络规划如下。

（1）VLAN 规划表（见表 3-9）

表 3-9　VLAN 规划表

VLAN ID	VLAN 描述	用　途
VLAN　10	CAIWU	财务部
VLAN　20	JISHU	技术部

（2）端口规划表（见表 3-10）

表 3-10　端口规划表

本端设备	端口号	端口类型	所属 VLAN	对端设备
SW1	G0/1～5	Access	VLAN 10	财务部 PC1
SW1	G0/6～17	Access	VLAN 20	技术部 PC1
SW1	G0/24	Trunk		SW2
SW2	G0/1～5	Access	VLAN 10	财务部 PC2
SW2	G0/6～17	Access	VLAN 20	技术部 PC2
SW2	G0/24	Trunk		SW1

（3）IP 地址规划表（见表 3-11）

表 3-11　IP 地址规划表

计算机	IP 地址
财务部 PC1	192.168.1.10/24
财务部 PC2	192.168.1.11/24
技术部 PC1	192.168.1.12/24
技术部 PC2	192.168.1.13/24

步骤 1：硬件连接。

按拓扑图连接设备，对 PC 的 IP 地址进行设置，操作过程参见“VLAN 的配置和使用”。

步骤 2：创建 VLAN，配置端口模式为 Access。

（1）为各部门创建相应的 VLAN

SW1 的配置如下。

```
Ruijie>enable
Ruijie#configure terminal
Ruijie(config)#hostname SW1
SW1(config)#VLAN 10
SW1(config-VLAN)#name caiwu
SW1(config-VLAN)#exit
SW1(config)#VLAN 20
SW1(config-VLAN)#name jishu
SW1(config-VLAN)#end
SW1#
```

SW2 的配置如下。

```
Ruijie>enable
Ruijie#configure terminal
Ruijie(config)#hostname SW2
SW2(config)#VLAN 10
SW2(config-VLAN)#name caiwu
SW2(config-VLAN)#exit
SW2(config)#VLAN 20
SW2(config-VLAN)#name jishu
SW2(config-VLAN)#end
SW2#
```

（2）将各部门计算机所使用的端口类型设置为 Access 模式并划入相应的 VLAN 中

SW1 的配置如下。

```
SW1#configure terminal
Enter configuration commands, one per line.   End with CNTL/Z.
SW1(config)#interface range G0/1-5
SW1(config-if-range)#switchport mode access
SW1(config-if-range)#switchport access VLAN 10
SW1(config-if-range)#exit
SW1(config)#interface range G0/6-17
SW1(config-if-range)#switchport mode access
SW1(config-if-range)#switchport access VLAN 20
```

```
SW1(config-if-range)#end
SW1#write
```

SW2 的配置如下。

```
SW2#configure terminal
Enter configuration commands, one per line.   End with CNTL/Z.
SW2(config)#interface range G0/1-5
SW2(config-if-range)#switchport mode access
SW2(config-if-range)#switchport access VLAN 10
SW2(config-if-range)#exit
SW2(config)#interface range G0/6-17
SW2(config-if-range)#switchport mode access
SW2(config-if-range)#switchport access VLAN 20
SW2(config-if-range)#end
SW2#write
```

（3）配置完成后，查看 VLAN 和端口的配置情况

SW1 的配置如下。

```
SW1#show VLAN
VLAN Name                                Status    Ports
---- -------------------------------- --------- -----------------------------------
1 VLAN0001                               STATIC    Gi0/18, Gi0/19, Gi0/20, Gi0/21
                                                   Gi0/22, Gi0/23, Gi0/24, Te0/25
                                                   Te0/26, Te0/27, Te0/28
  10 CAIWU                               STATIC    Gi0/1, Gi0/2, Gi0/3, Gi0/4
                                                   Gi0/5
  20 JISHU                               STATIC    Gi0/6, Gi0/7, Gi0/8, Gi0/9
                                                   Gi0/10, Gi0/11, Gi0/12, Gi0/13
                                                   Gi0/14, Gi0/15, Gi0/16, Gi0/17
```

SW2 的配置如下。

```
SW2#show VLAN
VLAN Name                                Status    Ports
---- -------------------------------- --------- -----------------------------------
1 VLAN0001                               STATIC    Gi0/18, Gi0/19, Gi0/20, Gi0/21
                                                   Gi0/22, Gi0/23, Gi0/24, Te0/25
                                                   Te0/26, Te0/27, Te0/28
  10 CAIWU                               STATIC    Gi0/1, Gi0/2, Gi0/3, Gi0/4
                                                   Gi0/5
```

```
20 JISHU                                  STATIC    Gi0/6, Gi0/7, Gi0/8, Gi0/9
                                                    Gi0/10, Gi0/11, Gi0/12, Gi0/13
                                                    Gi0/14, Gi0/15, Gi0/16, Gi0/17
```

步骤 3：测试 PC 间的连通性。

① PC1 与 PC2 的连通性测试，如图 3-27 所示。

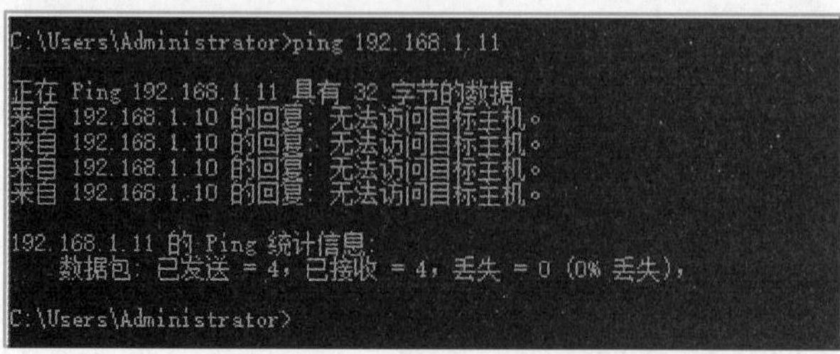

```
C:\Users\Administrator>ping 192.168.1.11

正在 Ping 192.168.1.11 具有 32 字节的数据:
来自 192.168.1.10 的回复: 无法访问目标主机。
来自 192.168.1.10 的回复: 无法访问目标主机。
来自 192.168.1.10 的回复: 无法访问目标主机。
来自 192.168.1.10 的回复: 无法访问目标主机。

192.168.1.11 的 Ping 统计信息:
    数据包: 已发送 = 4，已接收 = 4，丢失 = 0 (0% 丢失)，

C:\Users\Administrator>
```

图 3-27
PC1 与 PC2 不能通信

PC1 和 PC2 都在 VLAN 10 中，为什么不能通信呢？原因在于 SW1 与 SW2 的连接端口，此时 G0/24 属于 VLAN 1，该端口无法转发 VLAN 10 的数据帧。

② PC3 与 PC4 的连通性测试，如图 3-28 所示。

```
C:\Users\Administrator>ping 192.168.1.13

正在 Ping 192.168.1.13 具有 32 字节的数据:
来自 192.168.1.12 的回复: 无法访问目标主机。
来自 192.168.1.12 的回复: 无法访问目标主机。
来自 192.168.1.12 的回复: 无法访问目标主机。
来自 192.168.1.12 的回复: 无法访问目标主机。

192.168.1.13 的 Ping 统计信息:
    数据包: 已发送 = 4，已接收 = 4，丢失 = 0 (0% 丢失)，

C:\Users\Administrator>
```

图 3-28
PC3 与 PC4 不能通信

PC3 和 PC4 都在 VLAN 20 中，与上述同样的原因导致不能通信。此时如果将 SW1 和 SW2 的 G0/24 加入 VLAN 10 中，可以使 PC1 与 PC2 通信，但 PC3 与 PC4 无法通信，还是不能满足项目需求。

步骤 4：配置两台交换机级联端口模式为 Trunk。

① SW1 的配置如下。

```
SW1#configure terminal
SW1(config)#interface G0/24
SW1(config-if-FastEthernet 0/24)#switchport mode trunk
SW1(config-if-FastEthernet 0/24)#exit
SW1(config)#exit
Sw1#write
```

验证 G0/24 端口已被设置为 tag VLAN 模式。

```
SW1#show interface g0/24 switchport
Interface                     Switchport Mode      Access Native Protected VLAN lists
------------------------- ---------- --------- ------ ------ --------- ------------
GigabitEthernet 0/24          enabled    TRUNK       1      1      Disabled   ALL
SW1#
```

验证 VLAN 信息。

```
SW1#show vlan
VLAN Name                               Status    Ports
---- ---------------------------------- --------- -----------------------------------
   1 VLAN0001                           STATIC    Gi0/18, Gi0/19, Gi0/20, Gi0/21
                                                  Gi0/22, Gi0/23, Gi0/24, Te0/25
                                                  Te0/26, Te0/27, Te0/28
  10 CAIWU                              STATIC    Gi0/1, Gi0/2, Gi0/3, Gi0/4
                                                  Gi0/5, Gi0/24
  20 JISHU                              STATIC    Gi0/6, Gi0/7, Gi0/8, Gi0/9
                                                  Gi0/10, Gi0/11, Gi0/12, Gi0/13
                                                  Gi0/14, Gi0/15, Gi0/16, Gi0/17
                                                  Gi0/24
SW1#
```

② SW2 的配置如下。

```
SW2#config terminal
Enter configuration commands, one per line.  End with CNTL/Z.
SW2(config)#interface g0/24
SW2(config-if-GigabitEthernet 0/24)#switchport mode trunk
SW2(config-if-GigabitEthernet 0/24)#exit
SW2(config)#exit
*Jun 15 03:07:23: %SYS-5-CONFIG_I: Configured from console by console
SW2#
```

验证 G0/24 端口已被设置为 tag VLAN 模式。

```
SW2#show interface g0/24 switchport
Interface                        Switchport Mode      Access Native Protected VLAN lists
-------------------------------- ---------- --------- ------ ------ --------- ----------
GigabitEthernet 0/24             enabled    TRUNK     1      1      Disabled  ALL
SW2#
```

验证 VLAN 信息。

```
SW2#show VLAN
VLAN Name                               Status    Ports
---- ---------------------------------- --------- -----------------------------------
   1 VLAN0001                           STATIC    Gi0/18, Gi0/19, Gi0/20, Gi0/21
                                                  Gi0/22, Gi0/23, Gi0/24, Te0/25
                                                  Te0/26, Te0/27, Te0/28
  10 CAIWU                              STATIC    Gi0/1, Gi0/2, Gi0/3, Gi0/4
                                                  Gi0/5, Gi0/24
```

```
                  20 JISHU                              STATIC    Gi0/6, Gi0/7, Gi0/8, Gi0/9
                                                                  Gi0/10, Gi0/11, Gi0/12, Gi0/13
                                                                  Gi0/14, Gi0/15, Gi0/16, Gi0/17
                                                                  Gi0/24
SW2#
```

步骤 5：测试各部门计算机的互通性。

（1）同一 VLAN 内主机连通性测试

PC1、PC2 连通性测试，结果如图 3-29 所示，PC1 和 PC2 可以通信。PC3、PC4 连通性测试，结果如图 3-30 所示，PC3 和 PC4 可以通信。这说明相同 VLAN 内的主机可以互相通信。

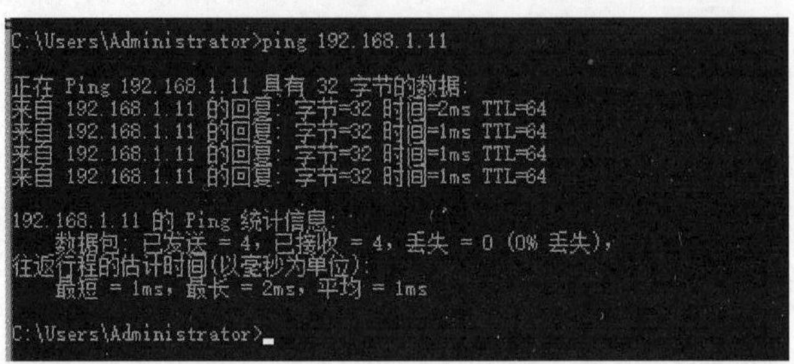

图 3-29
VLAN 10 内的 PC1 和 PC2 可以通信

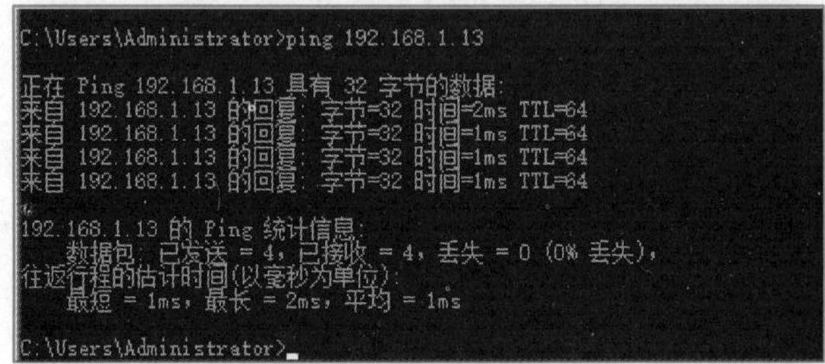

图 3-30
VLAN 20 内的 PC3 和 PC4 可以通信

（2）不同 VLAN 间主机的连通性测试

PC1 ping PC3、PC4，如图 3-31 所示，不能 ping 通。

图 3-31
VLAN 10 内的主机无法和 VLAN 20 内的主机通信

PC3 ping PC1、PC2，如图 3-32 所示，不能 ping 通。

```
C:\Users\Administrator>ping 192.168.1.10

正在 Ping 192.168.1.10 具有 32 字节的数据:
来自 192.168.1.12 的回复: 无法访问目标主机。
来自 192.168.1.12 的回复: 无法访问目标主机。
来自 192.168.1.12 的回复: 无法访问目标主机。
来自 192.168.1.12 的回复: 无法访问目标主机。

192.168.1.10 的 Ping 统计信息:
    数据包: 已发送 = 4，已接收 = 4，丢失 = 0 (0% 丢失)，

C:\Users\Administrator>ping 192.168.1.11

正在 Ping 192.168.1.11 具有 32 字节的数据:
来自 192.168.1.12 的回复: 无法访问目标主机。
来自 192.168.1.12 的回复: 无法访问目标主机。
来自 192.168.1.12 的回复: 无法访问目标主机。
来自 192.168.1.12 的回复: 无法访问目标主机。

192.168.1.11 的 Ping 统计信息:
    数据包: 已发送 = 4，已接收 = 4，丢失 = 0 (0% 丢失)，

C:\Users\Administrator>
```

图 3-32
VLAN 20 内的主机无法和 VLAN 10 内的主机通信

可以看出，将端口加入不同的 VLAN 后，相同 VLAN 中的计算机可以互相通信，不同 VLAN 中的计算机不可以互相通信。

步骤 6：设置允许通过 Trunk 接口的 VLAN。默认情况下，所有 VLAN 都可以通过 Trunk 端口，如果想让指定的 VLAN 通过 Trunk 端口，可以使用 switchport trunk allowed vlan 命令来设置允许通过的 VLAN。

下面设置只允许 VLAN 10 通过。

SW1 配置如下。

```
SW1#configure terminal
SW1(config)#interface g0/24
SW1(config-if-GigabitEthernet 0/24)#switchport trunk allowed vlan ?
  add      Add VLANs to the current list
  all      All VLANs
  except   All VLANs except the following
  only     Only VLANs
  remove   Remove VLANs from the current list

SW1(config-if-GigabitEthernet 0/24)#switchport trunk allowed vlan only 10
SW1(config-if-GigabitEthernet 0/24)#
```

此时测试 PC1 与 PC2 的连通性，因为它们都属于 VLAN 10，测试结果表明它们可以通信，测试 PC3 与 PC4 的连接性，发现不可以通信，说明 Trunk 端口此时不允许 VLAN 20 的数据帧通过。

注意

① 交换机之间的连接，有些设备需要使用交叉线缆。

② 交换机之间连接的端口，配置为 Trunk 模式后，默认允许所有 VLAN 通过。这样不能充分发挥 VLAN 隔离广播的作用，规范的做法是配置好允许通过的 VLAN 信息。

③ 当需要跨多台交换机进行 VLAN 配置时，注意结点间的连通性问题。

【任务评测】

序号	测评点	配　分	得　分
1	对相关知识的理解	20	
2	目标达成度	40	
3	岗位规范	20	
4	职业素养	20	
总分			

任务 3-3　配置链路聚合和负载均衡

【任务描述】

某公司的各部门间每天都有大量的数据需要传输，但核心交换机之间的带宽只有百兆，明显感觉带宽资源紧张，在不想增加硬件成本的前提下，请在两台核心设备之间运行二层静态链路聚合，并基于源 MAC 关键字进行负载均衡，拓扑图如图 3-33 所示。

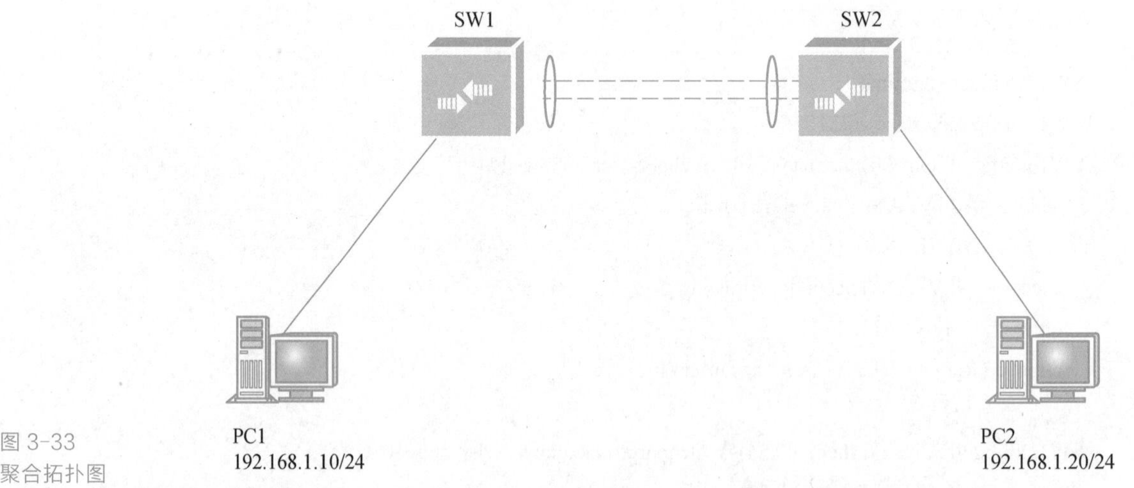

图 3-33
聚合拓扑图

【设备清单】

交换机 2 台，Console 线 1 根，网线 4 根，PC2 台。

【工作过程】

配置流程如下。

① 将端口加入 AP 口。

② 配置 AP 口属性。

③ 更改流量负载均衡算法为源 MAC 关键字。

步骤 1：连接硬件设备，并设置 PC 的 IP 地址。

步骤 2：配置交换机。

SW1 的配置如下。

```
Ruijie>enable
Ruijie#configure terminal
Enter configuration commands, one per line.   End with CNTL/Z.
Ruijie(config)#hostname SW1
SW1(config)#interface range g0/23-24
SW1(config-if-range)#port-group 1
*Jun 15 16:26:02: %LLDP-4-ERRDETECT: Link aggregation for the port GigabitEthernet 0/23 may not match with one for the neighbor port.
*Jun 15 16:26:02: %LLDP-4-WARNING: The link aggregation of port GigabitEthernet 0/23 may not match with its neighbor.
*Jun 15 16:26:02: %LINK-3-UPDOWN: Interface AggregatePort 1, changed state to up.
*Jun 15 16:26:02: %LINEPROTO-5-UPDOWN: Line protocol on Interface AggregatePort 1, changed state to up.
*Jun 15 16:26:02: %LLDP-4-ERRDETECT: Link aggregation for the port GigabitEthernet 0/24 may not match with one for the neighbor port.
*Jun 15 16:26:02: %LLDP-4-WARNING: The link aggregation of port GigabitEthernet 0/24 may not match with its neighbor.
SW1(config-if-range)#exit
SW1(config)#
```

SW2 的配置如下。

```
Ruijie>enable
Ruijie#configure terminal
Enter configuration commands, one per line.   End with CNTL/Z.
Ruijie(config)#hostname SW2
SW2(config)#interface range g0/23-24
SW1(config-if-range)#port-group 1
*Jun 15 16:26:02: %LLDP-4-ERRDETECT: Link aggregation for the port GigabitEthernet 0/23 may not match with one for the neighbor port.
*Jun 15 16:26:02: %LLDP-4-WARNING: The link aggregation of port GigabitEthernet 0/23 may not match with its neighbor.
*Jun 15 16:26:02: %LINK-3-UPDOWN: Interface AggregatePort 1, changed state to up.
*Jun 15 16:26:02: %LINEPROTO-5-UPDOWN: Line protocol on Interface AggregatePort 1, changed state to up.
*Jun 15 16:26:02: %LLDP-4-ERRDETECT: Link aggregation for the port GigabitEthernet 0/24 may not match with one for the neighbor port.
*Jun 15 16:26:02: %LLDP-4-WARNING: The link aggregation of port GigabitEthernet 0/24 may not match with its neighbor.
SW2(config-if-range)#exit
SW2(config)#
```

步骤 3：查看端口汇总信息，如图 3-34 所示。

```
SW1#show aggregatePort summary
AggregatePort MaxPorts SwitchPort Mode   Load balance                     Ports
------------- -------- ---------- ------ -------------------------------- ------------------
Ag1           8        Enabled    ACCESS src-dst-mac                      Gi0/23   ,Gi0/24
SW1#
```

图 3-34
聚合端口的汇总信息

步骤 4：查看聚合后的端口信息，如图 3-35 所示。

```
SW1#show interface aggregatePort 1
Inter(bia)ace (bia)lin
AggregatePort 1 is UP  , line protocol is UP
  Hardware is AggregateLink AggregatePort, address is 0074.9c70.c17d (bia 0074.9c70.c17d)
  Interface address is: no ip address
  Interface IPv6 address is:
    interval is 10
  MTU 1500 bytes, BW 2000000 Kbit
  Keepalive interval is 10 sec , set-II, loopback not set
  Keepalive interval is 10 sec , set
  Carrier delay is 2 sec
  Ethernet attributes:
    Last link state change time: 2021-06-15 16:26:02
    Time duration since last link state change: 0 days,  0 hours, 10 minutes,  4 seconds
    Priority is 0
    Medium-type is Copper
    Admin duplex mode is AUTO, oper duplex is Full
    Admin speed is AUTO, oper speed is 1000M
    Flow control admin status is OFF, flow control oper status is OFF
    Admin negotiation mode is OFF, oper negotiation state is ON
```

图 3-35
聚合后的端口信息

步骤 5：测试 PC1 与 PC2 之间的连通性，如图 3-36 所示。

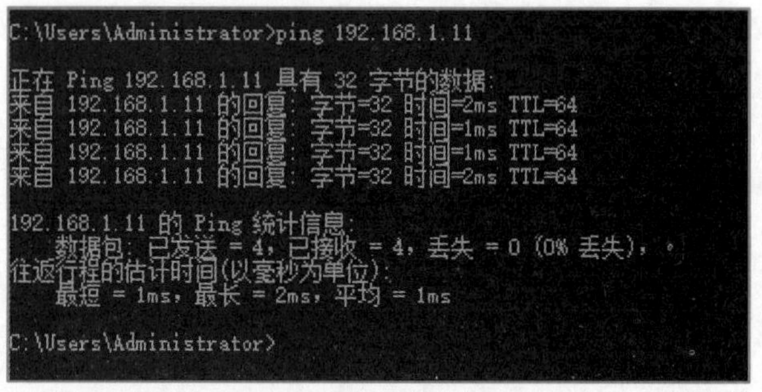

图 3-36
聚合链路的连通性

PC1 和 PC2 之间可以通信。使用聚合链路与使用普通链路的方法一样，可以将聚合链路加入 VLAN，也可以将聚合链路设置成 Trunk 模式。

步骤 6：测试聚合链路的健壮性。因为聚合链路是由多条物理链路组成，当聚合链路中某一条链路断开后，这个聚合链路依然可以通信。

下面的操作中，将 G0/23 口关闭，然后测试 PC1 和 PC2 的连通性。

```
SW1#config t
Enter configuration commands, one per line.   End with CNTL/Z.
SW1(config)#interface g0/23
SW1(config-if-GigabitEthernet 0/23)#shutdown
SW1(config-if-GigabitEthernet 0/23)#*Jun 15 16:39:28: %LINK-5-CHANGED: Interface GigabitEthernet 0/23, changed state to administratively down.
*Jun 15 16:39:28: %LINEPROTO-5-AG_MEMBER_UPDOWN: Aggregate Member Interface GigabitEthernet 0/23, changed state to down.
*Jun 15 16:41:14: %LLDP-4-AGEOUTREM: Port GigabitEthernet 0/23 one neighbor aged out, Chassis ID is 0074.9c70.c253, Port ID is Gi0/23.
```

```
*Jun 15 16:43:21: %SYSLOG-6-DEBUG_PRINT: The debug print time 20 minutes has expired!
*Jun 15 16:49:26
```

这时查看聚合端口的状态，如图 3-37 所示。

```
SW1#show interface aggregatePort 1
Inter(der):29 (her):1d
AggregatePort 1 is UP  , line protocol is UP
  Hardware is AggregateLink AggregatePort, address is 0074.9c70.c17d (bia 0074.9c70.c17d)
  Interface address is: no ip address
  Interface IPv6 address is:
    No IPv6 address
  MTU 1500 bytes, BW 1000000 Kbit
  Ethernet protocol is Ethernet-II, loopback not set
  Keepalive interval is 10 sec , set
  Carrier delay is 2 sec
  Ethernet attributes:
    Last link state change time: 2021-06-15 16:26:02
    Time duration since last link state change: 0 days,  0 hours, 31 minutes, 30 seconds
    Priority is 0
    Medium-type is Copper
    Admin duplex mode is AUTO, oper duplex is Full
    Admin speed is AUTO, oper speed is 1000M
    Flow control admin status is OFF, flow control oper status is OFF
    Admin negotiation mode is OFF, oper negotiation state is ON
    Storm Control: Broadcast is OFF, Multicast is OFF, Unicast is OFF
  Bridge attributes:
    Port-type: access
```

图 3-37
出现断路后的聚合链路

测试 PC1 与 PC2 的连通性，发现 PC1 和 PC2 仍然可以通信。

步骤 7：修改流量均衡方法。链路聚合默认的流量均衡方法是 src-dst-MAC 方法，此外，还支持 dst-ip、dst-mac、src-dst-ip、src-ip、src-mac 等方法。本例中修改为 src-mac 方法，修改后查看结果如图 3-38 所示。

```
SW1#configure terminal
Enter configuration commands, one per line.    End with CNTL/Z.
SW1(config)#aggregateport load-balance src-mac
SW1(config)#end
```

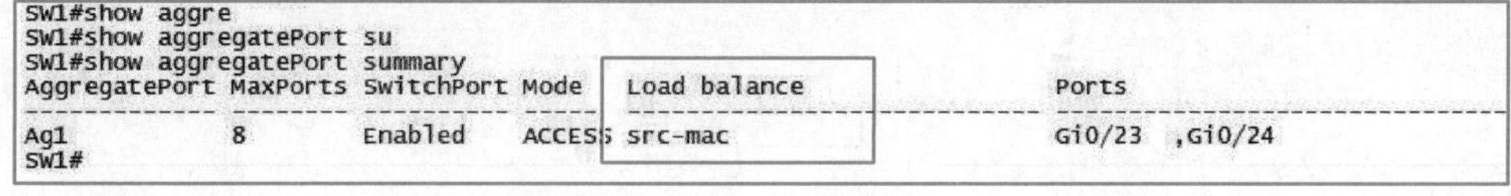

```
SW1#show aggre
SW1#show aggregatePort su
SW1#show aggregatePort summary
AggregatePort MaxPorts SwitchPort Mode   Load balance                   Ports
------------- -------- ---------- ------ ------------------------------ ------------------------------
Ag1           8        Enabled    ACCESS src-mac                        Gi0/23   ,Gi0/24
SW1#
```

图 3-38
查看流量平衡信息

注意

① 对于交换机，最多允许创建 6 条聚合链路。

② 聚合在一条链路中的端口，是接口编号连续的端口。

【任务评测】

序号	测评点	配　分	得　分
1	对相关知识的理解	20	
2	目标达成度	40	
3	岗位规范	20	
4	职业素养	20	
总分			

项目总结

通过本项目的学习，我认识了____

____

____

____

我对哪些还有疑问：____

____

____

____

工程师寄语

同学们，你们好。学习完 VLAN 及生成树项目后，对交换机的配置管理应该有了更进一步的认识和了解。交换机是网络组建过程中使用最多的网络设备，对交换机合理的规划与配置，会提高网络的执行效率，保证网络的可靠运行，方便网络的运维和管理。

在这个项目中，涉及网络拓扑的规划、IP 地址规划与配置、VLAN 的规划与配置，同学们要注意以下几点。

- 注意系统的整体要求。
- 注意文档的完成性。
- 测试时测试案例的设计要科学合理。

学习检测

1. VLAN 工作在 OSI 参考模型的第（　　）层。

   A. 1　　B. 2　　C. 3　　D. 4

2. STP 中 BPDU 的 Hello　Time 默认是（　　）。

   A. 2 s　　B. 15 s　　C. 20 s　　D. 30 s

3. STP 中，默认转发延迟是（　　）。

   A. 2 s　　B. 15 s　　C. 20 s　　D. 30 s

4. [多选] RSTP 的端口状态包括（　　）。

   A. Discarding　　B. Learing　　C. Listening　　D. Forwarding

   E. Blocking

5. [多选] 关于 RSTP 和 STP 的兼容运行，下列说法正确的有（　　）。

   A. 当 RSTP 交换机和 STP 交换机一起工作时，需要通过命令 stp　mode stp 将 RSTP 交换机的工作模式切换为 STP

   B. 当 RSTP 交换机和 STP 交换机一同工作时，其连接 STP 交换机的端口将会切换到 STP 模式

   C. 当 RSTP 交换机上的某端口切换到 STP 模式后，该端口将不再具备 RSTP 的快速收敛特性

   D. 当 RSTP 交换机和 STP 交换机的连接断开后，之前连接 STP 交换机的端口将会自动切换回 RSTP 模式

项目 4

IP 及子网划分

项目背景

Internet 又称为互联网，指的是网络与网络之间所形成的庞大网络，这些网络以一组通用的协议互联，在逻辑上形成一个单一的巨大国际网络，在这个网络中有网络设备（如交换机、路由器等）、各种不同的连接链路、种类繁多的网络应用。随着 Internet 的发展，各种在线服务不断涌现。如何保障网络的连通性和可管理性非常重要。针对互联网对网络的要求，小李开始学习 IP 及子网划分的相关知识。

项目目标

知识目标

- 了解 Internet 主要的协议。
- 掌握子网掩码的作用。
- 掌握子网划分的工作原理。
- 掌握 IP 地址分类。
- 掌握有类/无类 IP 地址划分。
- 掌握 DHCP 工作原理。

技能目标

- 掌握子网划分。
- 掌握 DHCP 服务的配置。
- 掌握三层交换机的使用与配置。

知识结构

IP 是使用 Internet 的基础，掌握 IP 地址分类及子网划分对网络系统工程师非常重要。本项目的体系结构如图 4-1 所示。

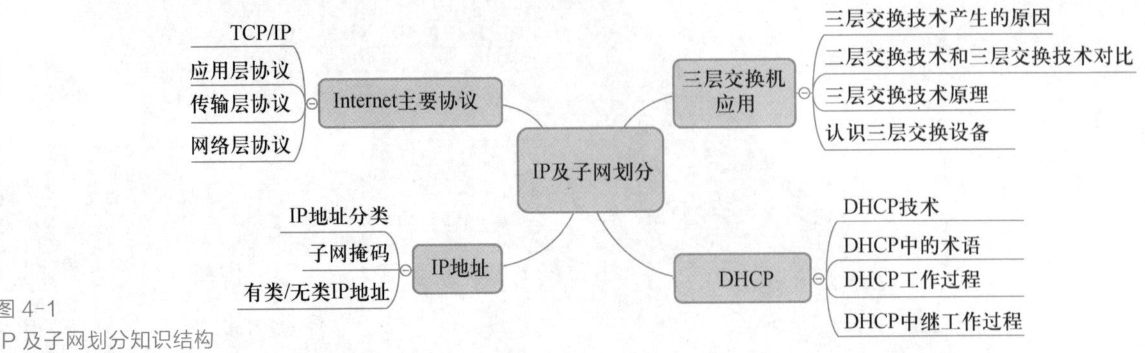

图 4-1
IP 及子网划分知识结构

课前自测

在开始本项目学习之前，请先尝试回答以下问题。

1. Internet 是什么？在生活中哪些网络应用是基于 Internet 实现的？
2. 什么是 IP 地址？如何对计算机进行 IP 地址的规划与配置？
3. 什么是子网？如何进行子网划分以提高网络工作效率？

项目分析及准备

Internet 是当前使用最为广泛的网络，可以使用 Internet 进行信息查询、发送电子邮件、网络购物、在线学习等。如何将计算机、手机、智能终端等接入 Internet 呢？首先要了解 Internet 的主要协议，掌握 IP 地址的划分与配置。为了更加高效地使用网络，提高网络整体工作效率，还要掌握子网的规划与配置。

4.1 Internet 主要协议

4.1.1 TCP/IP

微课 4.1.1
TCP/IP

Internet 又称网际网路，根据音译也称为因特网，使用 Internet 可以将信息瞬间发送到千里之外，它是信息社会的基础。

计算机网络是由许多计算机组成的，要实现网络上计算机之间的数据传输，需要做两件事：一是确定数据传输的目的地址，二是保证数据迅速可靠地传输到目的地。为了在 Internet 上进行数据传输，目前主要使用的是 TCP/IP。

TCP/IP 是一组通信协议的集合，通常称为 TCP/IP 协议簇，其中的每个协议都有特定的功能，可完成相应的网络通信任务，TCP/IP 标准中的部分协议如图 4-2 所示。

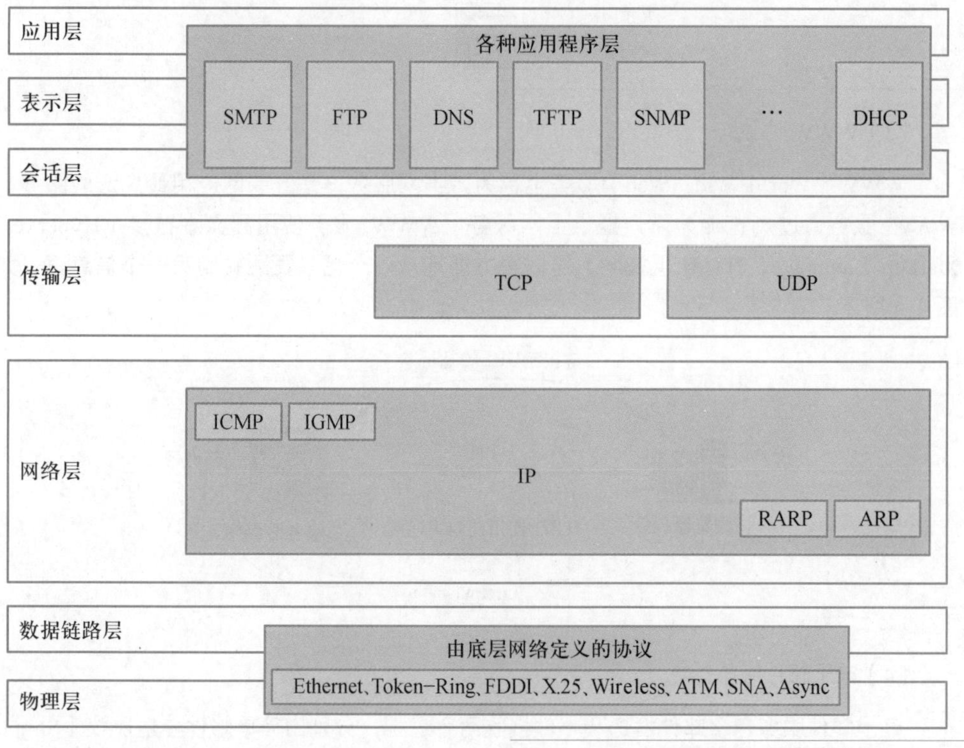

图 4-2
TCP/IP 标准

TCP/IP 标准得名于两个重要的协议：传输控制协议（Transmission Control Protocol，TCP）和网际协议（Internet Protocol，IP）。TCP 是 TCP/IP 中的核心，为网络提供可靠的数据信息流传递服务。IP 又称互联网协议，是支持网间互联的数据报协议，提供网间连接的完善功能。

4.1.2　应用层协议

TCP/IP 的应用层相当于 OSI 参考模型中的应用层、表示层和会话层的综合，是面向用户的使用层，为终端提供使用网络的服务，如远程登录（Telnet）、文件传输（FTP）、电子邮件（SMTP、POP3）、WWW（HTTP）等。

（1）远程登录协议

远程登录协议（也称为 Telnet 协议）是一种可以登录到远程计算机进行信息访问的通信协议，用户首先要在本地终端上使用 Telnet 协议与远程主机之间建立 TCP 连接，登录后，用户开始向远程主机发送命令，读取远程主机的信息。

（2）文件传输协议

文件传输协议（File Transfer Protocol，FTP）可以进行文件的上传与下载，提供 FTP 服务的站点称为 FTP 服务器，其功能如图 4-3 所示。

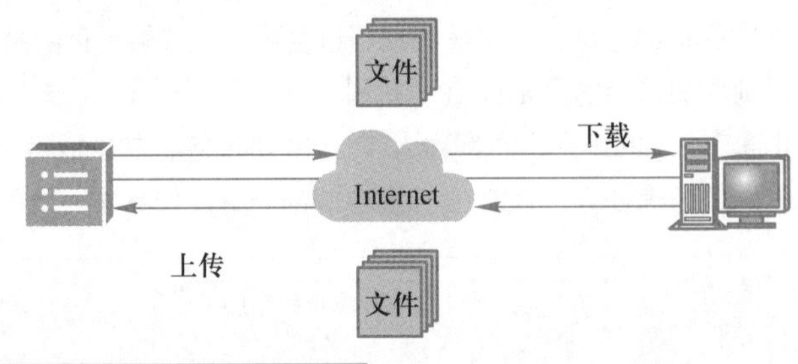

图 4-3
FTP 功能

（3）WWW 协议

WWW（World Wide Web）服务也称为万维网服务，是互联网应用最广泛的服务。WWW 服务通过浏览器为用户提供上网服务。WWW 服务使用超文本链接（HyperText Markup Language，HTML）技术，可以很方便地从一个信息页跳转到另一个信息页，如图 4-4 所示。

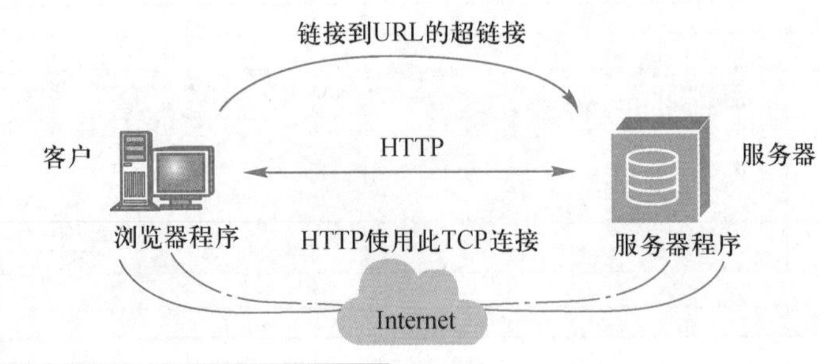

图 4-4
WWW 服务工作过程

（4）电子邮件服务

电子邮件服务包含邮件发送和邮件接收两个过程，分别由简单邮件传送协议（Simple Mail Transfer Protocol，SMTP）和邮局协议版本 3（Post Office Protocol 3，POP3）完成。其中 SMTP 负责发送邮件和存储邮件，POP3 负责将邮件通过 SLIP/PPP 进行连接，传送到用户计算机上，如图 4-5 所示。

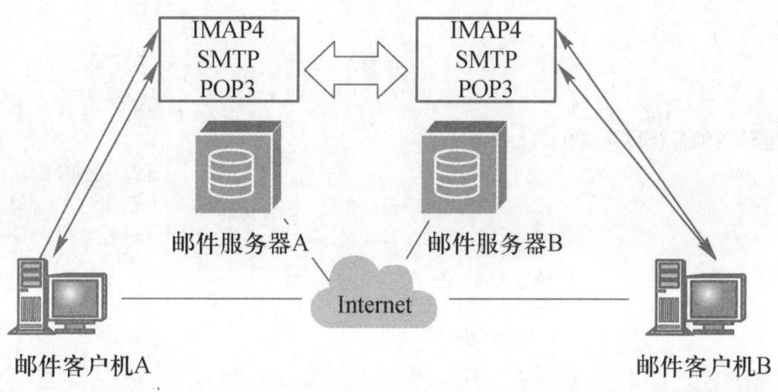

图 4-5
电子邮件的工作原理

（5）动态主机配置协议

动态主机配置协议（Dynamic Host Configuration Protocol，DHCP）允许一台计算机加入新的网络时能自动获取 IP 地址。DHCP 使用客户/服务器方式，当一台计算机启动时广播一个 DHCP 地址请求报文，DHCP 服务器接收到请求报文后，就从地址池中返回一个 DHCP 回答报文。

DHCP 服务器先在其数据库中查找该计算机的配置信息。若找到，则返回相应信息；若找不到，则从地址库中取一个地址分配给该计算机，如图 4-6 所示。

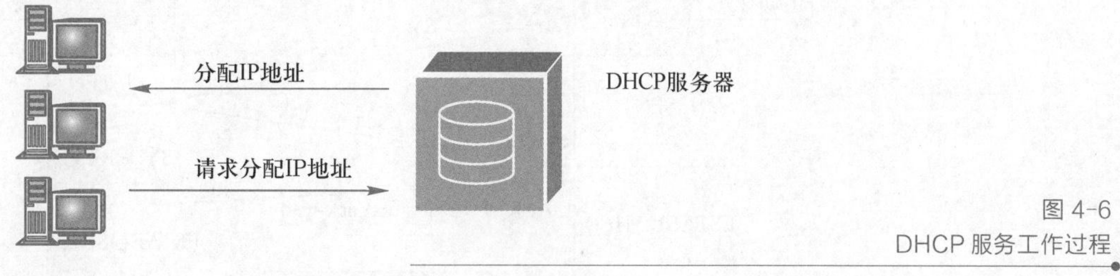

图 4-6
DHCP 服务工作过程

4.1.3　传输层协议

传输层是整个网络通信中的质量控制层，为了帮助数据在复杂网络中准确传输，根据不同传输内容的需求，提供面向连接通信（TCP）和面向无连接通信（UDP）两种传输服务，如图 4-7 所示。

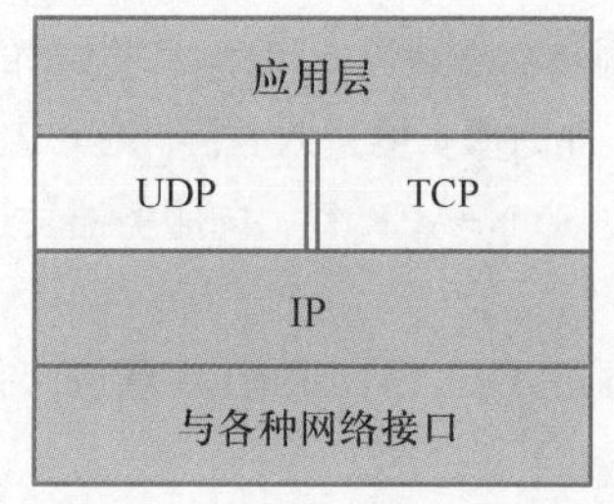

图 4-7
两种不同的传输连接

1．面向连接的 TCP

面向连接的 TCP 通信，在通信前要先建立连接，通过“建立连接”→“使用连接”→“释放连接”3 个过程，为通信过程中两个结点之间提供可靠的传输服务。这里的可靠服务是指通信中的接收方，每次正确收到数据包后，必须向发送方返回确认消息，对于没有被确认的信息，发送方会再次向接收方传送。如图 4-8 所示为通信双方的三次确认过程。

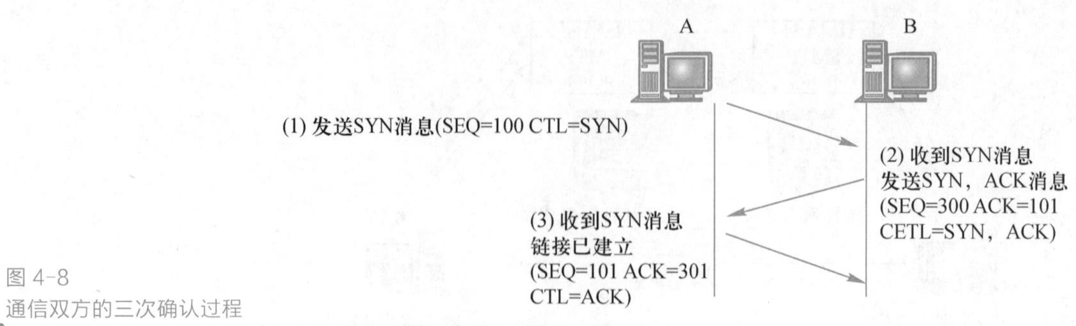

图 4-8
通信双方的三次确认过程

此外，TCP 为了保证通信质量，需要通过一系列操作保障通信的可靠性。TCP 面向连接服务的主要内容包括三次握手技术、差错校验机制、窗口工作机制。

（1）三次握手技术

三次握手技术的目的是使数据段的发送和接收同步，告诉主机一次可接收的数据量，并建立虚连接。如图 4-9 所示为三次握手技术的简单过程。

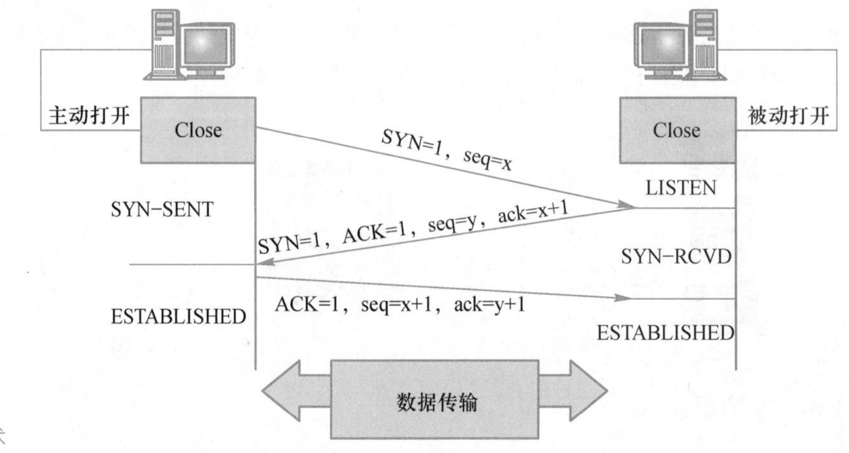

图 4-9
面向连接的三次握手技术

- 第 1 次握手：初始化主机通过一个同步标志置位的数据段发出会话请求，客户端发送 SYN 包（SYN=j）到服务器，进入 SYN_SEND 状态，等待服务器确认。
- 第 2 次握手：服务器收到 SYN 包，确认客户 SYN 包（ACK=j+1），同时也发送一个 SYN 包（SYN=k），即同步标志置位，包括发送数据的起始顺序号、应答号和待接收的下一个数据的顺序号，此时服务器进入 SYN_RECV 状态。
- 第 3 次握手：客户端收到 SYN+ACK 包，向服务器发送确认包 ACK（ACK=j+1），包括确认顺序号和确认号。

发送完毕，客户端和服务器进入 ESTABLISHED 状态，完成三次握手。

（2）差错校验机制

TCP 含有差错校验机制，发送端在发送时计算校验和，校验和的计算覆盖 TCP 首部和携带信息，在接收端进行检验，如果出现差错，将会丢弃这段 TCP 报文并要求重发。

（3）窗口工作机制

TCP 在工作时，发送端每传输一组数据后，必须等待接收端确认后，才能发送下一个分组。为此，TCP 在进行数据传输时，使用了滑动窗口机制。

TCP 的滑动窗口用来暂存通信双方将要传送的数据分组。每台运行 TCP 的设备有两个滑动窗口：一个用于数据发送，另一个用于数据接收，如图 4-10 所示。

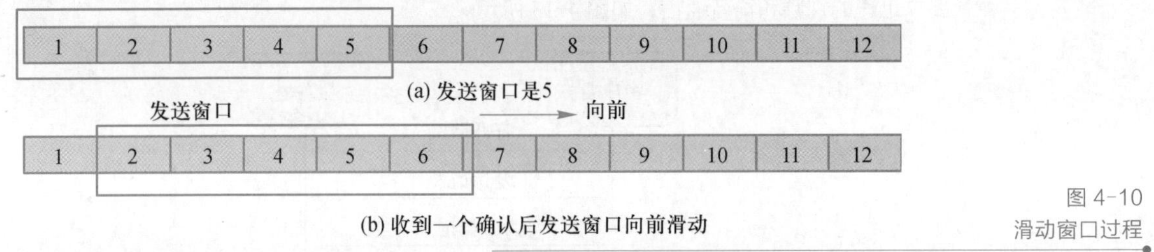

图 4-10
滑动窗口过程

其中，发送数据的滑动窗口如图 4-11 所示，发送端待发数据分组在缓冲区排队，等待送出，被滑动窗口框入的分组，是未收到接收确认情况下能够最多送出的部分。

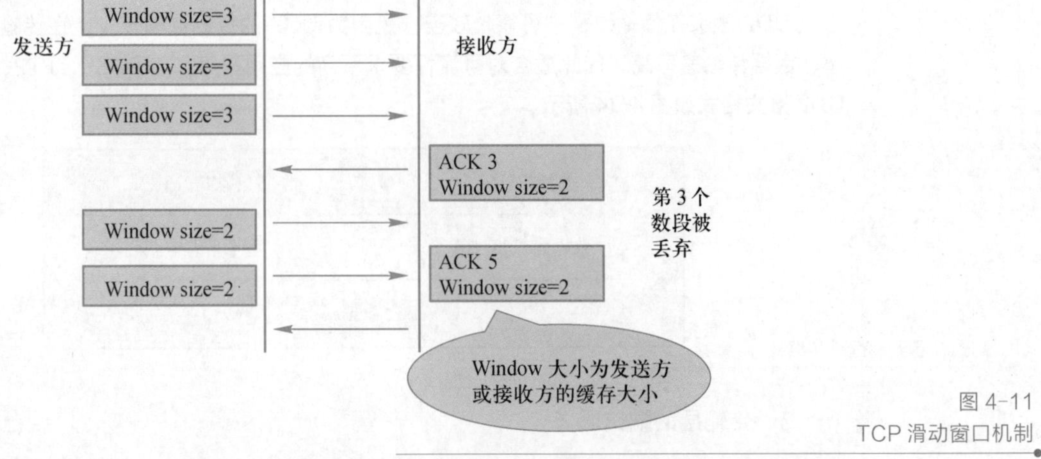

图 4-11
TCP 滑动窗口机制

滑动窗口左端标志 X 的分组，是已经被接收端确认收到的分组。随着新确认的到来，窗口不断向右滑动。互联网上传输的众多服务都使用 TCP 进行封装传输，以保证通信质量。如图 4-12 所示为面向连接的 TCP 数据报封装格式。

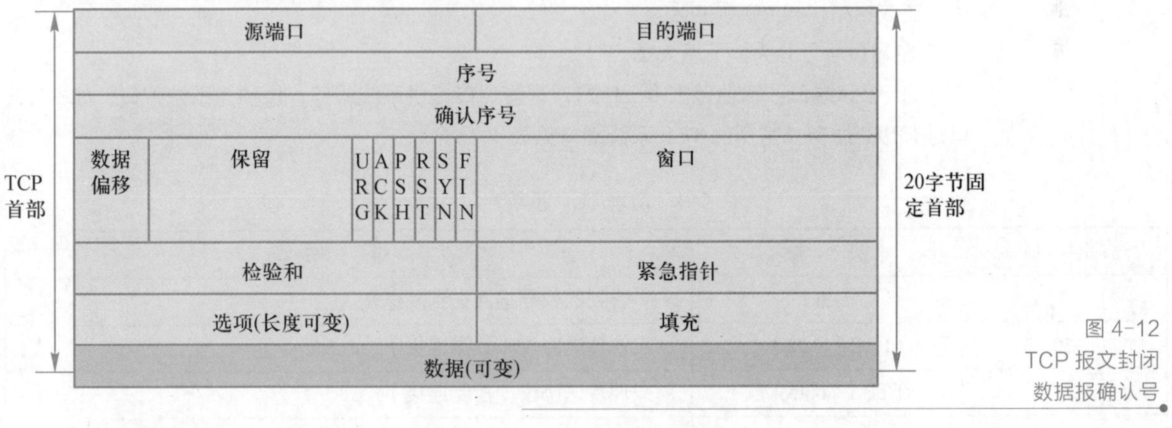

图 4-12
TCP 报文封闭
数据报确认号

2. 面向无连接的 UDP

无连接服务不能避免报文的丢失、重复或失序，不能对传输过程中的质量进行保证。

UDP 是一种无连接的、不可靠的传输协议，提供进程到进程的通信，而不是主机到主机的通信。

UDP 服务由于无须建立连接和释放连接，因此减少了除数据通信外的其他开销，因而通信过程灵活、方便、迅速。UDP 注重的是服务的时效性，而不是可靠性，适合于传送对时间要求迅速的视频和语音通信，如图 4-13 所示。

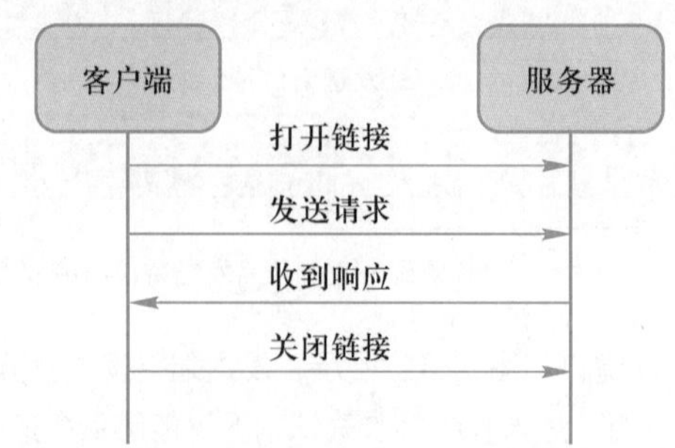

图 4-13
面向无连接的传输方式

UDP 报文在传输过程中可靠性较差，是因为 UDP 的控制选项较少，在传输过程中延迟小、数据传输速率高，因此适合对可靠性要求不高的应用程序，如 DNS、TFTP、SNMP 等。UDP 报文格式如图 4-14 所示。

源端口(16)	目的端口(16)
数据包长度(16)	检验和(16)
数据	

图 4-14
UDP 报文无连接的封装格式

3. 传输层的端口服务

设备的应用层通常都安装有许多应用程序，以提供不同服务。传输数据时，传输层如何知道服务由哪一个应用程序发出呢？接收到数据后，又要提交给哪一个应用程序呢？

TCP/IP 使用端口技术解决这个问题，端口指网络中的通信服务，是一种抽象的结构，包括一些数据结构和 I/O 缓冲区。

按端口号可分为以下两大类。

① 公认端口：取值范围 0～1023，这些端口提供系统服务，也称为系统端口，如 80 端口是 HTTP 服务。常用的 TCP 系统端口见表 4-1。

表 4-1　常用 TCP 系统端口

端　口	协　议	说　明
7	Echo	将收到的数据报回送到发送端
20	FTP（Data）	文件传送协议（数据连接）
21	FTP（Control）	文件传送协议（控制连接）
23	Telnet	远程登录
25	SMTP	简单邮件传送协议
53	DNS	域名服务
80	HTTP	超文本传送协议

② 注册端口：取值范围 1024～49151。这个范围内的端口绑定一些自定义的服务。

计算机使用不同的端口号区别不同的服务进程，一个完整的通信过程包括以下要素：本地主机、本地进程、远程主机、远程进程。这里的每一项进程就是一项系统服务，通过端口服务形式呈现。

4.1.4 网络层协议

微课 4.1.4
网络层协议

网络层使用网络地址方式，将数据设法从源端经过若干个中间结点传送到目的端，为传输层提供端到端服务，实现资源子网访问通信子网，如图 4-15 所示。

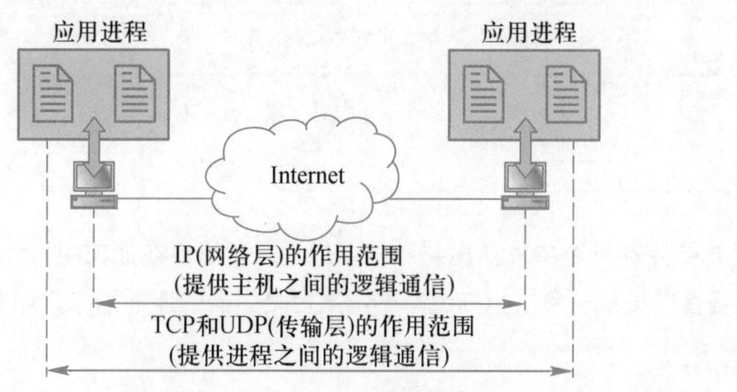

图 4-15
网络层提供的传输服务

1. IP

IP 是一种不可靠的、无连接的数据报协议，不能保证数据可靠传输。IP 提供一种尽力而为的传输服务，就像邮局尽最大努力传递邮件，但不对每一封信进行跟踪，也不通知发信人信件丢失或损坏的情况。

IP 的基本任务是在传输过程中，传输层将数据传到网络层，IP 将数据封装为 IP 数据报，交给链路层传送。其中，若目的主机在本地，则将数据直接传送给目的主机，若目的主机在远程网络，则由网关设备路由器转发，路由器通过网络将数据传送到下一台路由器，直到目的主机，如图 4-16 所示。

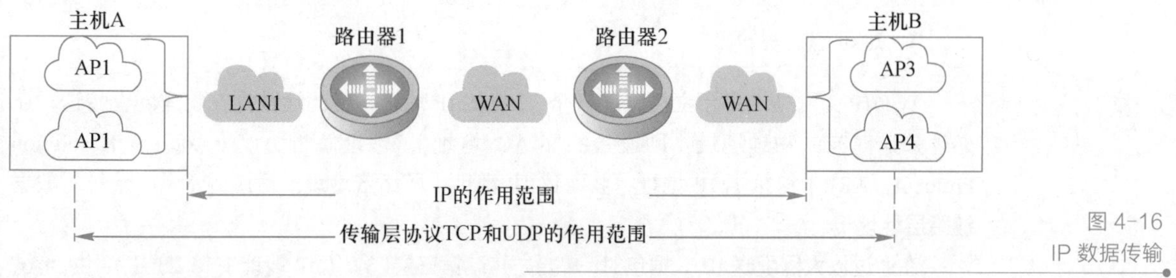

图 4-16
IP 数据传输

IP 层的分组称为数据包（Packet）。如图 4-17 所示，IP 数据包由两部分组成：首部和数据。其中，首部有 20～60 字节，包含路由选择和交互信息。

2. 互联网控制报文协议

IP 提供不可靠的、无连接的数据分组传送服务。为了使互联网能报告差错，提供传输中的报错信息，需要在网络层增加报文报错机制，即互联网控制报文协议（Internet Control Message Protocol，ICMP）。

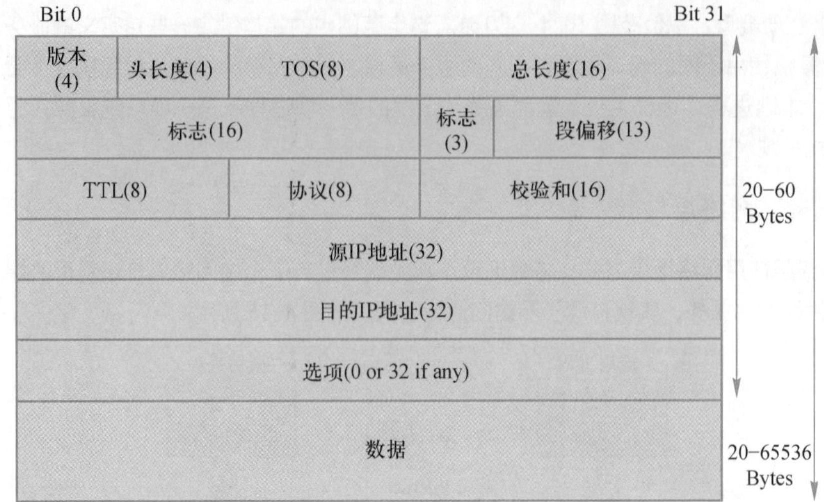

图 4-17
IP 数据包

ICMP 主要用在网络中发送出错和控制的消息，提供在通信中可能发生的各种问题的反馈，或让网络管理员从一台主机知道网络中某台路由器的连通信息，如图 4-18 所示。

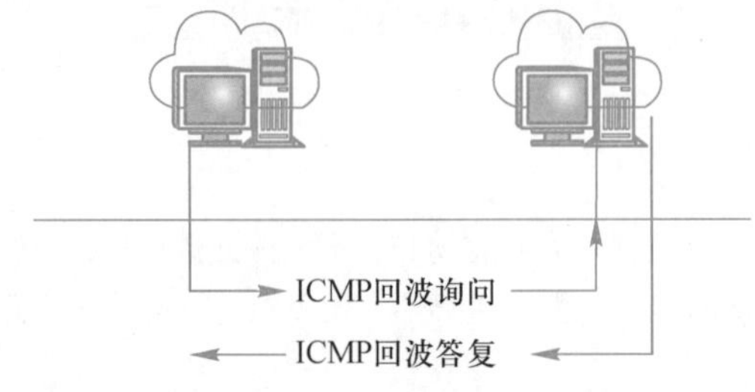

图 4-18
ICMP 工作原理

典型的 ICMP 应用如下。

- ping：利用 ICMP 检查网络层的地址连通状态，能了解网络层通信的问题。
- tracert：显示网络传输过程中的沿途结点信息，有利于定位网络传输过程中的故障点。

3．地址解析协议

TCP/IP 为网络中每台主机分配一个 32 位的 IP 地址，但为让数据在物理网上传送，还必须知道对方的物理地址（即设备的 MAC 地址）。地址解析协议（Address Resolution Protocol，ARP）能根据 IP 地址，获取该 IP 地址（网络层地址）对应的 MAC 地址（数据链路层地址）。

在通过以太网发送 IP 数据包时，需要先封装第三层（32 位 IP 地址）、第二层（48 位 MAC 地址）的报头，但由于发送时只知道目标 IP 地址，不知道其 MAC 地址，所以需要使用 ARP。使用 ARP，可以根据网络层 IP 数据报头部中的 IP 地址信息，解析出目标物理地址（MAC 地址）信息，以保证通信的顺利进行。

此时，主机在本地发送 ARP 查询报文，包含目标 IP 地址的 ARP 请求在网络上广播，网络上的所有主机接收该广播，目标主机返回消息，确定目标主机的物理地址，如图 4-19 所示。

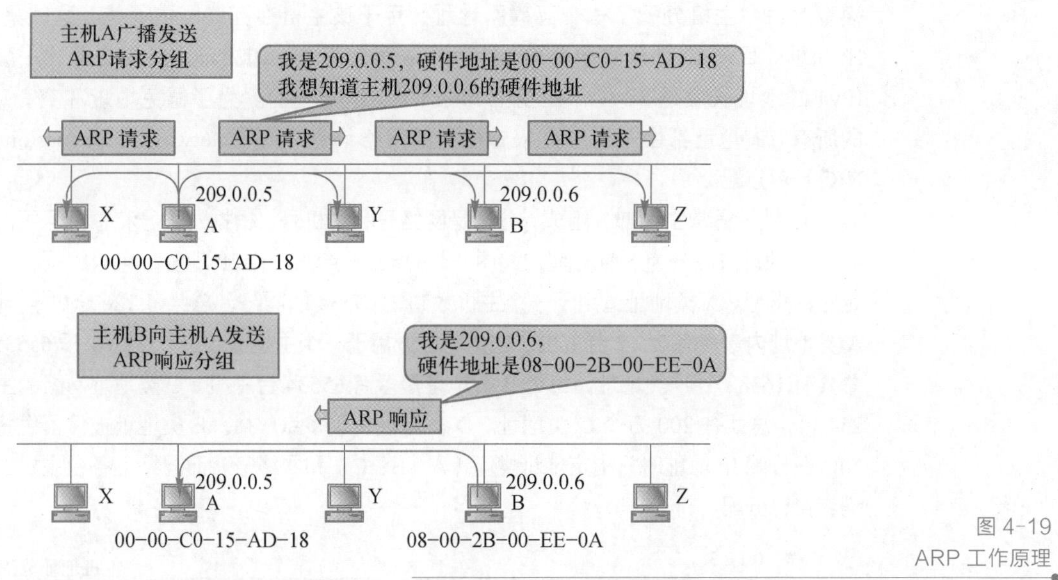

图 4-19
ARP 工作原理

4．反向地址转换协议

反向地址转换协议（Reserve Address Resolution Protocol，RARP）用于一种特殊情况，初始化站点后，如果只有自己的物理地址而没有 IP 地址，则它可以通过 RARP，发出广播请求，请求自己的 IP 地址，RARP 服务器负责回答，如图 4-20 所示。

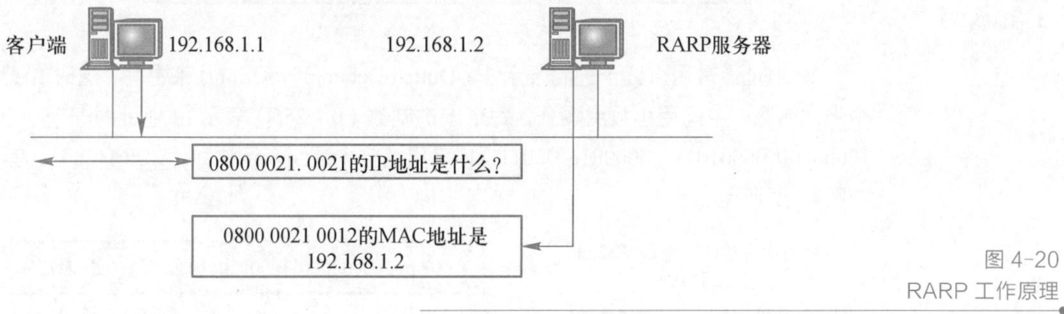

图 4-20
RARP 工作原理

4.2 IP 地址

互联网由许多小型网络构成，每个网络内部有很多主机，无数个独立的小型网络互相串接，便构成了一个个有层次的网络结构，其中每一个小型网络又包含多个子网。

微课 4.2
IP 地址

部署在同一子网内的主机，依靠数据链路层 MAC 地址寻找目的主机，但如果目的主机位于不同的子网中，应该如何通信呢？这就需要借助 TCP/IP 中的 IP 来解决子网之间的路由和寻址问题，网络中不同子网之间借助子网通过 IP 实现通信。

4.2.1 IP 地址分类

为了能够把多个物理网络在逻辑上抽象成一个互联网，并允许任何两台主机在互联网上进行通信，需要屏蔽不同物理网络的差异，特别是不同网络编址方式的差异。TCP/IP

模型为每台主机分配了一个互联网地址，用于该主机在互联网中通信，这就是通常说的 IP 地址。目前 IP 地址主要有 IPv4 和 IPv6 两个版本，如果不加特殊说明，一般指 IPv4。IPv4 的地址长度是 32 位，在整个 Internet 中是唯一的。为了避免地址冲突，Internet 中的所有 IP 地址都由一个中央权威机构的网络信息中心（Network Information Center，NIC）来分配。

IP 地址通常由两部分组成，分别是网络号和主机号。根据网络号和主机号所占位数的不同，IP 地址可以分为 5 种类型，如图 4-21 所示。给出一个 IP 地址，可以根据其前面几位确定它的类型。A 类地址适用于一个主机数超过 65534 的网络，总共有 126 个 A 类地址，每个 A 类地址内最多有 $2^{24}-2$ 台主机。B 类地址适用于一个主机数超过 254 而小于 65535 的网络，总共有 16382 个 B 类地址，每个 B 类地址最多有 65534 台主机。C 类地址网络的主机最多为 254 台，总共有 200 万个 C 类地址。D 类地址用于多点广播。E 类地址被保留供将来使用，NIC 在分配 IP 地址时只指定地址类型（A、B、C）和网络号，而网络上各台主机的地址由申请者自己分配。

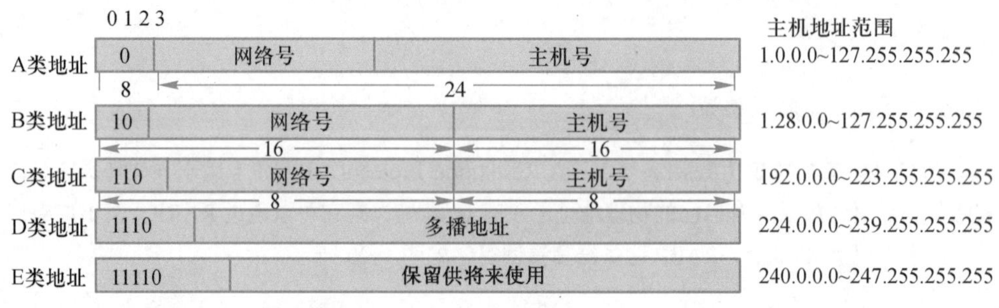

图 4-21
IP 地址格式

IP 地址通常用点分十进制表示法（Dotted Decimal Notation）来书写，这时 IP 地址写成 4 个十进制数，中间用小数点隔开，每个十进制数（0～255）表示 IP 地址的一个字节。例如，10000000 00001011 00000011 00011111 采用点分十进制表示法即为 128.11.3.31，其转换过程如图 4-22 所示。

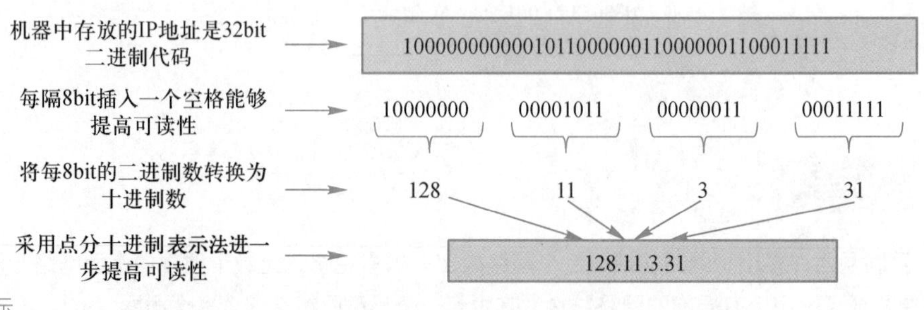

图 4-22
IP 地址的点分十进制表示

值得注意的是，在 IP 地址中，0 和 1 具有特殊意义，如图 4-23 所示。首先，主机号 0 从来没有被赋给某台主机，它表示本网络。主机号全 1 是一个广播地址，表示网络中的所有主机，通常称为直接广播地址，因为它有一个合法的 IP 网络号，允许主机向某个网络中的所有主机发送分组。此外，还有一种本地网络广播地址，又称为有限广播地址，该地址由 32 个 1（即全 1）组成，一台主机在了解自己的 IP 地址或网络号之前可以使用这个地址发送分组，在知道自己的 IP 地址后就使用直接广播地址。

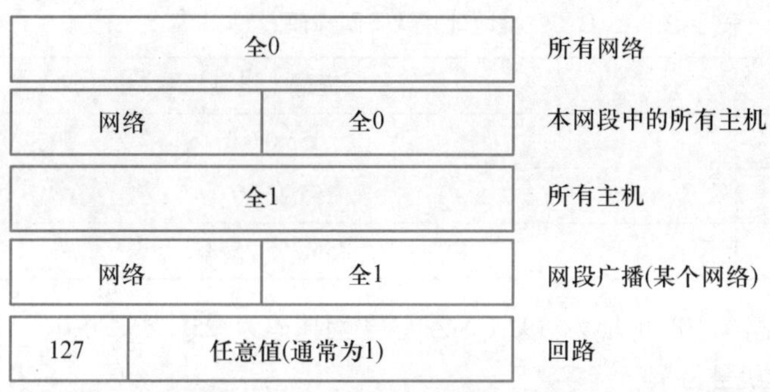

图 4-23
具有特殊意义的 IP 地址

如上所述，全 1 的意义表示为“所有”(all)，如主机号为全 1 的地址表示网络中的所有主机。与之类似，0 的意义表示为“这个”(this)，IP 层软件认为主机号为 0 的 IP 地址为主机自己，网络号为 0 的地址表示这个网络中的地址。

在所有的 A 类地址中，还保留了一个地址，即回路 (Loopback) 地址，网络号为 127。该地址主要用来调试 TCP/IP 以及作为主机内部不同进程间的通信，发送到这个地址的分组并不会通过网络发送出去，它们都经过内部处理作为发送给本机的分组，即它们不会出现在网络中。

笔 记

对于每一个 IP 数据报，它的 IP 头部都含有源主机和目的端主机的 IP 地址，由于 4 字节的目的端主机地址由网络号和主机号组成，路由器可以很方便地从中提取网络号，并据此选择路由。互联网络中路由选择的一个重要概念是：路由器只需要了解其他网络的位置，而不必了解每一台主机在互联网络中的位置。

4.2.2 子网掩码

出于对管理、性能和安全方面的考虑，将单一的逻辑网络划分为多个物理网络，并使用路由器等设备将它们连接起来，这些物理网络统称为子网。

划分子网的方法是将主机号部分划出一定的位数作为本网的各个子网，其他主机号作为相应子网的主机号部分，划分给子网的位数根据实际情况而定。这样 IP 地址就由网络号、子网号和主机号 3 部分组成，其中，网络号可以确定一个站点，子网号可以确定一个物理子网，而主机号可以确定与子网相连的主机地址。因此，一个 IP 数据报的路由就涉及传送到站点、传送到子网和传送到主机 3 部分。

子网掩码有两大功能：一是用来区分 IP 地址中的网络号和主机号，二是将网络分割成多个子网。所以使用子网掩码来划分 IP 地址的网络号、子网号和主机号，可以进一步将主机地址划分为子网地址和主机地址。子网掩码是一个 32 位的二进制数，取值通常是将对应于 IP 地址中网络地址 (网络号和子网号) 的所有位设置为 1，对应于主机地址的所有位设置为 0，即用掩码中 1 所对应的比特位来表示网络号，其中 0 对应的比特位来表示主机号。子网掩码的写法也使用点分十进制表示法，如 255.255.255.0，其二进制表示为 11111111.11111111.11111111.00000000。

将子网掩码和 IP 地址进行按位“与”操作，在“与”运算结果中，非 0 二进制位即为网络号，而 IP 地址中剩下的二进制位就是主机号。标准 A、B、C 类地址的默认子网掩码见表 4-2。

表 4-2　A、B、C 类地址默认子网掩码

地址类型	子网掩码十进制表示
A	255.0.0.0
B	255.255.0.0
C	255.255.255.0

如果某主机的 IP 地址为 192.168.2.3，子网掩码为 255.255.255.0，则其网络地址为 192.168.2.0，主机号为 3。

若有 5 个分布于各地的局域网络，每个网络都约有 15 台主机，而只向 NIC 申请了一个 C 类网络号，为 211.68.229。正常情况下，C 类的子网掩码应该设为 255.255.255.0，此时所有计算机必须在同一个网络区段内，可是现在网络分布于 5 个区域却只申请了一个网络号，解决办法就是利用子网掩码。

因为需要 5 个子网，所以要从主机号中至少借 3 位。借 3 位可以划分 2^3=8 个子网，而主机号还剩 5 位，可分配给 2^5-2=30 台主机，满足每个子网中 15 台主机的需求。所以其子网掩码为 11111111.11111111.11111111.11100000，即 255.255.255.224。

笔记

4.2.3　有类/无类 IP 地址

按照类划分 IP 地址在以前被认为是一个好想法，因为类减少了用 IP 地址发送掩码信息的工作，但现在正逐渐耗尽 IP 地址，类成为一个严重致使 IP 地址浪费的问题。对于那些有大量地址需求的大型组织，通常可以有以下两种 IP 分配方法。

- 直接提供一个 B 类地址。
- 提供多个 C 类地址。

采用第一种方法，会大量浪费 IP 地址，因为一个 B 类网络地址有能力分配 65534 个不同的本地 IP 地址，如果只有 3000 个用户，大部分 IP 地址被浪费。

采用第二种方法，虽然有助于节约 B 类网络 ID，但也导致了一个新问题，即路由器在路由时必须有多个 C 类网络 ID 表项才能将 IP 数据报路由。这样就会导致路由表数量快速增加，其结果可能是路由表多到使路由机制崩溃。

为了解决这些问题，IETF 制定了两套解决方法：一种是扩充 IP 地址的长度，开发全新的 IP 协议，称为 IPv6；另一种是在现有 IPv4 的条件下改善地址分类带来的低效率，以充分利用余下不多的地址资源，称为 CIDR。

无类别的域间路由（Classless Inter Domain Routing，CIDR），不再受地址类别划分的约束，任何有效的 IP 地址一律对待，区别网络 ID 仅仅依赖于子网掩码。采用 CIDR 后，可以根据实际需要合理地分配网络地址空间。这个分配长度可以是任意长度，而不仅是 A 类的 8 位、B 类的 16 位或 C 类的 24 位等预定义的网络地址空间中作分割。例如，202.125.61.8/24，按照类的划分，属于 C 类地址，网络 ID 为 202.125.61.0，主机 ID 为 0.0.0.8。使用 CIDR 地址，8 位边界的结构限制就不存在，可以在任意处划分网络 ID。可以将前缀设置为 20，202.125.61.8/20，前 20 位表示网络 ID，则网络 ID 为 202.125.48.0。图 4-24 所示为这个地址被分割的情况，后 12 位用于主机识别，可支持 4094 个可用的主机地址。

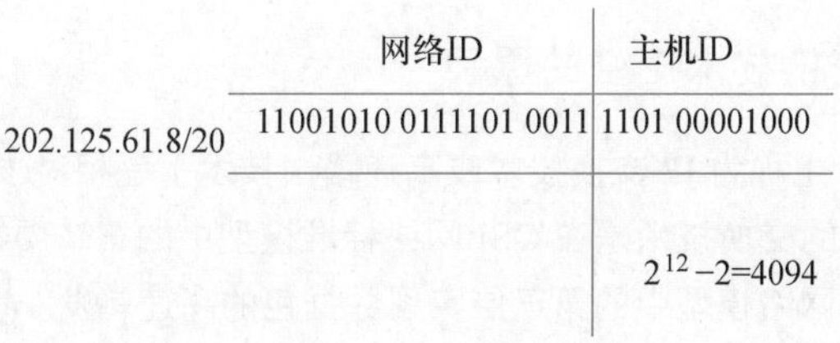

	网络ID	主机ID
202.125.61.8/20	11001010 0111101 0011	1101 00001000
		$2^{12}-2=4094$

图 4-24
CIDR 计算网络 ID

CIDR 确定了 3 个网络地址范围保留为内部网络使用，即公网上的主机不能使用这 3 个地址范围内的 IP 地址，也将这 3 个地址范围的 IP 地址称为私有 IP 地址，分别包括在 IPv4 的 A 类、B 类、C 类地址中，具体如下。

- 10.0.0.0～10.255.255.255。
- 172.16.0.0～172.31.255.255。
- 192.168.0.0～192.168.255.255。

CIDR 是对 IP 地址结构最直观的划分，采用 CIDR 具有以下一些特性。

（1）路由汇聚

CIDR 通过地址汇聚操作，使路由表中一个记录能够表示许多网络地址空间，这就大大减少了在任何互联网络中所需路由表的大小，能使网络具有更好的可扩展性。

（2）消除地址分类

消除类别虽然并不能从那些已分配的地址空间中恢复已浪费的地址，但它能更有效地使用其他剩余地址。

笔 记

（3）超网

所谓超网，就是将多个网络聚合起来，构成一个单一的、具有共同地址前缀的网络，即把一块连续的 C 类地址空间模拟成一个单一的更大一些的地址空间。

当然，CIDR 并没有类的概念，它只是提供对任意地址无约束地分配网络 ID 和主机 ID。但因为针对的对象是主机 ID 较少的 C 类地址，所以从表现上来看，它的思想和前面讲的子网划分正好相反，子网是将一个单一的 IP 地址划分成多个子网，而 CIDR 是将多个子网汇聚成一个更大的网络。

4.3 三层交换机应用

传统路由器在网络中起到隔离网络、隔离广播、路由转发以及防火墙的作用，并且随着网络的不断发展，路由器的负荷也在迅速增长。VLAN 技术可以从逻辑上隔离各个不同的网段、端口甚至主机，而各个不同 VLAN 间的通信都要经过路由器来完成转发。由于局域网中数据流量很大，VLAN 间大量的信息交换都要通过路由器，这时随着数据流量的不断增长，路由器就成为网络的瓶颈。为了解决局域网络的这个瓶颈，很多企业内部、学校和小区建设局域网时都采用三层交换机。三层交换技术将交换技术引入网络层，三层交换机的应用也从最初网络中心的骨干层、汇聚层一直渗透到网络边缘的接入层。

三层交换是在网络交换机中引入路由模块而取代传统路由器实现交换与路由相结合的网络技术。它根据实际应用时的情况，灵活地在网络第二层或第三层进行网络分段。具有三层交换功能的设备是一个带有第三层路由功能的二层交换机。

笔 记

4.3.1　三层交换技术产生的原因

三层交换技术（也称为 IP 交换技术或高速路由技术）是相对于传统交换概念而提出的。众所周知，传统的交换技术是在 OSI 网络标准模型中的第二层数据链路层进行操作，而三层交换技术是在网络模型中的第三层实现数据包的高速转发。简单地说，三层交换技术就是：第二层交换技术＋第三层转发技术，这是一种利用第三层协议中的信息来加强第二层交换功能的机制。一个具有三层交换功能的设备是一个带有第三层路由功能的二层交换机，但它是二者的有机结合，并不是简单地把路由器设备的硬件及软件叠加在局域网交换机上。

为了更好地说明三层交换技术产生的原因，先回顾一下二层转发技术。

1. 二层转发流程

交换机二层的转发特性，符合 IEEE 802.1D 网桥协议标准。交换机的二层转发涉及两个关键的线程：地址学习线程和报文转发线程。

（1）地址学习线程

交换机接收网段上的所有数据帧，利用接收数据帧中的源 MAC 地址来建立 MAC 地址表。

- 端口移动机制：交换机如果发现一个报文的入端口和报文中源 MAC 地址的所在端口不同，就产生端口移动，将 MAC 地址重新学习到新的端口。
- 地址老化机制：如果交换机在很长一段时间内没有收到某台主机发出的报文，该主机对应的 MAC 地址就会被删除，等下次报文来的时候会重新学习。

（2）报文转发线程

引入 VLAN 技术后，对二层交换机的报文转发线程产生了如下的影响。

① 交换机在 MAC 地址表中查找数据帧中的 MAC 地址，如果找到（同时还要确保报文的入 VLAN 和出 VLAN 是一致的），就将该数据帧发送到相应端口，如果没有找到，就向 VLAN 内所有端口发送。

② 如果交换机收到的报文中源 MAC 地址和目的 MAC 地址所在的端口相同，则丢弃该报文。

③ 交换机向 VLAN 内入端口以外的其他所有端口转发广播报文。

以太网交换机通过引入 VLAN，带来的主要好处如下。

① 限制了局部的网络流量，在一定程度上提高了整个网络的处理能力。

② 虚拟的工作组。通过灵活的 VLAN 设置，把不同的用户划分到工作组内。

③ 安全性。一个 VLAN 内的用户和其他 VLAN 内的用户不能互访，提高了安全性。

2. 三层交换流程

使用 VLAN 技术进行网络分段，隔离了 VLAN 间的通信，如果不同 VLAN 间的主机想要通信，需要使用支持 VLAN 的路由器来建立 VLAN 间的通信。但使用路由器来互连企业园区网中不同的 VLAN 存在很多问题，因此出现了三层交换技术。三层交换与路由之间的差别有以下几点。

① 性能。传统的路由器基于微处理器转发报文，靠软件处理，而三层交换机通过特定

笔 记

用途集成电路（Application Specific Integrated Circuit，ASIC）硬件来进行报文转发，性能差别很大。

② 接口类型。三层交换机的接口基本都是以太网接口，没有路由器接口类型丰富。

③ 数据交换。三层交换机除了工作在三层模式，还可以工作在二层模式，对某些不需要路由的报文直接交换，而路由器不具有二层功能。

4.3.2 二层交换技术和三层交换技术对比

二层指的是数据链路层，它工作在物理层提供的服务基础上，向网络层提供服务。数据链路层为物理链路上提供可靠的数据传输，其主要功能包括帧同步、差错控制、流量控制、链路管理、寻址等。

二层交换技术发展比较成熟，二层交换机属于数据链路层设备，可以识别数据包中的MAC地址信息，根据MAC地址进行转发，并将这些MAC地址与对应的端口记录在自己内部的地址表中。

（1）二层交换技术的工作流程

具体如下。

① 当交换机从某个端口收到一个数据包，先读取头部中的源MAC地址，这样就知道源MAC地址的机器是连在哪个端口上。

② 再去读取头部中的目的MAC地址，并在地址表中查找相应端口。

③ 如表中有与该目的MAC地址对应的端口，把数据包直接复制到该端口上。

三层交换技术的出现，解决了局域网中网段划分后，网段中子网必须依赖路由器进行管理的局面，解决了传统路由器低速、复杂所造成的网络瓶颈问题。

其原理是：假设两个使用IP协议的站点A、B通过三层交换机进行通信，站点A在开始发送时，把自己的IP地址与站点B的IP地址进行比较，判断站点B是否与自己在同一子网内。若目的站点B与发送站点A在同一子网内，则进行二层转发。若两个站点不在同一子网内，如发送站点A要与目的站点B通信，发送站点A要向“默认网关”发出ARP封包，而“默认网关”的IP地址其实是三层交换机的三层交换模块。当发送站点A对“默认网关”的IP地址广播一个ARP请求时，如果三层交换模块在以前的通信过程中已经知道站点B的MAC地址，则向发送站点A回复站点B的MAC地址。否则，三层交换模块根据路由信息向站点B广播一个ARP请求，站点B得到该ARP请求后向三层交换模块回复其MAC地址，三层交换模块保存该地址并回复给发送站点A，同时将站点B的MAC地址发送到二层交换引擎的MAC地址表中。之后，当站点A向站点B发送的数据包便全部交给二层交换处理，信息得以高速交换。由于仅仅在路由过程中才需要三层处理，绝大部分数据都通过二层交换转发，因此三层交换机的速度很快，接近二层交换机的速度，同时比相同路由器的价格低很多。

（2）二层交换机和路由器的区别

传统交换机从网桥发展而来，属于OSI第二层（即数据链路层）设备。它根据MAC地址寻址，通过站表选择路由，站表的建立和维护由交换机自动进行。路由器属于OSI第三层（即网络层）设备，它根据IP地址寻址，通过路由表路由协议产生。交换机最大的好处是快速，由于交换机只需识别帧中MAC地址，直接根据MAC地址产生选择转发端口算法简单，因此转发速度极高。但交换机的工作机制也带来一些问题，具体如下。

笔 记

① 回路：根据交换机地址学习和站表建立算法，交换机之间不允许存在回路。一旦存在回路，必须启动生成树算法，以阻塞产生回路的端口。而路由器的路由协议没有这个问题，路由器之间可以有多条通路来平衡负载，提高可靠性。

② 负载集中：交换机之间只能有一条通路，使得信息集中在一条通信链路上，不能进行动态分配，以平衡负载。而路由器的路由协议算法可以避免这一点，开放最短路径优先（Open Shortest Path First，OSPF）路由协议算法不但能产生多条路由，而且能为不同的网络应用选择各自不同的最佳路由。

③ 广播控制：交换机只能缩小冲突域，而不能缩小广播域。整个交换式网络就是一个大的广播域，广播报文散到整个交换式网络。而路由器可以隔离广播域，广播报文不能通过路由器继续进行广播。

④ 子网划分：交换机只能识别 MAC 地址。MAC 地址是物理地址，而且采用平坦的地址结构，因此不能根据 MAC 地址来划分子网。而路由器识别 IP 地址，IP 地址由网络管理员分配，是逻辑地址，且 IP 地址具有层次结构，被划分成网络号和主机号，可以非常方便地用于划分子网，路由器的主要功能就是用于连接不同的网络。

⑤ 保密问题：虽然交换机也可以根据帧的源 MAC 地址、目的 MAC 地址和其他帧中内容对帧实施过滤，但路由器根据报文的源 IP 地址、目的 IP 地址、TCP 端口地址等内容对报文实施过滤，更加直观方便。

⑥ 介质相关：交换机作为桥接设备也能完成不同链路层和物理层之间的转换，但这种转换过程比较复杂，降低了交换机的转发速度。因此目前交换机主要完成相同或相似物理介质和链路协议的网络互连，而不会用来在物理介质和链路层协议相差甚远的网络之间进行互连。而路由器不同，它主要用于不同网络之间的互连，因此能连接不同物理介质、链路层协议和网络层协议的网络。路由器在功能上虽然占据了优势，但价格昂贵，报文转发速度低。近几年，交换机为提高性能做了许多改进，其中最突出的就是虚拟网络和三层交换。

划分子网可以缩小广播域，减少广播风暴对网络的影响。路由器每一个接口连接一个子网，广播报文不能经过路由器广播出去，连接在路由器不同接口的子网属于不同子网，子网范围由路由器物理划分。对交换机而言，每一个端口对应一个网段，由于子网由若干网段构成，通过对交换机端口的组合，可以逻辑划分子网。广播报文只能在子网内广播，不能扩散到别的子网内，通过合理划分逻辑子网，达到控制广播的目的。由于逻辑子网由交换机端口任意组合，没有物理上的相关性，因此称为虚拟子网（或虚拟网）。虚拟网技术不用路由器就解决了广播报文的隔离问题，且虚拟网内网段与其物理位置无关，即相邻网段可以属于不同虚拟网，而相隔甚远的两个网段可能属于同一个虚拟网。不同虚拟网内的终端之间不能相互通信，增强了对网络内数据的访问控制。

4.3.3　三层交换技术原理

三层交换的原理从硬件实现上看，二层交换机的接口模块都是通过高速背板/总线交换数据的。在三层交换机中，与路由器有关的三层路由硬件模块也插接在高速背板/总线上，这种方式使得路由模块可以与需要路由的其他模块间高速地交换数据，从而突破了传统的外接路由器接口速率的限制（10～100 Mbit/s）。在软件方面，三层交换机将传统的基于软件的路由器重新进行了界定。

① 数据封包的转发：如 IP/IPX 封包的转发，这些有规律的过程通过硬件高速实现。

② 三层路由软件：如路由信息的更新、路由表维护、路由计算、路由的确定等功能，

用优化、高效的软件实现。

三层交换的主要特点如下。

① 有机的硬件结合使得数据交换加速。

② 优化的路由软件使得路由过程效率提高。

③ 除了必要的路由决定过程外，大部分数据转发过程由第二层交换处理。

④ 多个子网互连时只是与第三层交换模块的逻辑连接，不像传统的外接路由器那样需增加端口，保护了用户的投资。

第三层交换的目标是，只要在源地址和目的地址之间有一条更为直接的第二层通路，就没有必要经过路由器转发数据包。第三层交换使用第三层路由协议确定传送路径，此路径可以只用一次，也可以存储起来，供以后使用。之后数据包通过一条虚电路绕过路由器快速发送。

第三层交换技术的出现，解决了局域网中网段划分之后，网段中子网必须依赖路由器进行管理的局面，解决了传统路由器低速、复杂所造成的网络瓶颈问题。

当然，三层交换技术并不是网络交换机与路由器的简单叠加，而是二者的有机结合，形成一个集成的、完整的解决方案。

4.3.4 认识三层交换机设备

三层交换机除了具有二层交换机的功能外，还具备三层接口功能。三层接口功能可分为以下几类。

1. 交换虚拟接口（Switch Virtual Interface，SVI）

SVI 是用来实现三层交换的逻辑接口。SVI 可以作为本机的管理接口，通过该接口管理员可管理设备。用户可以创建 SVI 为一个网关接口，就相当于对应各个 VLAN 的虚拟子接口，可用于三层设备中跨 VLAN 之间的路由。可以通过 interface vlan 接口配置命令来创建 SVI，然后给 SVI 分配 IP 地址来建立 VLAN 之间的路由。

如图 4-25 所示，VLAN 20 的主机可直接互相通信，无须通过三层设备的路由，若 VLAN 20 内的主机 A 想与 VLAN 30 内的主机 B 通信，必须通过 VLAN 20 对应的 SVI1 和 VLAN 30 对应的 SVI2 才能实现。

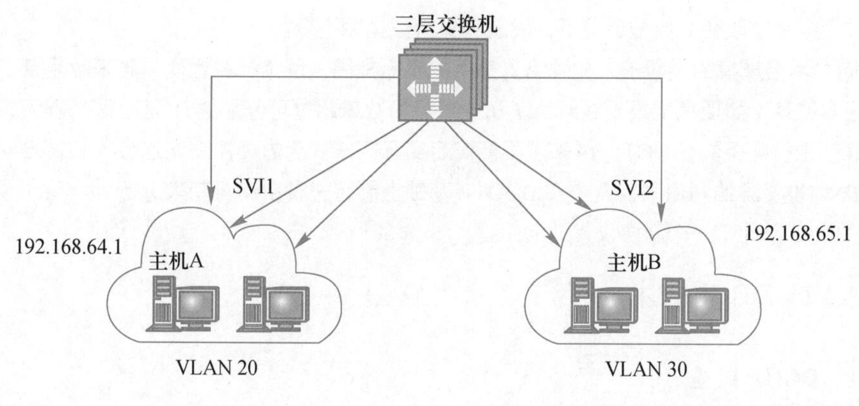

图 4-25 SVI 接口

2. Routedport

一个 Routedport 是一个物理端口，就如同三层设备上的一个端口，能用一个三层路由协议配置。在三层设备上，可以将单个物理端口设置为 Routedport，作为三层交换的网关接口。

笔 记

一个 Routedport 与一个特定的 VLAN 没有关系，而是作为一个访问端口。Routedport 不具备二层交换的功能，可通过 no switchport 命令将一个二层接口 Switchport 转变为 Routedport，然后给 Routedport 分配 IP 地址来建立路由。注意，当使用 no switchport 接口配置命令时，该端口关闭并重启，将删除该端口的所有二层特性。

当一个端口是 L2 Aggregate Port 的成员端口或者是未认证成功的 DOT1X 认证口时，不能用 switchport/ no switchport 命令进行层次切换。

3. L3 Aggregate Port

L3 Aggregate Port 和 L2 Aggregate Port 一样，也是由多个物理成员端口汇聚构成的一个逻辑上的聚合端口组。汇聚的端口必须为同类型的三层接口。对于三层交换来说，AP 作为三层交换的网关接口，相当于将同一聚合组内的多条物理链路视为一条逻辑链路，是链路带宽扩展的一个重要途径。此外，通过 L3 Aggregate Port 发送的帧同样能在 L3 Aggregate Port 的成员端口上进行流量平衡，当 AP 中的一条成员链路失效后，L3 Aggregate Port 会自动将这条链路上的流量转移到其他有效的成员链路上，提高连接的可靠性。

L3 Aggregate Port 不具备二层交换的功能，可通过 no switchport 命令将一个无成员二层接口 L2 Aggregate Port 转变为 L3 Aggregate Port，接着将多个 Routedport 加入此 L3 Aggregate Port，然后给 L3 Aggregate Port 分配 IP 地址来建立路由。

4.4　DHCP

连接到 Internet 的计算机需要在发送或接收数据报前知道其 IP 地址和其他信息，如网关地址、使用的子网掩码和域名服务器的地址。计算机可以通过 BOOTP 获取这些信息。

引导程序协议（Bootstrap Protocol，BOOTP）是一种较早出现的远程启动的协议，通过与远程服务器通信以获取所需的必要信息，主要用于无磁盘的客户端从服务器得到自己的 IP 地址、服务器的 IP 地址、启动映像文件名、网关 IP 地址等。

BOOTP 设计用于相对静态的环境，每台主机都有一个永久的网络连接。管理员创建一个 BOOTP 配置文件，该文件定义了每台主机的一组 BOOTP 参数。由于配置通常保持不变，该文件不会经常改变。典型情况下，配置将保持数星期不变。

随着网络规模的不断扩大、网络复杂度的不断提高，网络配置也变得越来越复杂，在计算机经常移动（如便携机或无线网络）和计算机的数量超过可分配的 IP 地址等情况下，原有针对静态主机配置的 BOOTP 越来越不能满足实际需求。为方便用户快速接入和退出网络、提高 IP 地址资源的利用率，需要在 BOOTP 基础上制定一种自动机制来进行 IP 地址的分配。为此，IETF 设计了一个新协议，即 DHCP。

4.4.1　DHCP 技术

1. DCHP 概述

动态主机配置协议（Dynamic Host Configuration Protocol，DHCP）是 IETF 为实现 IP 的自动配置而设计的协议，它可以为客户机自动分配 IP 地址、子网掩码以及默认网关、DNS 服务器的 IP 地址等 TCP/IP 参数。

DHCP 通常应用在大型局域网络环境中，主要作用是集中管理、分配 IP 地址，使网络环境中的主机能动态地获得 IP 地址、网关地址、DNS 服务器地址等信息，并能够提升地址的使用率。

DHCP 采用客户端/服务器模型，主机地址的动态分配任务由网络主机驱动。当 DHCP 服务器收到来自网络主机申请地址的信息时，才会向网络主机发送相关的地址配置等信息，以实现网络主机地址信息的动态配置。DHCP 具有以下功能。

- 保证任何 IP 地址在同一时刻只能由一台 DHCP 客户机所使用。
- DHCP 应当可以给用户分配永久固定的 IP 地址。
- DHCP 应当可以与用其他方法获得 IP 地址的主机共存（如手工配置 IP 地址的主机）。
- DHCP 服务器应当向现有的 BOOTP 客户端提供服务。

2. DHCP 与 BOOTP 相比的技术优点

① DHCP 可以说是 BOOTP 的增强版本，采用客户端/服务器的通信模式。所有的 IP 网络配置参数都由 DHCP 服务器集中管理，并负责处理客户端的 DHCP 请求，而客户端则会使用服务器分配的 IP 网络参数进行通信。

针对客户端的不同需求，DHCP 提供以下 3 种 IP 地址分配策略。

- 手工分配地址：由管理员为少数特定客户端（如 WWW 服务器等）静态绑定固定的 IP 地址，通过 DHCP 将配置的固定 IP 地址发给客户端。
- 自动分配地址：DHCP 为客户端分配租期为无限长的 IP 地址。
- 动态分配地址：DHCP 为客户端分配有效期限的 IP 地址，到达使用期限后，客户端需要重新申请地址。

② 管理员可以选择 DHCP 采用哪种策略响应每个网络或每台主机。

DHCP 从以下两个方面扩充了 BOOTP。

- DHCP 允许计算机快速、动态地获取 IP 地址。为使用 DHCP 的动态地址分配机制，管理员必须配置 DHCP 服务器，使其能提供一组 IP 地址，称为地址池。任何时候一旦有新的计算机连接到网络上，该计算机就与服务器联系，并申请一个 IP 地址。服务器从配置的地址池中选择一个地址，并将它分配给该计算机。
- 与 BOOTP 相比，DHCP 可以为客户端提供更加丰富的网络配置信息。

4.4.2 DHCP 中的术语

DHCP 涉及很多名词术语，这些名词在网络中出现的位置如图 4-26 所示，DHCP 使用客户端/服务器模式，请求配置信息的计算机称为 DHCP 客户端，而提供信息的称为 DHCP 服务器。

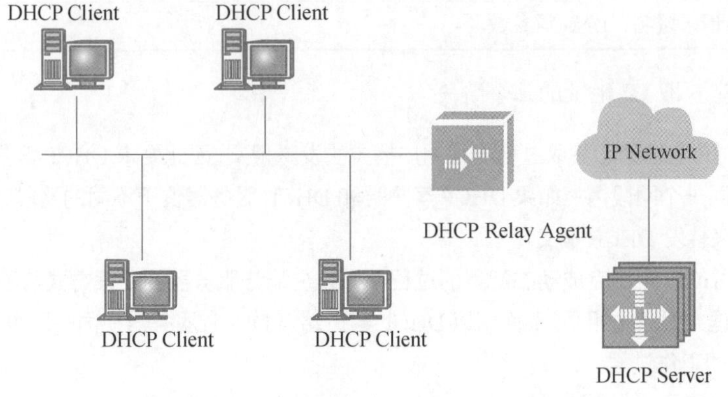

图 4-26 DHCP 网络拓扑结构

- DHCP 服务器（DHCP Server)：DHCP 服务的提供者，通过 DHCP 报文与 DHCP 客户端交互，为各种类型的客户端分配合适的 IP 地址，并可以根据需要为客户端分配其他网络参数。
- DHCP 客户端（DHCP Client）：是整个 DHCP 过程的触发者和驱动者，通过 DHCP 报文和 DHCP 服务器交互，得到 IP 地址和其他网络参数。
- DHCP 中继（DHCP Relay Agent）：DHCP 报文的中继转发者。它在处于不同网段间的 DHCP 客户端和服务器之间承担中继服务，解决了 DHCP 客户端和 DHCP 服务器必须位于同一网段的问题。

4.4.3 DHCP 工作过程

DHCP 在工作时会涉及 IP 地址分配（以下内容只讲述动态 IP 地址分配）、客户端重启后重用原来分配的地址、租期到期后的更新租约、DHCP 客户端主动释放 IP 地址等情况。

1. DHCP 的报文

DHCP 最重要的功能就是动态分配 IP 地址。除了 IP 地址，DHCP 分组还为客户端提供其他配置信息，如子网掩码、域名、网关、DNS、租期等，这使得客户端无须用户动手就能自动配置连接网络。

DHCP 是基于 UDP 上的应用，使用 UDP 携带报文，UDP 封装在 IP 数据包中发送。DHCP 报文有 8 种类型，具体见表 4-3。

表 4-3 DHCP 的 8 种报文

报文类型	含　义
DHCP DISCOVER	客户端用来寻找 DHCP 服务器
DHCP OFFER	DHCP 服务器用来响应 DHCP DISCOVER 报文，此报文携带了各种配置信息
DHCP REQUEST	客户端请求配置确认，或者续借租期
DHCP ACK	服务器对 REQUEST 报文的确认响应
DHCP NAK	服务器对 REQUEST 报文的拒绝响应（广播）
DHCP RELEASE	客户端要释放地址时用来通知服务器（单播）
DHCP DECLINE	PC 收到 DHCP 服务器的地址后，发送分配地址免费 ARP，如果有回应，会发送 DHCP DECLINE 报文
DHCP INFORM	PC 单独请求域名、DNS 等参数

2. 动态获取 IP 地址的几个阶段

由于在 IP 地址动态获取过程中采用广播方式发送报文，因此要求 DHCP 客户端和 DHCP 服务器位于同一个网段内。如果 DHCP 客户端和 DHCP 服务器位于不同的网段，则需要通过 DHCP 中继来转发 DHCP 报文。

通过 DHCP 中继完成动态配置的过程中，客户端与服务器的处理方式与不通过 DHCP 中继时的处理方式基本相同。下面仅以 DHCP 客户端与 DHCP 服务器在同一网段的情况为例，说明 DHCP 的工作过程。

为了动态获取并使用一个合法的 IP 地址，需要经历以下几个阶段。

① 发现阶段：即 DHCP 客户端寻找 DHCP 服务器的阶段。

② 提供阶段：即 DHCP 服务器提供 IP 地址的阶段。

③ 选择阶段：即 DHCP 客户端选择某台 DHCP 服务器提供的 IP 地址的阶段。

④ 确认阶段：即 DHCP 服务器确认所提供的 IP 地址的阶段。

IP 地址的动态获取过程如图 4-27 所示，下面详细介绍每个阶段的工作过程。

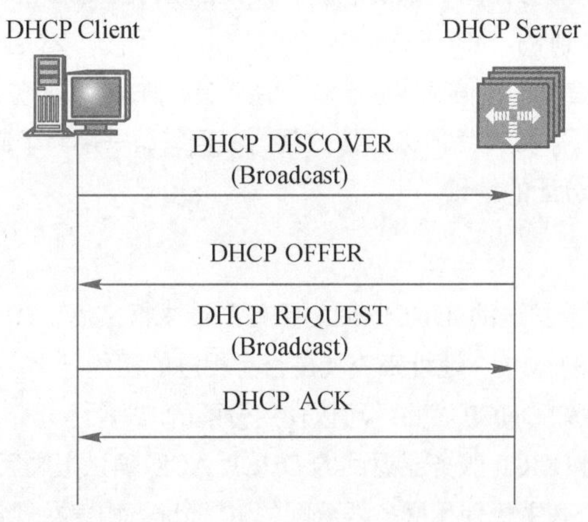

图 4-27
IP 地址动态获取过程

（1）发现阶段

DHCP 客户机以广播方式（因为 DHCP 服务器的 IP 地址对于客户机来说是未知的）、基于 UDP 的源端口号 68、目的端口号 67 来发送 DHCP DISCOVER 报文以寻找 DHCP 服务器，即向地址 255.255.255.255 发送特定的广播信息。网络上每一台安装了 TCP/IP 协议的主机都会收到这种广播信息，但只有 DHCP 服务器会做出响应。所有收到 DHCP DISCOVER 报文的 DHCP 服务器都会发送回应报文，DHCP 客户端据此可以知道网络中存在的 DHCP 服务器的位置。

（2）提供阶段

网络中接收到 DHCP DISCOVER 报文的 DHCP 服务器，会选择一个合适的 IP 地址，连同 IP 地址租约期限和其他配置信息（如网关地址、域名服务器地址等）一同通过 DHCP OFFER 报文发送给 DHCP 客户端。

DHCP 服务器通过地址池保存可供分配的 IP 地址和其他配置信息。当 DHCP 服务器接收到 DHCP 请求报文后，将从 IP 地址池中获取空闲的 IP 地址及其他参数，发送给 DHCP 客户端。

DHCP 服务器为客户端分配 IP 地址的优先次序如下。

① 与客户端 MAC 地址或客户端 ID 静态绑定的 IP 地址。

② DHCP 服务器记录的曾经分配给客户端的 IP 地址。

③ 客户端发送的 DHCP DISCOVER 报文中 Option 50 字段指定的 IP 地址。

④ 在 DHCP 地址池中，顺序查找可供分配的 IP 地址时，最先找到的 IP 地址。

⑤ 如果未找到可用的 IP 地址，则依次查询租约过期、曾经发生过冲突的 IP 地址，如果找到则进行分配，否则将不予处理。

DHCP 服务器为客户端分配 IP 地址时，服务器首先需要确认所分配的 IP 地址没有被网络上其他设备所使用。DHCP 服务器通过发送 ICMP Echo Request（ping）报文对分配的 IP 地址进行探测。如果在规定时间内没有应答，那么服务器就会再次发送 ping 报文。到达规定次数后，如果仍没有应答，则所分配的 IP 地址可用，否则将探测的 IP 地址记录为冲突地址，并重新选择 IP 地址进行分配。

（3）选择阶段

如果有多台 DHCP 服务器向 DHCP 客户机发来的 DHCP OFFER 提供信息，则 DHCP 客户机只接受第一个收到的 DHCP OFFER 所提供的信息，然后以广播方式回答一个 DHCP REQUEST 请求信息，该信息中包含向它所选定的 DHCP 服务器（Option 54 中有所选 DHCP 服务器的 IP 地址）。报文之所以要以广播方式回答，一是为了通知所选 DHCP 服务器，二是请其他服务器收回分配的地址。

（4）确认阶段

收到 DHCP 客户端发送的 DHCP REQUEST 请求报文后，DHCP 服务器根据 DHCP REQUEST 报文中携带的 MAC 地址来查找是否有相应的租约记录。如果有，则发送 DHCP ACK 报文作为应答，通知 DHCP 客户端可以使用分配的 IP 地址。

DHCP 客户端收到 DHCP 服务器返回的 DHCP ACK 确认报文后，会以广播方式发送免费 ARP 报文，探测是否有主机使用服务器分配的 IP 地址，如果在规定时间内没有收到回应，客户端才使用此地址。否则，客户端会发送 DHCP DECLINE 报文给 DHCP 服务器，通知 DHCP 服务器该地址不可用，并重新申请 IP 地址。

如果 DHCP 服务器收到 DHCP REQUEST 报文后，没有找到相应的租约记录，或者由于某些原因无法正常分配 IP 地址，则发送 DHCP NAK 报文作为应答，通知 DHCP 客户端无法分配合适 IP 地址。DHCP 客户端需要重新发送 DHCP DISCOVER 报文来请求新的 IP 地址。

3. 重用曾经分配的 IP 地址

当 DHCP 客户机每次重新登录网络时，就不需再发送 DHCP DISCOVER 报文，而是直接发送包含前一次所分配的 IP 地址的 DHCP REQUEST 请求报文。当 DHCP 服务器收到该报文后，会尝试让 DHCP 客户机继续使用原来的 IP 地址，并回答一个 DHCP ACK 确认报文。如果此 IP 地址无法分配给原来的 DHCP 客户机使用时（如该 IP 地址已分配给其他 DHCP 客户机使用），则 DHCP 服务器给 DHCP 客户机回答一个 DHCP NAK 否认报文。当原来的 DHCP 客户机收到该 DHCP NAK 否认报文后，就必须重新发送 DHCP DISCOVER 报文以请求新的 IP 地址。DHCP 服务器收到该报文后，判断 DHCP 客户端是否可以使用请求的地址，具体如下。

- 如果可以使用请求的地址，DHCP 服务器将回复 DHCP ACK 确认报文，收到 DHCP ACK 报文后，DHCP 客户端可以继续使用该地址进行通信，如图 4-28 所示。

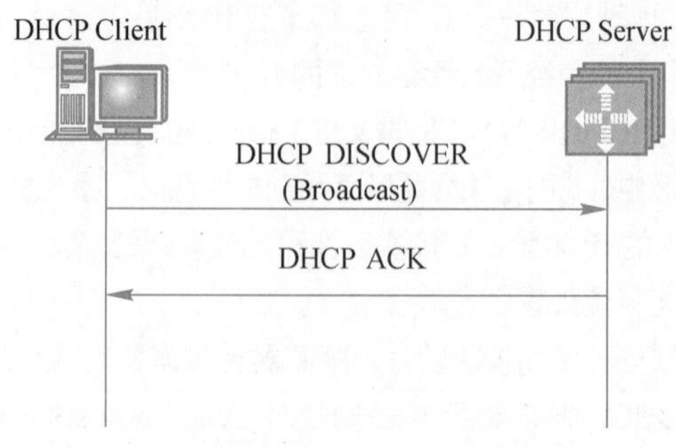

图 4-28
DHCP 客户端可以重新使用曾分配的 IP 地址

- 如果请求的 IP 地址无法分配给 DHCP 客户端（如该 IP 地址已分配给其他 DHCP 客户端使用），则 DHCP 服务器将回复 DHCP NAK 否认报文。DHCP 客户端收到此报文后，必须重新发送 DHCP DISCOVER 报文以请求新的 IP 地址，如图 4-29 所示。

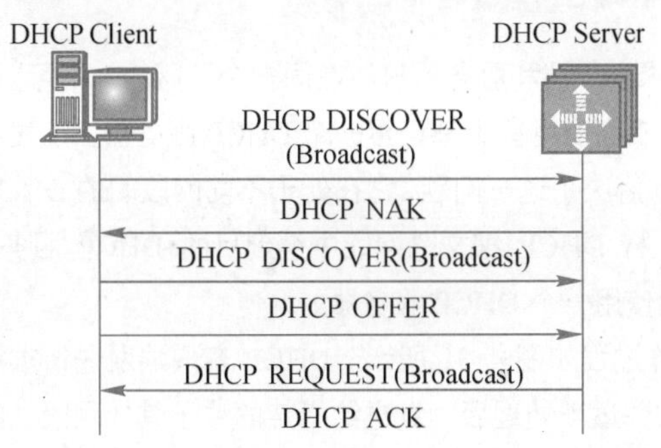

图 4-29
DHCP 客户端不能重新使用曾分配的 IP 地址

4．更新租约

DHCP 服务器分配给 DHCP 客户端的 IP 地址一般都有一个租借期限，期满后 DHCP 服务器便会收回分配的 IP 地址。如果 DHCP 客户端要延长其 IP 租约，则必须更新该租约。

① IP 租约期限达到一半时，DHCP 客户端会自动以单播方式，向 DHCP 服务器发送 DHCP REQUEST 报文，请求更新 IP 地址租约。如果收到 DHCP ACK 报文，则租约更新成功，如果收到 DHCP NAK 报文，则重新发起申请过程。

② 到达租约期限的 87.5%时，如果仍未收到 DHCP 服务器的应答，DHCP 客户端会自动向 DHCP 服务器发送更新其 IP 租约的广播报文。如果收到 DHCP ACK 报文，则租约更新成功，如果收到 DHCP NAK 报文，则重新发起申请过程。

如图 4-30 所示为租约达到 87.5%，广播发送 DHCP REQUEST 报文后，收到 DHCP 服务器回应的 DHCP ACK 报文，租约更新成功的情况。

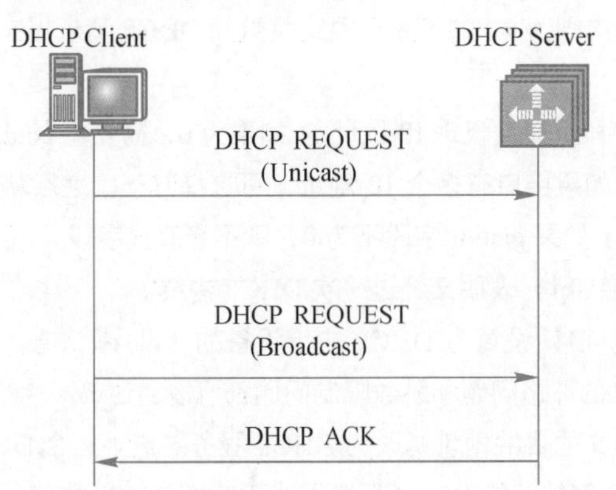

图 4-30
更新 IP 地址租约

5．获取除 **IP** 地址外的配置信息

DHCP 客户端获取 IP 地址后，如果需要从 DHCP 服务器获取更详细的配置信息，则发送 DHCP INFORM 报文向 DHCP 服务器进行请求。DHCP 客户端通过 Option 55（请求参数列

表选项），指明需要从服务器获取哪些网络配置参数。

DHCP 服务器收到该报文后，将通过 DHCP ACK 报文为客户端分配所需要的网络参数。

4.4.4　DHCP 中继工作过程

原始的 DHCP 要求客户端和服务器只能在同一个子网内，不可以跨网段工作。那么，为进行动态主机配置需要在所有网段上都设置一个 DHCP 服务器，这显然是不经济的。

DHCP 中继的引入解决了这一问题，它在处于不同网段间的 DHCP 客户端和 DHCP 服务器之间承担中继服务，将 DHCP 报文跨网段中继到目的 DHCP 服务器，于是不同网络上的 DHCP 客户端可以共同使用一个 DHCP 服务器。

DHCP 中继的工作过程如图 4-31 所示。DHCP 客户端发送请求报文给 DHCP 服务器，DHCP 中继收到该报文并适当处理后，发送给指定的位于其他网段上的 DHCP 服务器。服务器根据请求报文中提供的必要信息，通过 DHCP 中继将配置信息返回给客户端，完成对客户端的动态配置。

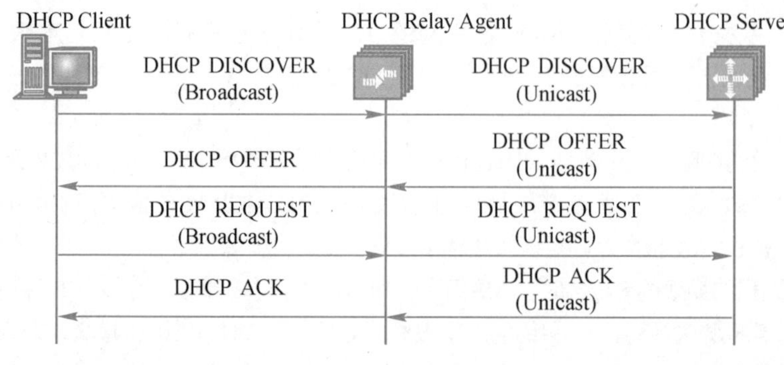

图 4-31
DHCP 中继工作过程示意图

DHCP 中继接收到 DHCP DISCOVER 或 DHCP REQUEST 报文后，将进行如下处理。

① 为防止 DHCP 报文形成环路，抛弃报文头中 hops 字段（若数据包需经过路由器传送，每站加 1，若在同一网内则为 0）的值大于限定跳数的 DHCP 请求报文，否则继续进行下面的操作。

② 检查 giaddr 字段（转发代理 IP 地址）。如果为 0，需要将 giaddr 字段设置为接收请求报文的接口 IP 地址。如果接口有多个 IP 地址，可选择其一。之后从该接口接收的所有请求报文都使用该 IP 地址。如果 giaddr 字段不为 0，则不修改该字段。

③ 将 hops 字段增加 1，表明又经过一次 DHCP 中继。

④ 将请求报文的 TTL 设置为 DHCP 中继设备的 TTL 默认值，而不是原来请求报文的 TTL 减 1。对中继报文的环路问题和跳数限制问题都可以通过 hops 字段来解决。

⑤ DHCP 请求报文的目的地址修改为 DHCP 服务器或下一个 DHCP 中继的 IP 地址，从而将 DHCP 请求报文中继转发给 DHCP 服务器或下一个 DHCP 中继。

DHCP 服务器根据 giaddr 字段为客户端分配 IP 地址等参数，并将 DHCP 应答报文发送给 giaddr 字段标识的 DHCP 中继。DHCP 中继接收到 DHCP 应答报文后，会进行如下处理。

① DHCP 中继假设所有的应答报文都是发给直连的 DHCP 客户端。giaddr 字段用

来识别与客户端直连的接口。如果 giaddr 不是本地接口的地址，DHCP 中继将丢弃应答报文。

② DHCP 中继检查报文的广播标志位。如果广播标志位为 1，则将 DHCP 应答报文广播发送给 DHCP 客户端，否则将 DHCP 应答报文单播发送给 DHCP 客户端，其目的地址为 yiaddr（客户 IP 地址）、链路层地址为 chaddr（用户 IP 地址）。

项目实施

任务 4-1　三层交换实现不同 VLAN 间通信

【任务描述】

使用 VLAN 技术后可以将二层广播限定在更小范围内，提高网络效率，但也造成不同 VLAN 间的主机无法通信的结果。下面介绍使用三层交换机的 SVI 实现不同 VLAN 间通信的配置，拓扑图如图 4-32 所示。

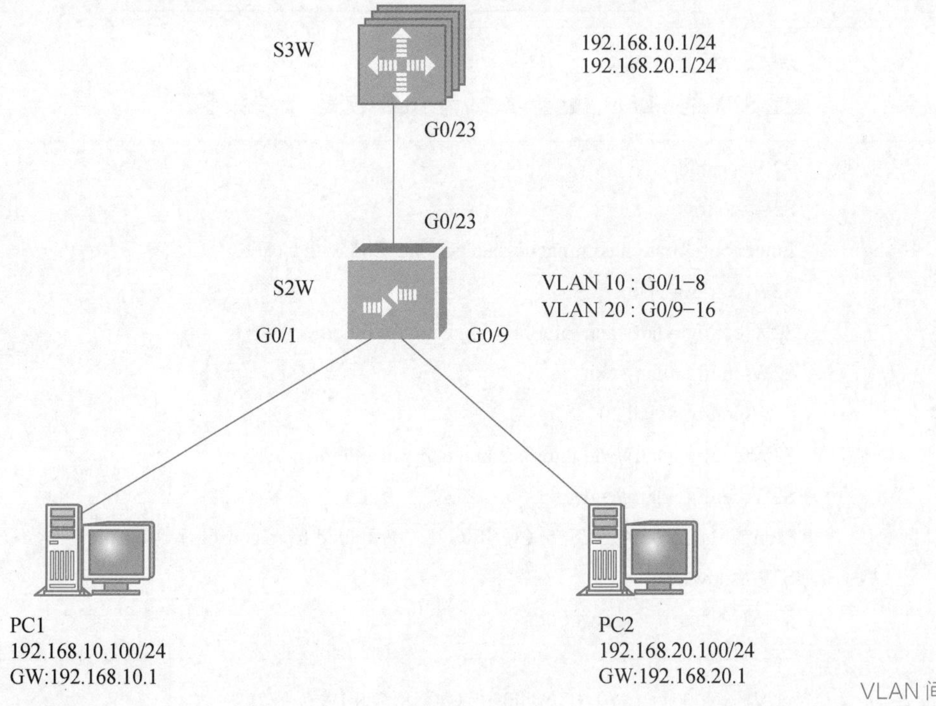

图 4-32
VLAN 间通信拓扑图

【设备清单】

三层交换机 1 台，二层交换机 1 台，网线 3 根，PC 2 台。

【工作过程】

步骤 1：配置 IP 地址。

配置 PC1 和 PC2 的 IP 地址及网关。PC1 配置如图 4-33 所示（PC2 略）。

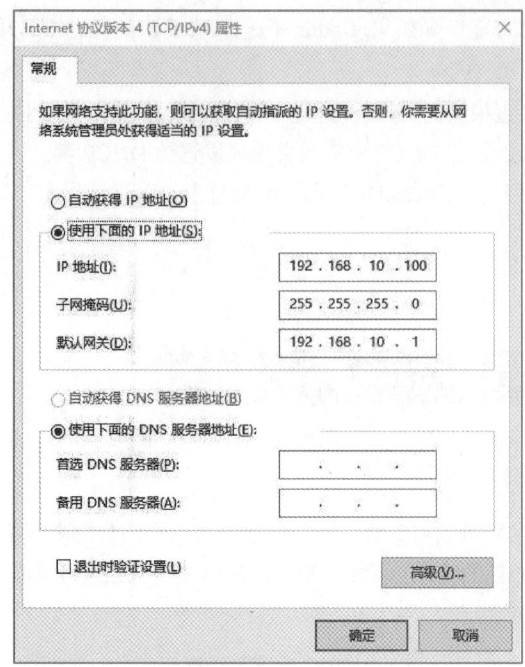

图 4-33
PC1 网络配置

步骤 2：配置 S2W。

配置 S2W 的 VLAN，配置 G0/23 为 Trunk 模式，命令如下。

```
S2W>enable
S2W#config t
Enter configuration commands, one per line. End with CNTL/Z.
S2W(config)#vlan 10
S2W(config-vlan)#add interface range gigabitEthernet 0/1 - 8
S2W(config-vlan)#exit
S2W(config)#vlan 20
S2W(config-vlan)#add interface range gigabitEthernet 0/9 - 16
S2W(config-vlan)#end
*Jun 30 11:11:02: %SYS-5-CONFIG_I: Configured from console by console
S2W#show vlan
VLAN Name       Status Ports
---- -------------------------------- --------- ------------------------------------
 1 VLAN0001      STATIC Gi0/17, Gi0/18, Gi0/19, Gi0/20
          Gi0/21, Gi0/22, Gi0/23, Te0/25
          Te0/26, Te0/27, Te0/28
 10 VLAN0010     STATIC Gi0/1, Gi0/2, Gi0/3, Gi0/4
          Gi0/5, Gi0/6, Gi0/7, Gi0/8
          Gi0/24
 20 VLAN0020     STATIC Gi0/9, Gi0/10, Gi0/11, Gi0/12
          Gi0/13, Gi0/14, Gi0/15, Gi0/16
```

```
S2W#config t
Enter configuration commands, one per line. End with CNTL/Z.
S2W(config)#interface gigabitEthernet 0/23
S2W(config-if-GigabitEthernet 0/23)#switchport mode trunk
S2W(config-if-GigabitEthernet 0/23)#exit
S2W(config)#
```

此时测试一下 PC1 和 PC2 的连通性，结果如图 4-34 所示，发现 ping 不通。

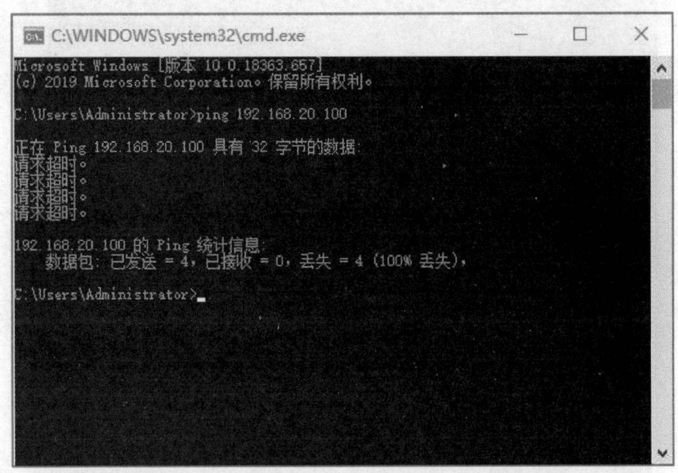

图 4-34
测试 PC1 与 PC2 的连通性

步骤 3：配置 S3W。

配置 G0/23 为 Trunk 模式，创建 VLAN 10、VLAN 20，配置 SVI 接口 interface vlan 10 和 interface vlan 20。配置命令如下。

```
S3W>enable
S3W#config t
Enter configuration commands, one per line. End with CNTL/Z.
S3W(config)#interface gigabitEthernet 0/23
S3W(config-if-GigabitEthernet 0/23)#switchport mode trunk
S3W(config-if-GigabitEthernet 0/23)#exit
S3W(config)#vlan 10
S3W(config-vlan)#exit
S3W(config)#vlan 20
S3W(config-vlan)#exit
S3W(config)#interface vlan 10
S3W(config-if-VLAN 10)#ip address 192.168.10.1 24
S3W(config-if-VLAN 10)#exit
S3W(config)#interface vlan 20
S3W(config-if-VLAN 20)#ip address 192.168.20.1 24
S3W(config-if-VLAN 20)#exit
S3W(config)#
```

步骤 4： 测试与网关的连接性。

测试 PC1 与其网关的连通性，结果如图 4-35 所示，发现可以通信。

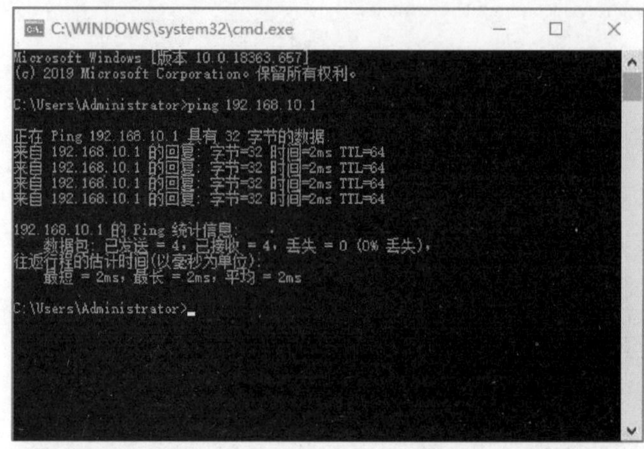

图 4-35
PC1 可以与其网关通信

步骤 5： 测试主机间的连接性。

测试 PC1 与 PC2 的连通性，结果如图 4-36 所示，发现 PC1 和 PC2 间可以通信。

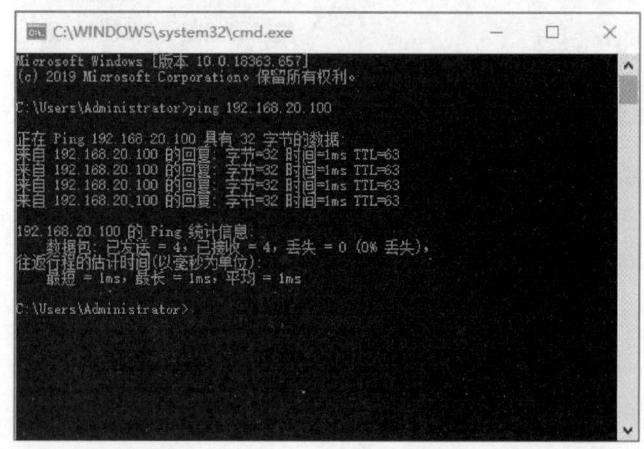

图 4-36
PC1 和 PC2 的连通性测试

步骤 6： 查看 S3W 的路由表。

```
S3W#show ip route

Codes: C - Connected, L - Local, S - Static
 R - RIP, O - OSPF, B - BGP, I - IS-IS, V - Overflow route
 N1 - OSPF NSSA external type 1, N2 - OSPF NSSA external type 2
 E1 - OSPF external type 1, E2 - OSPF external type 2
 SU - IS-IS summary, L1 - IS-IS level-1, L2 - IS-IS level-2
 IA - Inter area, EV - BGP EVPN, * - candidate default

Gateway of last resort is no set
C 192.168.10.0/24 is directly connected, VLAN 10
C 192.168.10.1/32 is local host.
```

```
C 192.168.20.0/24 is directly connected, VLAN 20
C 192.168.20.1/32 is local host.
S3W#
```

通过命令可以看到，三层交换机具有路由功能。

任务 4-2 三层交换实现跨网段通信

【任务描述】

三层设备的端口默认工作在二层模式下，可以通过配置将其改为 Routedport。按如图 4-37 所示拓扑搭建网络，通过三层交换机的 Routedport 实现不同网段主机间的通信。

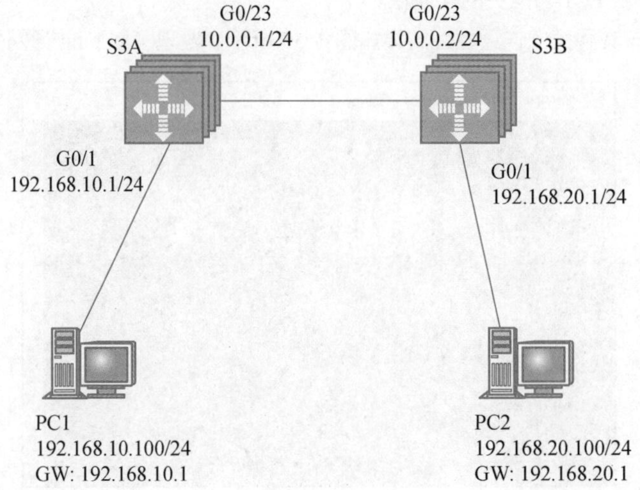

图 4-37
使用 Routedport 实现跨网段通信

【设备清单】

三层交换机 2 台，网线 3 根，PC 2 台。

【工作过程】

步骤 1：硬件连接。

按拓扑图配置 PC1 和 PC2 的 IP 地址及网关，参见任务 4-1 相关操作。

步骤 2：配置 S3A。

将 G0/1、G0/23 配置为 Routedport，并配置 IP 地址。配置命令如下。

```
S3A>enable
S3A#config terminal
Enter configuration commands, one per line. End with CNTL/Z.
S3A(config)#interface g0/1
S3A(config-if-GigabitEthernet 0/1)#ip address 192.168.10.1 24  //三层设备端口默认工作在二层模式，所以配置 IP 地址的命令会报错
```

```
        ^
% Invalid input detected at '^' marker.

S3A(config-if-GigabitEthernet 0/1)#no switchport   //将端口模式改为三层模式，即 Routedport
S3A(config-if-GigabitEthernet 0/1)#ip address 192.168.10.1 24
S3A(config-if-GigabitEthernet 0/1)#exit
S3A(config)#interface gigabitEthernet 0/23
S3A(config-if-GigabitEthernet 0/23)#no switchport
S3A(config-if-GigabitEthernet 0/23)#ip address 10.0.0.1 24
S3A(config-if-GigabitEthernet 0/23)#exit
S3A(config)#
```

步骤 3：测试 PC1 与网关的连通性。

测试 PC1 与其网关的连通性，结果如图 4-38 所示，发现可以 ping 通网关。

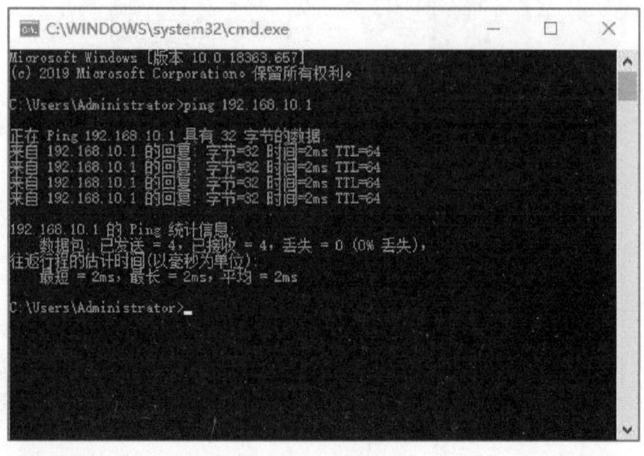

图 4-38
PC1 与网关连通

步骤 4：配置 S3B。

配置 S3B，原理与配置 S3A 类似，配置命令如下。

```
S3B>enable
S3B#config terminal
Enter configuration commands, one per line. End with CNTL/Z.
S3B(config)#interface GigabitEthernet 0/1
S3B(config-if-GigabitEthernet 0/1)#no switchport
S3B(config-if-GigabitEthernet 0/1)#ip address 192.168.20.1 24
S3B(config-if-GigabitEthernet 0/1)#exit
S3B(config)#interface gigabitEthernet 0/23
S3B(config-if-GigabitEthernet 0/23)#no switchport
S3B(config-if-GigabitEthernet 0/23)#ip address 10.0.0.2 24
S3B(config-if-GigabitEthernet 0/23)#exit
S3B(config)#
```

此时可以测试 S3B 与 S3A 的连通性，结果如图 4-39 所示，发现可以连通。

```
S3B#ping 10.0.0.1
Sending 5, 100-byte ICMP Echoes to 10.0.0.1, timeout is 2 seconds:
  < press Ctrl+C to break >
!!!!!
Success rate is 100 percent (5/5), round-trip min/avg/max = 2/4/16 ms.
S3B#
```

图 4-39
S3B 与 S3A 可以连通

步骤 5：配置路由。

使用 RIP 路由，使网络可以连通。

S3A 配置命令如下。

```
S3A(config)#router rip
S3A(config-router)#network 192.168.10.0
S3A(config-router)#network 10.0.0.0
S3A(config-router)#exit
S3A(config)#
```

S3B 配置命令如下。

```
S3B(config)#router rip
S3B(config-router)#network 192.168.20.0
S3B(config-router)#network 10.0.0.0
S3B(config-router)#exit
S3B(config)#
```

步骤 6：查看路由表。

查看 S3A 的路由表，发现有到达 PC1、PC2 网段的路由，如图 4-40 所示。

```
S3A(config)#show ip route

Codes:  C - Connected, L - Local, S - Static
        R - RIP, O - OSPF, B - BGP, I - IS-IS, V - Overflow route
        N1 - OSPF NSSA external type 1, N2 - OSPF NSSA external type 2
        E1 - OSPF external type 1, E2 - OSPF external type 2
        SU - IS-IS summary, L1 - IS-IS level-1, L2 - IS-IS level-2
        IA - Inter area, EV - BGP EVPN, * - candidate default

Gateway of last resort is no set
C       10.0.0.0/24 is directly connected, GigabitEthernet 0/23
C       10.0.0.1/32 is local host.
C       192.168.10.0/24 is directly connected, GigabitEthernet 0/1
C       192.168.10.1/32 is local host.
R       192.168.20.0/24 [120/1] via 10.0.0.2, 00:01:37, GigabitEthernet 0/23
S3A(config)#
```

图 4-40
S3A 路由信息

测试 PC1 与 PC2 的连通性，结果如图 4-41 所示，发现可以互通。

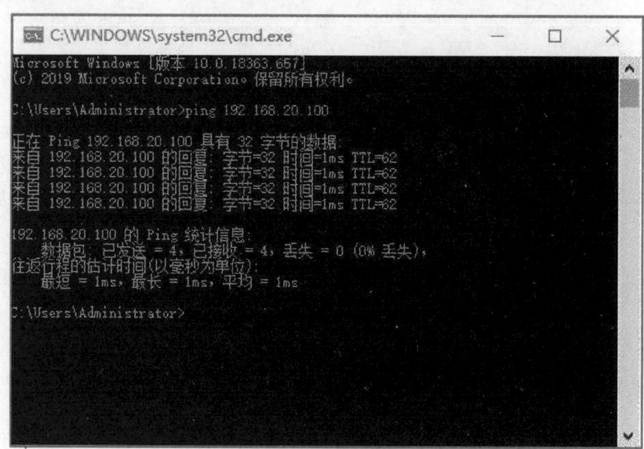

图 4-41
PC1 和 PC2 连通性测试

任务 4-3　配置 DHCP 服务器及 DHCP 中继

【任务描述】

某公司网络拓扑如图 4-42 所示，R1 和 R2 路由器分别连接着办公室和市场部的网络，这两个部门员工的计算机使用动态 IP 方式上网，办公室使用的网段为 192.168.1.0/24，办公室主任的计算机必须动态分配固定的 IP：192.168.1.88，这台计算机的 MAC 地址为 01f0.def1.7fcb.4C。市场部使用网段为 192.168.2.0/24，但 192.168.2.1～192.168.2.10 作为保留地址。R1 作为 DHCP 服务器负责给全网分配 IP 地址。请根据这个应用场景完成网络的配置。

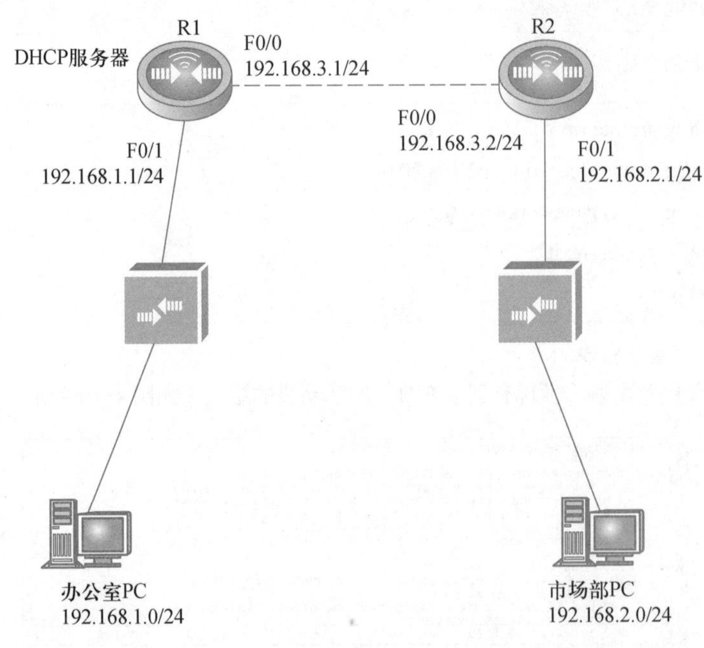

图 4-42
某公司网络拓扑

【设备清单】

路由器 2 台，交换机 2 台，网线 5 根，PC 2 台。

【工作过程】

配置要点：先要配置全网互通，然后再配置 DHCP 服务器，并在需要跨网传送中继的路由器上开启中继。

步骤 1： 连接设备。按实验拓扑要求连接好设备。

步骤 2： 配置网络互通信息。

路由器每个接口都必须单独占用一个网段，具体配置见表 4-4 中的 IP 地址。

表 4-4 路由器接口所连接网络地址

设备	接　　口	IP 地址	目标网段
R1	Fastethernet 0/1	192.168.1.1	192.168.1.0/24
	Fastethernet 0/0	192.168.3.1	192.168.3.0
R2	Fastethernet 0/1	192.168.2.1	192.168.2.0/24
	Fastethernet 0/0	192.168.3.2	192.168.3.0
市场部 PC	PC1	自动获取	自动获取
办公室 PC	PC2	自动获取	自动获取

为接口配置所在网络的接口地址。

（1）配置路由器 R1 接口 IP

```
Ruijie>enable  // 进入特权模式
Ruijie#configure terminal  // 进入全局配置模式
Ruijie(config)#interface fastethernet 0/1
Ruijie(config-if-FastEthernet 0/1)#ip address 192.168.1.1 255.255.255.0
Ruijie(config-if-FastEthernet 0/1)#interface fastethernet 0/0
Ruijie(config-if-FastEthernet 0/0)#ip address 192.168.3.1 255.255.255.0
Ruijie(config-if-FastEthernet 0/0)#exit
```

（2）配置路由器 R2 接口 IP

```
Ruijie>enable
Ruijie#configure terminal
Ruijie(config)#interface fastethernet 0/1
Ruijie(config-if-FastEthernet 0/1)#ip address 192.168.2.1 255.255.255.0
Ruijie(config-if-FastEthernet 0/1)#interface fastethernet 0/0
Ruijie(config-if-FastEthernet 0/0)#ip address 192.168.3.2 255.255.255.0
Ruijie(config-if-FastEthernet 0/0)#exit
```

（3）配置路由器 R1 静态路由

配置静态路由的下一跳有两种表现形式（下一跳 IP 地址和本地出接口），推荐配置如下。

- 在以太网链路配置静态路由时，配置为出接口+下一跳的 IP 地址的形式。
- 在 PPP、HDLC 广域网链路中，静态路由推荐配置为本地出接口。

```
Ruijie(config)#ip route 192.168.2.0 255.255.255.0 fastethernet 0/0 192.168.3.2 // 目的地址是
192.168.2.0/24 的数据包，转发给 192.168.3.2
```

（4）配置路由器 R2 静态路由

```
Ruijie(config)#ip route 192.168.1.0 255.255.255.0 fastethernet 0/0 192.168.3.1 // 目的地址是
192.168.1.0/24 的数据包，转发给 192.168.3.1
```

（5）保存配置

```
Ruijie(config)#end      // 退回特权模式
Ruijie#write            // 确认配置正确，保存配置
```

步骤 3：在 R1 配置 DHCP 服务器。

（1）开启 DHCP 服务

```
Ruijie>enable
Ruijie#configure terminal
Ruijie(config)#service dhcp        // 开启 DHCP 功能（RSR 系列路由器默认关闭 DHCP 服
务，这个命令必须开启）
```

（2）配置 DHCP 地址池

```
Ruijie(config)#ip dhcp pool bangong     //创建一个名为 bangong 的 DHCP 的地址池
Ruijie(dhcp-config)#lease 1 2 3         //1、2、3 分别是天、小时、分钟（地址释放时间默
认为 24 小时）
Ruijie(dhcp-config)#network 192.168.1.0 255.255.255.0 //可以分配的地址范围 192.168.1.1～
192.168.1.254
Ruijie(dhcp-config)#dns-server 8.8.8.8        //8.8.8.8 为主 DNS
Ruijie(dhcp-config)#default-router 192.168.1.1     //网关地址，只要 IP 地址，不用填写掩码
Ruijie(dhcp-config)#client-identifier 01f0.def1.7fcb.4c    //配置办公室主任的 PC 所使用的
MAC，这个物理地址需要根据实际 PC 的 MAC 来填写
Ruijie(dhcp-config)#host 192.168.1.88 255.255.255.0      //配置要固定分配的 IP 及掩码
Ruijie(dhcp-config)#exit
```

DHCP 给特定 MAC 的客户端分配固定的 IP 地址，根据客户端 DHCP 请求报文标识客户端 MAC 地址字段的不同，有如下两种方式。

① 通过命令 client-identifier 01+MAC 地址（01 代表网络类型为以太网）

② 通过命令 hardware-address MAC 地址

建议采用 client-identifier 命令为特定 MAC 的客户端分配固定 IP 地址，若 client-identifier 手工分配 IP 失败，可以尝试使用 hardware-address 命令。

步骤 4：在 R2 配置 DHCP 服务器。

（1）开启 DHCP 服务

```
Ruijie>enable
```

```
Ruijie#configure terminal
Ruijie(config)#service dhcp   //开启 DHCP 功能（RSR 系列路由器默认关闭 DHCP 服务，这个命令必须开启）
```

（2）配置 DHCP 地址池

```
Ruijie(config)#ip dhcp pool shichang //创建一个名为 shichang 的 DHCP 的地址池
Ruijie(dhcp-config)#network 192.168.2.0 255.255.255.0 //可以分配的地址范围 192.168.2.1～192.168.2.254
Ruijie(config)#ip dhcp excluded-address 192.168.2.1 192.168.2.10 //192.168.2.1～192.168.2.10 不被 DHCP 分配
Ruijie(dhcp-config)#dns-server 8.8.8.8   //8.8.8.8 为主 DNS
Ruijie(dhcp-config)#default-router 192.168.2.1 //网关地址，只需 IP 地址，不用填写掩码
Ruijie(dhcp-config)#client-identifier 01f0.def1.7fcb.4c //配置办公室主任的 PC 所使用的 MAC，这个物理地址需要根据实际 PC 的 MAC 来填写
Ruijie(dhcp-config)#exit
```

步骤 5： 在 R2 配置 DHCP 中继。

（1）开启 DHCP 服务

```
Ruijie>enable
Ruijie#configure terminal
Ruijie(config)#service dhcp   //开启 DHCP 功能（RSR 系列路由器默认关闭 DHCP 服务，这个命令必须开启）
```

（2）开启 DHCP 中继

```
Ruijie(config)#ip helper-address 192.168.3.1 //指定 DHCP 的中继地址为 192.168.3.1，这个地址一般使用直接与 R2 相连的 R1 接口的地址作为要中继的地址
```

步骤 6： 配置验证。

① 将办公室主任的计算机 PC1 上的网卡设置自动获取 IP 地址，查看 PC1 网卡是否获取到 IP 地址，右击网卡，在弹出的快捷菜单中选择“状态”命令，在打开的对话框中单击“详细信息”按钮，可以看到网卡获取的 IP 地址等参数，如图 4-43 所示。如果没有获得地址，可以将网卡禁用，再开启网卡，然后查看网卡信息。如果要验证 DHCP 服务器是否正确给办公室主任的计算机分发了 IP 地址参数，可以在 R1 的路由器上删除手工指定的 IP 地址配置命令，执行命令如下。

```
Ruijie(dhcp-config)#no client-identifier 01f0.def1.7fcb.4c        //删除配置办公室主任的 PC 所使用的 MAC，这个物理地址需要根据实际 PC 的 MAC 来填写
Ruijie(dhcp-config)#no host 192.168.1.88 255.255.255.0          //删除指定的 IP
```

然后再查看该 PC1 获取的 IP 地址。

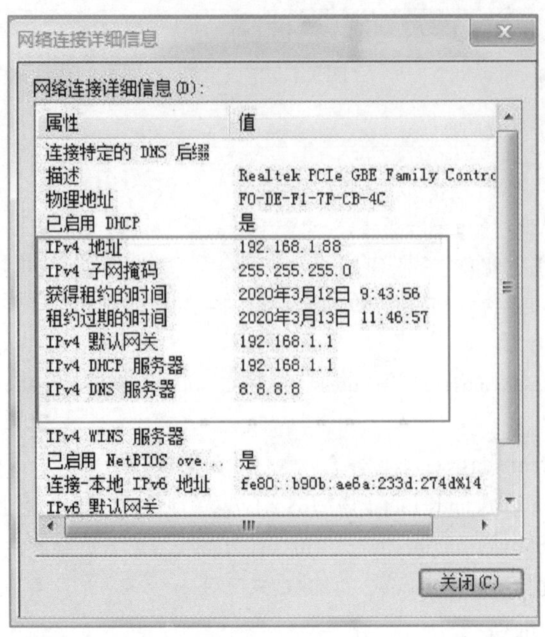

图 4-43
自动获取的地址

将 PC2 上的网卡设置自动获取 IP 地址，查看 PC2 网卡是否获取到 IP 地址，右击 PC2 的网卡，在弹出的快捷菜单中选择“状态”命令，在打开的对话框中单击“详细信息”按钮，可以看到网卡获取的 IP 地址等参数，如图 4-44 所示。从中可以看到获取的地址是从 192.168.2.11 开始，DHCP Server 并没有分发 192.168.2.11 之前的地址。

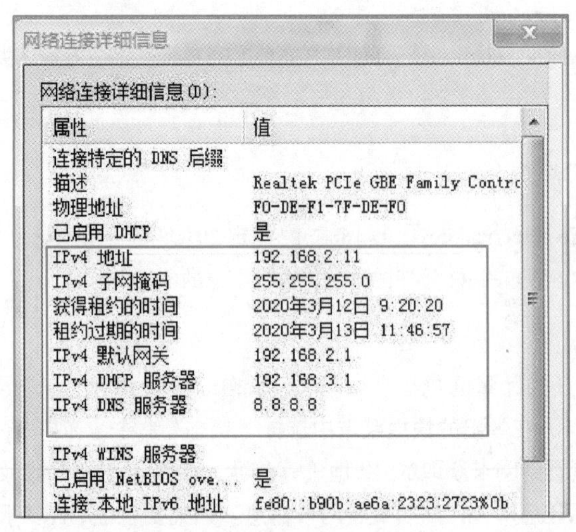

图 4-44
通过中继方式获取的 IP 地址

② 查看路由器上动态分配的 IP 地址信息，如图 4-45 所示。

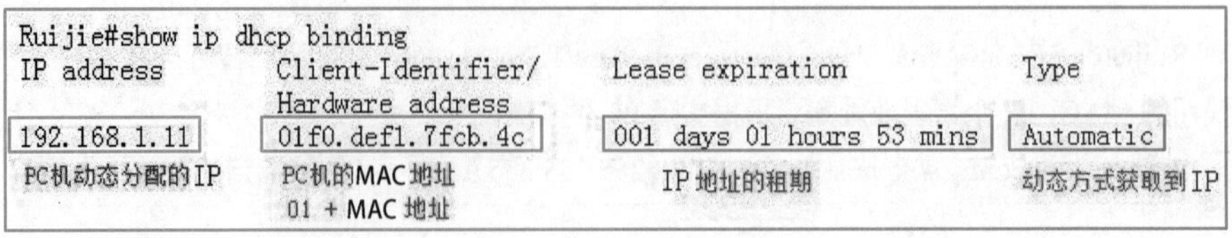

```
Ruijie#show ip dhcp binding
IP address       Client-Identifier/     Lease expiration          Type
                 Hardware address
192.168.1.11     01f0.def1.7fcb.4c      001 days 01 hours 53 mins Automatic
```

PC机动态分配的IP　PC机的MAC地址 01 + MAC 地址　IP 地址的租期　动态方式获取到IP

图 4-45
查看路由器动态 IP 地址信息

项目总结

通过本项目的学习，我认识了____

____

____

____

我对哪些还有疑问：____

____

____

____

工程师寄语

同学们，你们好。学习完 IP 及子网划分这个项目后，应该对广域网或大规模网络的规划与管理有了进一步的了解和认识。在生活中会使用到各种不同的网络，最早只有计算机网络是使用 TCP/IP 协议簇来进行通信，因为 TCP/IP 网络的优点，使得各种网络都与计算机网络进行了融合，如 IPTV、IP 电话等，现在很多打印机、摄像头都是通过 IP 地址进行使用和管理，所以，掌握 IP 地址和子网划分技术，对于成为一名优秀的网络工程师是十分必要的。

学习检测

1. 关于 IP 协议，下列说法正确的是（　　）。

A. 提供尽力而为的传输服务　　B. 保证发送出去的数据包按顺序到达

C. 提供可靠的传输服务　　D. 在传输前先建立连接

2. C 类 IP 地址的网络号和主机号的位数分别是（　　）。

A. 8，24　　B. 16，16

C. 24，8　　D. 24，24

3. IP 地址 156.23.100.0/16 代表的含义是（　　）。

A. 网络 156.23.100 网段中编号为 0 的主机

B. 代表 156.23.100.0 这个 C 类网络

C. 这是一个 B 类网络，网段为 156.23.0.0

D. 这是一个由 B 类网络组成的超网，由 16 个 B 类网络组合而成

4. 有以下 C 类地址 200.30.30.0，如果采用 27 位子网掩码，则该网络可以划分为（　　）个子网，每个子网内可以有（　　）台主机。

A. 4，32　　B. 5，30

C. 8，32　　D. 8，30

5. 一个 TCP/IP 的 B 类 IP 地址，其默认的子网掩码是（　　）。

A. 255.0.0.0　　B. 255.255.0.0

C. 255.255.255.0　　D. 255.255.255.255

项目 5 路由技术及路由器的配置

项目背景

在计算机网络的组建与使用过程中，为了优化网络，提升性能，常将一个大的网络分隔成几个小的网络，为这些小的网络分配不同网段的 IP 地址，要将这些网络互联在一起，实现相互通信，会用到路由器或三层交换机。另外将分属于不同企业或公司的运行着不同网络协议的网络连接起来，如校园网接入电信网络，也会用到路由器。路由器只有进行正确配置后才能连接网络，实现数据包的正常转发。相对于交换机的配置来说，路由器的配置更加多样和复杂，小李在师傅老张的指导下，进行了路由技术的学习和路由器配置的实践。

项目目标

知识目标

- 掌握路由的概念。
- 掌握路由的选路和转发的原理。
- 了解路由器软硬件构成。
- 理解常见的路由协议。
- 了解路由表的结构。
- 掌握路由器的功能。
- 掌握路由器配置方式。

技能目标

- 掌握路由器的基本配置。
- 掌握单臂路由的配置。
- 掌握 RIP 及 OSPF 路由的配置。
- 掌握直连路由的配置。
- 掌握静态路由的配置。

知识结构

本项目主要学习路由技术的概念、路由表结构及路由转发策略，学习常用路由协议的工作原理和配置过程。本项目的体系结构如图 5-1 所示。

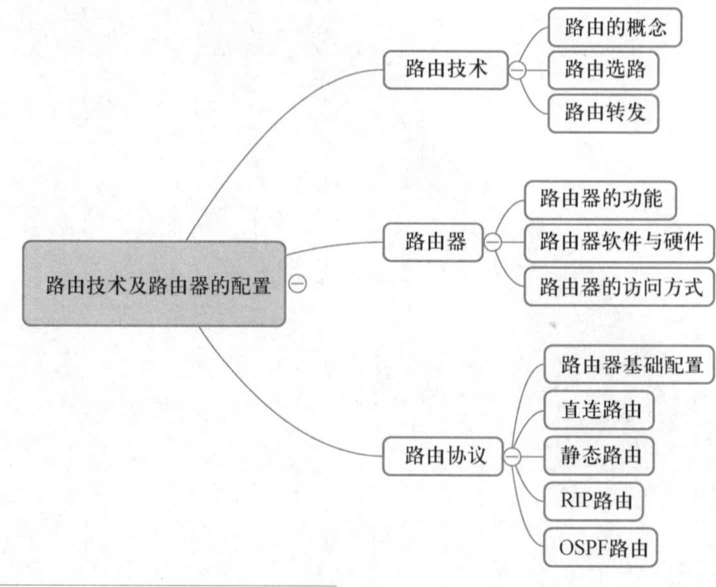

图 5-1
路由技术及路由配置知识结构

课前自测

在开始本项目学习之前，请先尝试回答以下问题。

1. 什么是路由？路由与交换的区别是什么？
2. 路由器的基本功能是什么？路由选路与转发之间的关系是什么？
3. 路由器的配置方式有哪些？常见的路由协议有哪些？

项目分析及准备

5.1 路由技术

现实生活中，一个包裹如何邮寄到目的地呢？人们邮寄包裹后，包裹先到达某邮局，该邮局会综合考虑包裹类型、紧急程度、邮局的运力等因素，然后选择一条最优路线，并使用合适的运输工具发往下一个邮局，经过邮局间的层层接力，最后送到用户手中，如图 5-2 所示。

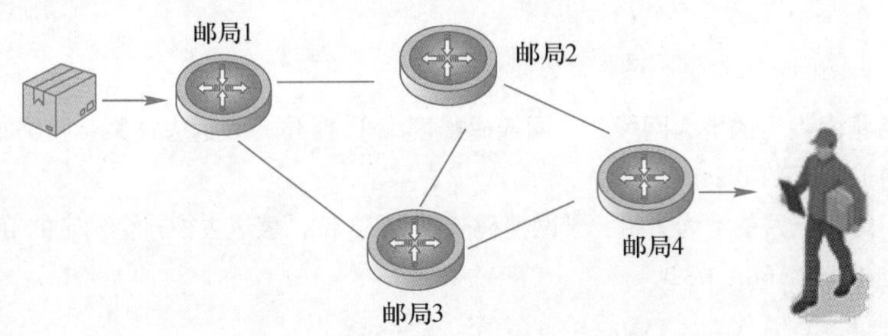

图 5-2
邮局邮寄包裹

在网络世界中，数据包又如何从一个网络到达其他网络呢？这个过程和现实中的包裹邮寄类似，路由器相当于邮局，数据包相当于包裹。当数据包到达路由器时，路由器会查看自己的路由表（相当于地图），根据路由表将数据包转发到下一台路由器，各台路由器重复这个过程，层层接力，将数据包从一个网络转发至另一个网络。在这个过程中，可以看出路由器承担了两项重要功能：选路（查路由表）和转发（发出数据）。

5.1.1 路由的概念

1. 路由技术简介

微课 5.1.1
路由的概念

路由是指路由器从一个接口上收到数据包，根据数据包的目的地址进行定向，并转发到另一个接口的过程。实现这个“路由”功能的网络设备是“路由器”或“三层交换机”。

网络中路由器从某个接口收到 IP 报文后，根据 IP 报文的目的地址选择一条合适的路径，将报文转发到下一台路由器，如果这个路径中包含多台路由器，则各台路由器不断重复这个转发过程，路径中最后的路由器负责将报文转发给目的主机。

如图 5-3 所示，PC1 到 PC2 的路由选择过程：PC1 和 PC2 通过交换机分别与 R1 和 R2 相连，在网络工作正常的情况下，假设 PC1 向 PC2 发送数据报文，R1 路由器从 F0/1 接口收到 PC1 的报文后，根据路由表选择一条最优路径，从 F0/0 接口发给 R2 路由器的 F0/1 接口，R2 路由器根据自己的路由表选择一条最优路径，将数据包从 F0/0 接口转发给 PC2 所在的网络。

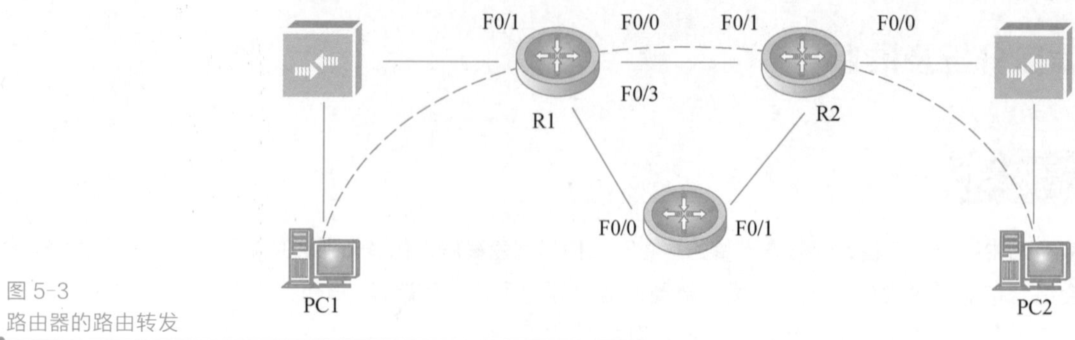

图 5-3
路由器的路由转发

2. 路由的分类

（1）根据路由目的地的不同来划分路由

- 网络路由：目的地为网段，子网掩码长度小于 32 位，表达去往某个网络，如路由表中的 192.168.1.0/24。
- 主机路由：目的地为主机，子网掩码长度为 32 位，表达去往一个确定的 IP 地址，如 IP 地址 192.168.1.1/32。

（2）根据目的地与该路由器是否直接相连来划分路由

- 直连路由：目的网络与路由器直接相连，如图 5-3 所示的 R1 与 PC1 所在网络的路由、R1 与 R2 直连的路由。
- 间接路由：目的地所在网络与路由器非直接相连，需要经过其他网络，由其他设备进行转发，才能到达。如图 5-3 所示，R2 到达 PC1 的路由为间接路由，因为中间经过了 R1 路由器。

提示

直连路由和间接路由区别在于有没有“下一跳”，主机路由和网络路由是由目的地址的掩码长度区分。

5.1.2　路由选路

如果要完成 IP 数据包的转发，路由器先运行某种协议（或手工配置静态路由）构造出自己的路由表，按照选路原则，从路由表中进行选路，最后经路由器的某个接口转发或丢弃。可以看出要实现数据包转发，涉及以下几点。

- 运行路由协议。
- 构造路由表。
- 路由选择。
- 路由转发。

下面介绍路由表的相关知识。

1. 路由表的构成

每台路由器运行路由协议，维护着自己的一张路由表，这张路由表是进行路由选择和转发的依据。除主机路由外，路由表中每条路由，都包含至少 3 项内容：协议类型、目的网络、下一跳或出接口。其中，协议类型一般简写为一个字母，说明路由项是由哪种路由算法得到；

目的网络指示了可以达到的网络；出接口表示数据包从该接口出去可达目的网络。

在路由器上，使用 show ip route 命令显示路由表，下面以某台路由器上输出的路由信息为例，说明路由项的用途。

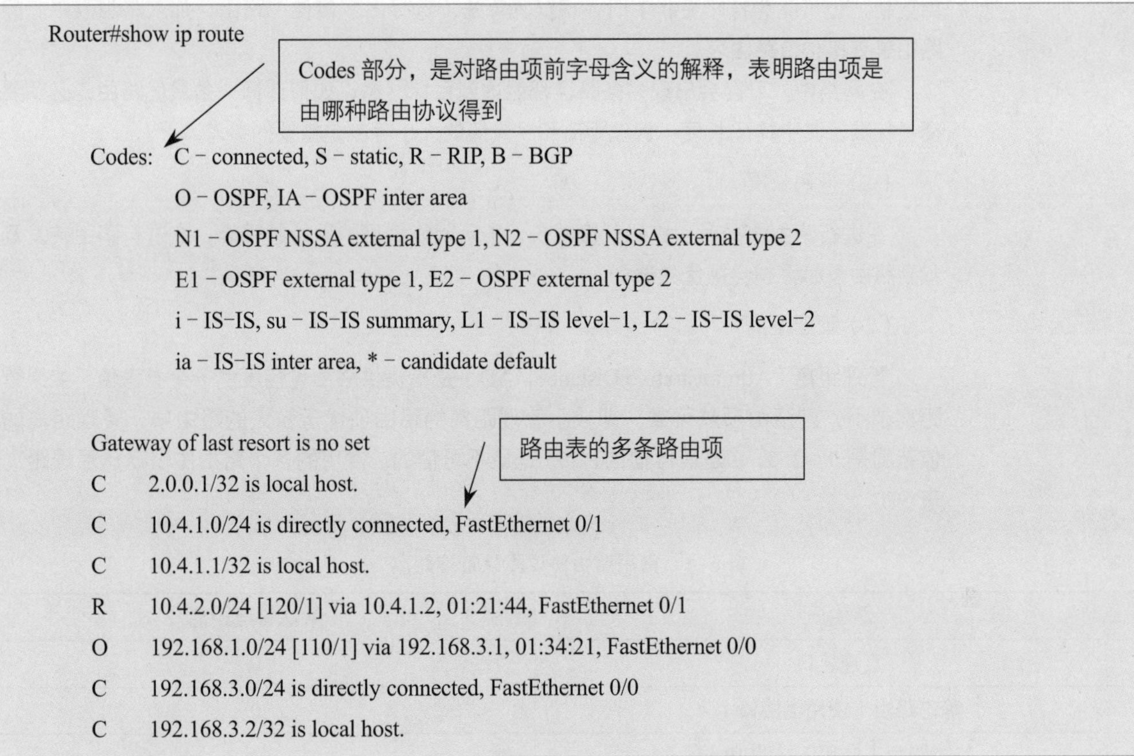

```
Router#show ip route

Codes:  C - connected, S - static, R - RIP, B - BGP
        O - OSPF, IA - OSPF inter area
        N1 - OSPF NSSA external type 1, N2 - OSPF NSSA external type 2
        E1 - OSPF external type 1, E2 - OSPF external type 2
        i - IS-IS, su - IS-IS summary, L1 - IS-IS level-1, L2 - IS-IS level-2
        ia - IS-IS inter area, * - candidate default

Gateway of last resort is no set
C      2.0.0.1/32 is local host.
C      10.4.1.0/24 is directly connected, FastEthernet 0/1
C      10.4.1.1/32 is local host.
R      10.4.2.0/24 [120/1] via 10.4.1.2, 01:21:44, FastEthernet 0/1
O      192.168.1.0/24 [110/1] via 192.168.3.1, 01:34:21, FastEthernet 0/0
C      192.168.3.0/24 is directly connected, FastEthernet 0/0
C      192.168.3.2/32 is local host.
```


以上内容解释如下。

- “C　2.0.0.1/32 is local host.”表示这台路由器直连了一台主机路由，该主机 IP 地址为 2.0.0.1，其中 C 表示这条路由项是由直连路由协议得到。
- “C　10.4.1.0/24 is directly connected, FastEthernet 0/1”这条路由项表示经过 FastEthernet 0/1 接口直连了一个 10.4.1.0/24 的网络，其中 C 表示路由项是由直连路由协议得到，10.4.1.0/24 表示网络路由。
- “R　10.4.2.0/24 [120/1] via 10.4.1.2, 01:21:44, FastEthernet 0/1”表示通过对端的路由器接口地址（也称为下一跳地址）10.4.1.2，可以到达目标网络 10.4.2.0，使用的本地出接口为 FastEthernet 0/1。其中 R 表示路由器学习到的这个路由项是运行 RIP 路由协议得到，[120/1]（即[管理距离/度量值]）表示到达目标网络的管理距离为 120、度量值为 1，10.4.1.2 为与 R4 直连的对端路由器接口地址。
- “O　192.168.1.0/24 [110/1] via 192.168.3.1, 01:34:21, FastEthernet 0/0”这个路由项是由 O（OSPF）协议得到，通过对端的路由器接口地址 192.168.3.1，可以到达目标网络 192.168.1.0，使用的本地出接口为 FastEthernet 0/0。

可以看出每条路由项指明了到达某个网络的路径、到达目标网络使用哪个物理接口进行转发、管理距离、路由代价等信息。需要强调的是，不论目标网络处在什么位置，下一跳地址一定是直连的对端路由器接口 IP。

2. 路由选择

不同的路由协议都有自己的路由选择算法，利用选择算法，在收到更新信息（可能为路由更新，也可能为链路更新）时，根据其算法，选择出“最佳”路由，加入路由表中。静态路由是直接构造路由表。

在网络中，可能会出现多条路径都能达到目标网络，如何选择一条最优路由，必须要有衡量标准，其中掩码长度、管理距离和度量值的大小等就是重要的参考。

（1）掩码长度

在进行路由选择时，掩码长度越长，表示网络的目的地址越精确，在进行路由转发及添加到路由表时，越会被优先选择。

（2）管理距离

管理距离（Administrative Distance，AD）是指提供路由可信度的一个参考值，如果管理距离越小，则路由项越可靠。即较小管理距离的路由项优于较大的路由项，管理距离的取值范围是 0～255，0 是最可信的，255 是最不可信的。常用的各个路由协议默认管理距离见表 5-1。

表 5–1　常用路由协议默认管理距离

路由源	默认管理距离
直连接口	0
静态路由（使用出接口）	0
静态路由（使用下一跳 IP）	1
EIGRP 汇总路由	5
外部 BGP	20
OSPF	110
RIP	120
IS-IS	115

（3）度量值

度量值用来在寻找路由时确定最优路由路径。每一种路由协议在产生路由表时，会为每一条通往网络的路径，计算出一个数值（度量值），最小的值表示最优路径。不同路由协议采用的度量值的计算方法是不同的。例如，RIP 路由器使用跳数（经过路由器的个数），OSPF 度量值为到达目标网络的路径上每台路由器入站接口 Cost 值的和。

（4）路由选路

当一个 IP 报文到达路由器后，路由器根据报文的目的地址，按以下几个原则进行路由选路。最佳路径的选择依赖路由选择算法，该算法会按照路由选路原则依次进行如下操作。

① 如果目的地址是直连网络，则把 IP 报文直接转发，否则转②。

② 如果路由表中有包含目的网络的路由，则根据路由表中的“下一跳”转发 IP 报文，否则转③。

如果存在多条匹配的路由，则在进行路由选择及路由匹配时，按以下顺序进行路由选择。

- 子网掩码最长匹配：当一个目标地址被多个网络目标覆盖时，它会优先选择最长子网掩码的路由。例如，到达 10.0.0.1 所在的网络有两条路由项：10.0.0.0/24 的下一跳是 12.1.1.2，10.0.0.0/16 的下一跳是 13.1.1.3。由于第一条的子网掩码/24 大于第二条的/16，所以路由器将目的地址为 10.0.0.1 的数据发往 12.1.1.2。若路由器上有发往 10.0.1.1 的数据，就选择 10.0.0.0/16，因为 10.0.1.1 不包含在 10.0.0.0/24 网络中。
- 管理距离最小优先：在子网掩码长度相同的情况下，路由器会优先选择管理距离最小的路由项。

路由器构造路由表时，若一台路由器同时运行多个动态路由协议，相同的路由项只会保留管理距离最小的那一条。例如，RIP 和 OSPF 都报告了一个相同子网，路由器会优先选择 OSPF，因为在子网掩码长度相同的前提下，OSPF 有更小的管理距离。假设路由器收到 10.1.1.0/24 路由有两条：一条 RIP 产生的管理距离是 120，一条 OSPF 产生的管理距离是 110，那么路由器优先选择 OSPF（110）学习到的路由项放进自己的路由表中。

- 度量值最小优先：在路由的子网掩码长度相等、管理距离也相同的情况下，比较度量值，度量值最小的将进入路由表。

③ 如果路由表中存在默认路由（即表示全网的路由），则根据默认路由转发 IP 报文，否则向源主机发送 ICMP 出错消息，通知 IP 报文不能被转发。

5.1.3 路由转发

1. 路由转发

网络层的 IP 报文如果要传给对端的设备（路由器或主机），必须要经过数据链路层的封装才能向外传送，这就出现了一个问题：在二层进行数据封装时需要知道对端设备的硬件地址（即目的 MAC），ARP 就是为解决这个问题而设计的。ARP 通过在同一个网段内广播对端设备 IP 地址，对端设备回应 ARP 包，本地路由器就知道了对端设备直连接口的 MAC 地址。

如图 5-4 所示，R1、R2 的路由表列出了每台路由器可达的路由，以及到达该目标网络的下一跳地址。下面介绍路由转发过程。

微课 5.1.3
路由转发

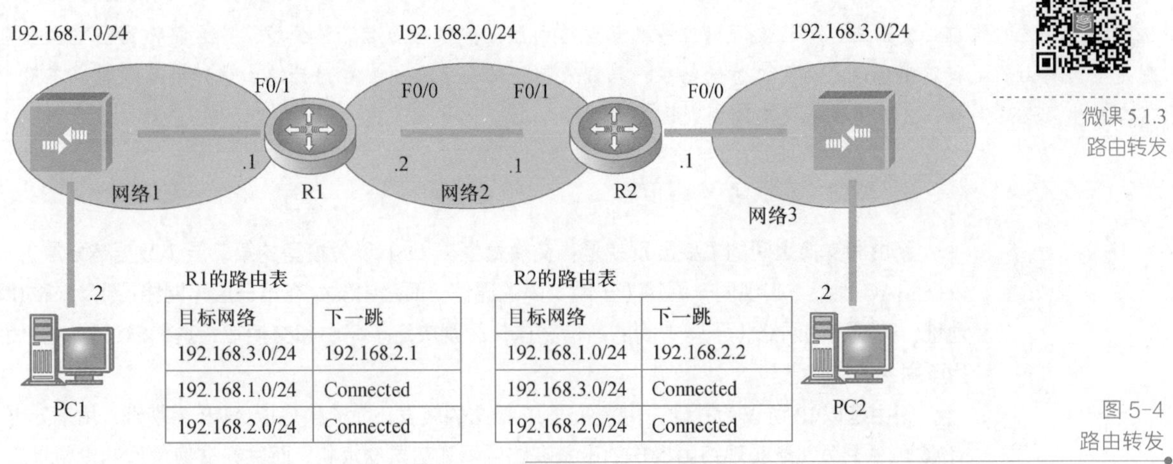

R1的路由表

目标网络	下一跳
192.168.3.0/24	192.168.2.1
192.168.1.0/24	Connected
192.168.2.0/24	Connected

R2的路由表

目标网络	下一跳
192.168.1.0/24	192.168.2.2
192.168.3.0/24	Connected
192.168.2.0/24	Connected

图 5-4
路由转发

本地主机 PC1 要向远端目标主机 PC2 发送 IP 报文 M1，数据经过网络层时，会被封装上源地址和目的地址，源地址为 PC1 的 IP 地址 192.168.1.2/24，目的地址为 PC2 的 IP 地址

192.168.3.2/24。

(1) 获取 R1 的 F0/1 接口的地址，将数据包发向网关

由于 PC1 与 PC2 的 IP 地址不在同一网段，PC1 先构造 ARP 广播包（在网络 1 上广播），询问自己的网关 IP（即 R1 的 F0/1 接口地址）的硬件地址，F0/1 接口收到后，向 PC1 发送回应包，PC1 利用得到的目的 MAC 地址将 IP 报文 M1 封装成二层帧，发向 R1 路由器的 F0/1 接口。

(2) R1 路由器查看本地路由表后，重新进行二层封装向 R2 进行转发

R1 从 F0/1 接口收到 PC1 发来的二层帧后，解包得到 IP 报文 M1，根据 IP 报文中的目的地址 192.168.3.2，从 R1 的路由表中匹配到一个目标网络为 192.168.3.0/24、下一跳地址为 192.168.2.1 的路由项。若 R1 不知道 192.168.2.1 的 MAC 地址，此时 R1 会发起查找 IP 为 192.168.2.1 的 ARP 广播(在网络 2 上广播)，R2 收到这个广播包回应自己的 MAC 地址给 R1。R1 对 M1 报文进行重新封装（源 MAC 地址为 R1 的 F0/0 接口地址，目的 MAC 地址为 R2 的 F0/1 接口地址）后，从 F0/0 接口发向 R2 路由器。

(3) R2 路由器查找 PC2 的 MAC 地址，经交换机向 PC2 转发

R2 从 F0/1 接口收到 R1 发来的二层帧后，解包得到 IP 报文 M1,根据报文中的目的地址 192.168.3.2，从 R1 的路由表中匹配到一个直连网络为 192.168.3.0。若 R2 没有 PC2 的 MAC，则发起 ARP 请求（在网络 3 上广播），得到 PC2 的 MAC 地址后，将 M1 报文封装成二层数据帧（源 MAC 地址为 R2 的 F0/0 接口地址，目的 MAC 地址为 PC2 的硬件地址），发给 PC2。

可能会有疑问，为什么不直接使用 MAC 地址代替 IP 地址直接查找目标主机呢？这样就不必使用 ARP。究其原因是：因为全世界存在着各式各样的网络，它们使用不同的硬件地址，这些异构网络能够互相通信必须进行非常复杂的硬件地址转换工作。使用 IP 地址技术，就解决了这个问题。只要在互联网中主机拥有唯一的 IP，就能够像在同一个网络中，方便地进行通信。

注意

“转发”和“路由选择”是有区别的，在互联网中，“转发”是指路由器根据转发表把收到的 IP 数据报从路由器合适的端口转发出去，“转发”仅仅涉及一台路由器。但“路由选择”会涉及多台路由器，路由表则是多台路由器运行路由协议、协同工作的结果。转发表根据路由表得出，在讨论路由选择的原理时，不用区分转发表和路由表，可以笼统地使用路由表这个名词。

2. 路由与交换的区别

路由和交换之间的主要区别就是：交换发生在 OSI 参考模型的第二层（数据链路层），依据 MAC 地址，实现同一网络（子网）内的通信；而路由发生在第三层（网络层），依靠 IP 地址，实现不同网络（子网）间的通信。这一区别决定了路由和交换在传送信息过程中要使用不同的控制信息。

路由是以 IP 协议为基础，用来处理 IP 报文的转发；而交换是以 ARP 为基础，用来处理 MAC 帧的转发。能实现路由操作的设备有路由器和三层交换机，而进行交换操作的设备是二层交换机。这两类设备工作在 OSI 模型中的位置，如图 5-5 所示。

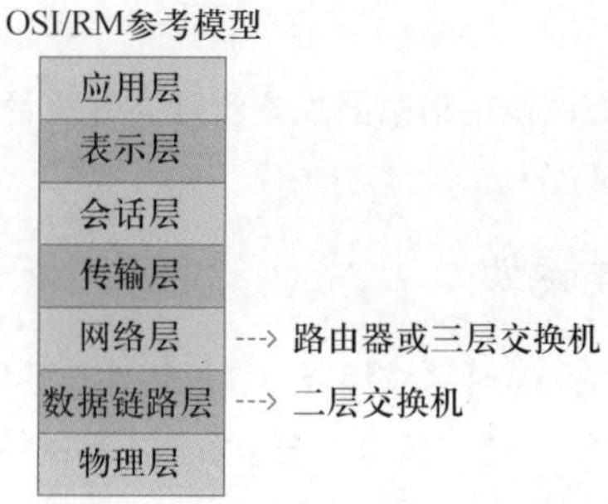

OSI/RM参考模型

应用层	
表示层	
会话层	
传输层	
网络层	---> 路由器或三层交换机
数据链路层	---> 二层交换机
物理层	

图 5-5
路由器、交换机在 OSI/RM 参考模型中所处的层次

5.2 路由器

路由器是互联网的主要结点设备。路由器查询路由表选择最优路径进行数据包的转发，这也是路由器名称的由来。作为不同网络之间互相连接的枢纽，路由器系统构成了基于 TCP/IP 协议的互联网的骨架。

5.2.1 路由器的功能

路由器是工作在 OSI 参考模型第三层（网络层）上的网络设备。常应用在网络互联的边界位置，提供网络间数据包的收发、路由选择等功能。随着三层交换机的出现，局域网内的网间互联，已由过去的路由器换成了三层交换机，但与外网互联时，还是以路由器为主。

1. 路由器的分类

从功能及用途上来分，可分为家用路由器、企业级路由器、骨干级路由器，如图 5-6 所示。

- 家用路由器常用于家庭网络接入互联网。
- 企业级路由器可分不同档次产品，低档路由器的接口一般是固定的，不能进行扩容，数据包的转发能力较弱，常用于小型网络；模块化路由器用于中小型网络，这类路由器可根据需要通过增加模块提高路由器的扩展能力和处理能力。
- 骨干级路由器应用于大型企业的骨干网络建设，此外，构建 Internet 网络、各种广域网、城域网都离不开骨干路由器。

(a) 家用路由器

(b) 企业级路由器

(c) 骨干级路由器

图 5-6
路由器分类

2. 路由器的主要功能

① 网络互联：路由器支持多种网络互联协议，提供各种局域网和广域网接口，主要用于互联局域网和广域网，实现不同网络互相通信。

② 数据处理：路由器提供数据包的分组、过滤、分组转发、优先级、复用、数据加密

和防火墙等功能。

③ 网络管理：路由器提供包括路由器配置管理、性能管理、容错管理和流量控制等功能。

5.2.2 路由器软件与硬件

路由器设备是由硬件系统和软件系统组成，通过软件与硬件的有机配合，完成报文的收发操作。为了更好地理解路由器软硬件关系，先了解路由器的体系结构，如图 5-7 所示。

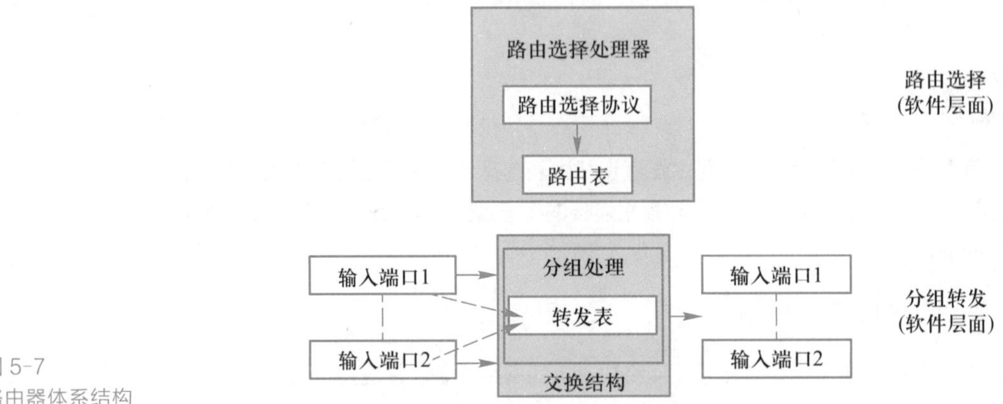

图 5-7
路由器体系结构

整个体系的大致工作过程：路由选择处理器（CPU）运行路由选择协议，生成并维护路由表，输入端口接收输入的报文数据，进行拆包处理后，查找路由表确定输出端口，交换结构根据转发表向指定的端口进行输出，在输出端口完成二层封装后，向外转发。

1. 路由器的软件系统

（1）路由器操作系统

路由器之所以可以连接不同类型的网络并对报文进行路由，除了必备的硬件条件外，每台路由器都有一个核心操作系统，统一调度路由器各部分的运行。

（2）配置文件

在每次路由器启动过程的最后阶段，配置文件中每条语句被 IOS 翻译并执行，以完成对应的功能（如配置接口 IP 地址信息、路由协议参数等），最终生成路由表。当路由器每次断电或重启时，由于配置文件的存在，网络管理员不必对路由器的各种参数重新进行配置。

路由器管理员通过控制台终端或远程虚拟终端提供的文本命令行接口（Command Line Interface，CLI）完成。配置文件中的语句以文本形式存储，其内容可以在路由器上显示、修改或删除，也可以通过 TFTP 服务器上传或下载。

路由器中有两种类型的配置文件，具体如下。

- 启动配置文件（startup-config）：也称为备份配置文件，保存在 NVRAM 中，并在路由器每次初始化时加载到内存中成为运行配置文件。
- 运行配置文件（running-config）：也称为活动配置文件，驻留在内存中。当路由器的命令行接口对路由器进行配置时，配置命令被加载到路由器的运行配置文件中并被立即执行。

2. 路由器的主要硬件

路由器硬件系统可为内部硬件和外部接口硬件。

（1）路由器内部的主要硬件

1）路由器中央处理器（CPU）

CPU 负责运行路由器操作系统，包括系统初始化、路由计算、路由选择等功能。CPU 是衡量路由器性能的重要指标。

2）非易失性 RAM（NVRAM）

NVRAM 用于存储路由器的启动配置文件。重启或者断电后，其中的内容不丢失。

3）闪存（Flash）

Flash 是可擦写、可编程的 ROM，主要用于存放操作系统的映像文件（IOS）。当进行路由器操作系统版本升级时，要更新 IOS 文件。重启或者断电后，Flash 中的内容不丢失，可存放多个 IOS 版本（在容量许可的前提下）。

4）只读存储器（ROM）

ROM 中存放 POST 诊断所需的指令、mini-ios、ROM 监控模式的代码。

5）随机存储器（RAM）

RAM 用来存储用户的数据包队列以及路由器在运行过程中产生的中间数据，如 ARP 高速缓存、分组交换缓存，还用来存放路由表、解压后的 IOS、running-config 文件。当路由器重启或者断电后，RAM 中的内容丢失。

（2）路由器外部的接口硬件

路由器外部接口是数据包进出路由器的通道。不同路由器可能有不同种类、不同数量的接口。常见的基本接口类型为网络接口、配置接口等，每个接口都有自己的名称和编号。网络接口可用于实现局域网或广域网的连接，配置接口用于对路由器进行配置。在硬件的发展过程中出现过多种不同类型的接口，有些接口已经被淘汰，下面介绍比较常见的接口。

1）RJ45 接口

可用于与局域网的交换机连接，还可与广域网终端设备相连，如连接光纤收发器（见图 5-8）或光网络单元（Optical Network Unit，ONU）设备（见图 5-9），这两种设备可以将运营商的光纤接入转换成双绞线的电口后，与路由器 RJ45 接口相连。

图 5-8
光纤收发器

图 5-9
ONU 光猫

RJ45 接口按通信速度划分，有 10 Mbit/s（以太网接口）、100 Mbit/s（快速以太网接口）、10/100 Mbit/s（自适应接口）、1000 Mbit/s（千兆接口）。RJ45 接口硬件结构如图 5-10 所示，接口编号在每个接口进行了标识，分别为 ETH0/0 和 ETH0/1。

图 5-10
RJ45 接口

2）光纤接口

光纤接口有多种类型，如 SC、FC、ST 等类型。有些档次较高的路由器提供固定类型的光接口（如 SC、ST 等），还有的路由器提供光模块插槽，用于插入不同类型光纤接头的光纤模块。光纤接口的传输速度有 100 Mbit/s、1000 Mbit/s、10000 Mbit/s，用于局域网、广域网的光纤连接，见表 5-2。

表 5-2　光纤接口相关的组件

路由器的光模块插槽	光模块	不同类型接头的光纤
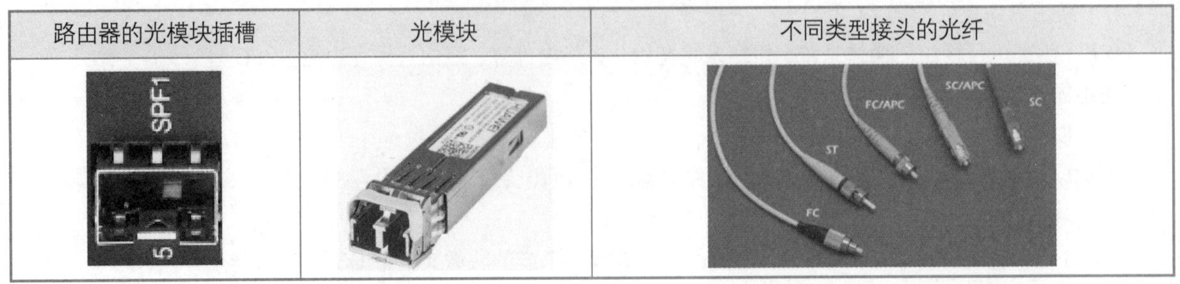		

3）V.35 同步串口

V.35 同步串口用于与广域网的连接，通信速度比异步串口速度快，但要求连接的网络两端采用相同的技术标准。目前这种接口逐渐淡出市场，如图 5-11 所示。

4）路由配置接口

① Console 端口。

Console 端口，使用配置专用连线直接连接计算机的串口，利用终端仿真程序（如 Windows 中的“超级终端”）进行路由器本地配置。路由器的 Console 端口外观为 RJ45 端口，如图 5-12 所示包含了一个 Console 配置端口。

② AUX 端口。

AUX 端口为异步端口，主要用于远程配置，也可用于拨号连接，还可通过收发器与 Modem 进行连接。AUX 端口与 Console 端口通常同时提供，它们的用途各不相同，如图 5-12 所示。

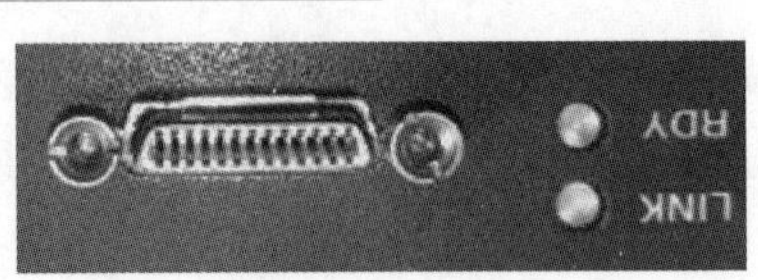

图 5-11
V.35 同步串口

图 5-12
Console 与 AUX 端口

5.2.3　路由器的访问方式

路由器与交换机访问方式一样，路由器支持多种访问配置方式，具体如下。

① 通过 Console 方式配置，这种配置方式因不占用网络带宽又称为带外配置，只能在本地进行。

② 使用 Web 方式对路由器进行配置。

③ 利用 Telnet 方式对路由器进行配置。

④ 使用 SNMP 管理软件对路由器进行远程管理。

⑤ 利用 SSH 方式对路由进行配置。

在这几种访问配置方式中，Console 方式常用于对新设备进行初始配置，并且只能使用这种方式。而配置方式②～⑤在网络畅通的情况下，可以对设备进行远程配置。路由器的访问与交换机相同，这里不再赘述。

5.3 路由协议

路由协议是解决数据包在网络中进行正常转发的协议。路由器运行路由协议，利用路由选择算法得到路由表，路由器查找路由表，进行数据的转发。路由表描述了网络的拓扑结构。

1. 按应用范围分类

按应用范围分类，路由协议可分为内部网关协议和外部网关协议，如图 5-13 所示。在一个自治系统（Autonomous System，AS，指有权自主地决定在本系统中采用何种路由协议的互连网络）内运行的路由协议称为内部网关协议（Interior Gateway Protocol，IGP）。运行在 AS 之间的路由协议称为外部网关协议（Exterior Gateway Protocol，EGP），EGP 常用来解决不同机构间网络互联的问题，一般是通信运营商运行 EGP。

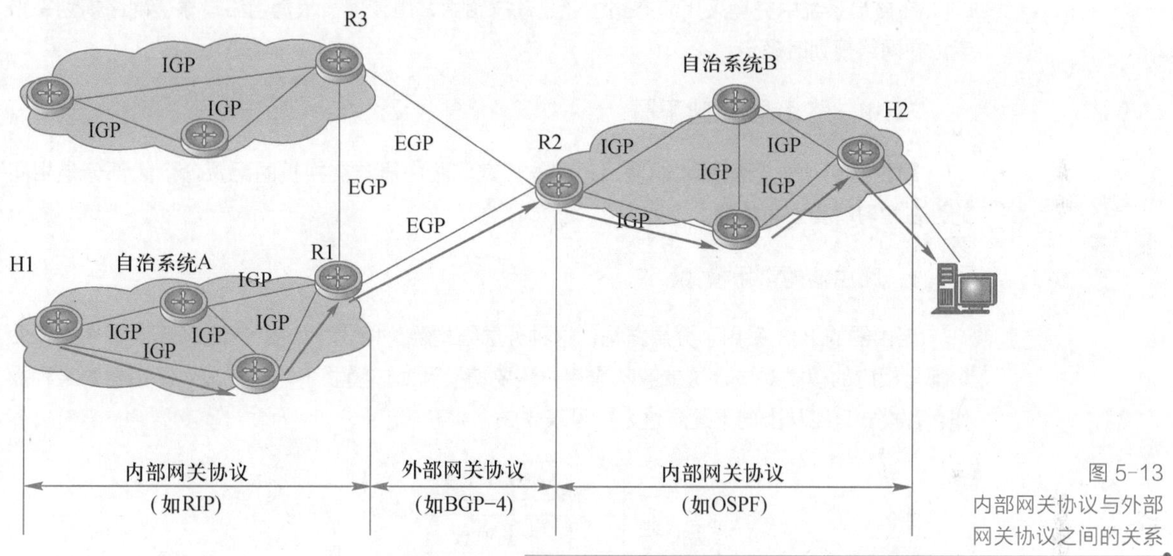

图 5-13 内部网关协议与外部网关协议之间的关系

图 5-13 中给出了从主机 H1 访问主机 H2 的示例，H1 的数据包从自治系统 A 被路由到边界路由器 R1，经外部网关协议到达路由器 R2，进入自治系统 B，最后被转发到 H2。

目前常用的内部网关协议有 RIP-1、RIP-2、增强内部网关路由协议（Enhanced Interior Gateway Routing Protocol，EIGRP）、中间系统到中间系统（Intermediate System-to-Intermediate System，IS-IS）和 OSPF。其中，前 3 种路由协议采用的是距离矢量算法，常用于小型网络，IS-IS 和 OSPF 采用的是链路状态算法，常用于大型网络。外部网关协议常用的是 BGP-4 协议。

2. 按路由表生成方式分类

路由表中各类路由大致可分直连路由、静态路由、动态路由 3 类。

① 直连路由是路由器自己学习到的。只需配置路由器接口 IP，即可自动生成直连路由。

② 静态路由器需要在每台路由器上执行手工路由配置命令，这就要求网络管理员全面准确地分析整个网络，才不会导致路由表项缺失，对于一些大型复杂的网络靠手工配置静态路由显然难以实现。由于静态路由是手工配置，所以不需要占用路由器的 CPU，路由器之间

不需交换路由信息，也不必占用带宽资源。此外，静态路由对于结点故障或线路故障的解决方式也不如动态路由完善。

配置静态路由的路由器不在网络中广播路由表，黑客很难从网络上了解网络的拓扑结构和网络地址等信息。另外在所有路由中，当动态路由与静态路由发生冲突时，以静态路由为准。静态路由具有高效、保密性好、优先级别高等特点，被广泛应用于没有环路的中小型网络环境当中。

③ 动态路由根据路由算法不同，又分为距离矢量算法和链路状态算法（最短路径优先算法，Shortest Path First 算法，即 SPF 算法），如 RIP 采用距离矢量算法，OSPF 采用 SPF 算法。

动态路由由各台路由器配置的动态路由协议自动进行路由计算和路由表项更新，当网络结点或者链路出现故障或变化时，动态路由能够自动发现并进行及时的路由调整。

动态路由适用于规模巨大、结构复杂的网络。其优点是维护简单，能根据网络的变化自动进行路由调整，计算出最佳路由。缺点是各种动态路由协议会不同程度地占用网络带宽和 CPU 资源，优先级没有静态路由高。

在自治系统中究竟采用静态路由还是动态路由，由管理员根据网络需求、网络规划等因素，在网络规划时确定。

5.3.1 路由器基础配置

路由器必须进行配置才能使用，同一厂家的路由器与交换机的配置命令大部分是相同的，在学习时要注意体会。

1. 路由器的常用模式

路由器的 IOS 采用了分层结构，这种分层结构称为模式，如图 5-14 所示。每个操作命令都与相应的模式对应，这就意味着用户需要切换到对应模式下才能完成对路由器的某种操作，各模式只能从上向下逐层进入，见表 5-3。

图 5-14
IOS 各模式的分层

表 5-3 路由器命令行配置模式的进入

模式		切换命令	默认提示符
一般用户模式		无	Ruijie>
配置模式	特权模式	Ruijie>Enable	Ruijie#
	全局配置模式	Ruijie#config terminal	Ruijie(config)#
	接口子模式	Ruijie(config)#intface f0/0	Ruijie(config-if-FastEthernet0/0)#
	Line 子模式	Ruijie(config)# Line vty 0 4	Ruijie(config-line)#
	路由子模式	Ruijie(config)#router rip Ruijie(config)#router ospf 1	Ruijie(config-router)#

在路由器上，模式返回使用的操作命令和交换机相同，这里不再赘述。

2．各模式下常用的命令

（1）一般用户模式

该模式权限很低，可以使用的命令很少。

① show 参数：显示系统的运行状态信息，如 show service 命令显示是否开启了网络管理服务（如 SSH、Telnet、Web 等）。

② enable：进入特权模式。

（2）特权用户模式

① debug 参数：用于网络调试。

② ping 域名或 IP 地址：测试网络连通性。

③ tracert 域名或 IP 地址：测试网络连通性。

④ copy 源 目标：复制及保存配置文件。

示例：

```
Ruijie#copy running-config startup-config //将当前运行配置保存到启动配置文件
```

⑤ reload：重启路由器。

（3）全局配置模式

全局模式用于配置路由器的一些全局性参数。

① ip route 网络地址 子网掩码 网关地址或下一跳：设置到达目标网络的静态路由。

```
Ruijie(config)#ip route 192.168.1.0 255.255.255.0 192.168.1.2 //访问 192.168.1.0 网络，要经过
网关地址 192.168.1.2
```

② enable <password|secret> 密码：设置特权密码，以及在配置文件中的是按明文还是密文显示。使用 password 设置的密码为明文，使用 secret 设置的密码是密文。

```
Ruijie(config)#enable password ruijie    //设置进入特权的密码为明文 ruijie
Ruijie(config)#enable secret ruijie      //设置进入特权的密码为密文 ruijie
```

③ hostname 设备名：设置路由器的设备名称。

```
Ruijie(config)#hostname R1               //设置设备的名称为 R1
```

④ interface 接口：进入接口子模式。

```
Ruijie(config)#interface f0/0            //进入 F0/0 接口
```

⑤ line vty 起始 line 号 结束 line 号：进入 VTY 线路子模式。

```
Ruijie(config)#line vty 1 3              //进入到 Line VTY 1～3 的 Line 模式
```

⑥ route 协议 参数：当配置动态路由时，此命令可进入路由子模式，如 RIP、OSPF 路由等。

```
Ruijie(config)#route ospf 1 //开启 OSPF 进程 1
```

（4）接口子模式

当开启路由时（如 RIP、OSPF），会进入该模式，在该模式下可以配置接口相关参数，如 IP 地址、描述信息、带宽等。

① IP address IP 地址 子网掩码：为接口指定 IP 地址。

```
Ruijie(config--if)#ip add 192.168.1.1 255.255.255.0 //配置 F0/0 接口地址为 192.168.1.1/24
```

② description 描述文字：描述文字由用户根据需要填写描述性文字，如对端口用途、连接的网络等进行说明。文字只能是字母、数字、下画线等，不能是汉字。

```
Ruijie(config-if-FastEthernet0/0)# description  lian jie waiwang//用拼音对 F0/0 端口的用途进行描述
```

③ shutdown：关闭端口，锐捷设备端口默认是开启的。

（5）Line 子模式

Line 支持多种模式，如 AUX、Console、TTY、VTY，下面以常用的 VTY 为例进行介绍。

```
Ruijie(config)#line vty 0 4 //开启虚终端线路，用于 Telnet/SSH 连接，进入 Line VTY 的配置模式。Line VTY 后面的参数“0 4”为指定 LINE 起始与结束号
Ruijie(config-line)#password Ruijie  //设置登录口令为 Ruijie
Ruijie(config-line)#login  //使口令生效
```

（6）逻辑接口模式

路由器设备支持物理接口和逻辑接口两种类型接口。物理接口是在设备上有对应的、实际存在的硬件接口，如以太网接口。逻辑接口在设备上没有对应的、实际存在的硬件接口，逻辑接口可以与物理接口关联，也可以独立于物理接口存在，如 NULL 接口、Loopback 接口、子接口等。实际上对于网络协议而言，无论是物理接口还是逻辑接口，几乎都是一样对待。

① 子接口

在三层交换机出现之前，单臂路由利用子接口技术和 802.1Q 协议，实现二层交换机上 VLAN 间通信的主要技术。在路由器的一个物理接口上配置逻辑子接口，连接多个不同网段的 VLAN，实现原来有多个物理接口的功能，由于只用到一条物理线路，所以称为单臂。

802.1Q 在一个已划分 VLAN 的网络中，实现了设备在不同 VLAN 之间的数据转发、流量控制、广播管理等。在路由器上，通过 802.1Q 与 VLAN 号之间建立一一对应，即可实现 VLAN 间路由。

单臂路由常用的配置命令如下。

```
Ruijie(config)#interface 接口名.x //在配置模式下执行，进入用户指定的子接口模式，其中接口名为路由器物理接口名，x 为用户定义的子接口编号，使用数字表示
Ruijie(config-subif)#encapsulation dot1Q VLAN 号//在子接口模式下封装 802.1Q，使子接口能够处理带 VLAN 标记的数据包，VLAN 号应与要路由的网段的 VLAN 号对应
```

```
Ruijie(config-subif)#ip address IP 地址  子网掩码  //为子接口指定 IP 地址，作为对应 VLAN 网段的网关
```

② Loopback 虚拟接口

Loopback 接口是一种纯软件性质的虚拟接口。Loopback 接口和其他物理接口相比较，具有以下特点。

- Loopback 接口状态永远是 UP。
- Loopback 接口可以配置地址，且可以配置 4 个 255 的掩码，节省宝贵的地址空间，可以作为路由器管理地址使用，还可用于 OSPF、BGP 的路由器 ID。
- Loopback 接口不能封装任何链路层协议。在网络设备中，Loopback 虚拟接口可以被分配一个 IP 地址，但是 IP 地址不会对应到实际的物理接口，这种接口名被称为 Loopback *n*（*n* 为不大于 2 147 483 647 的数字，代表不同的接口编号）。
- 对于目的地址不是 Loopback 接口，而下一跳接口是 Loopback 接口的报文，路由器会将其丢弃。

配置 Loopback 接口 IP 地址的命令如下。

```
R1(config-if-FastEthernet 0/0)#interface loopback 0   //进入 Loopback 接口
R1(config-if-Loopback 0)#ip address 192.168.1.1 255.255.255.0 //设置接口 IP
```

3. 显示路由器硬件中存储的内容

路由器硬件中存储的软件等信息，可以使用 show 命令来显示，见表 5-4。

表 5-4　查看硬件中存储信息

硬件	硬件中存放内容	查看命令
RAM	运行中的操作系统（IOS）	show version //显示版本等信息
	当前配置文件（running-config）	show running-config //显示运行配置文件
	表	show ip arp //查看 ARP 表 show memory　//查看内存使用情况 show ip route //查看路由表
	各种程序	show ip rip　//查看 RIP 进程信息 show ip protocols //查看各协议进程
NVRAM	启动配置文件（startup-config）	show startup-config//查看启动配置文件
Flash	操作系统（IOS）	dir 或 ls//查看路由器 Flash 中的文件及文件夹
外部接口	各种接口（F0/0、S0/0 等）	show interfaces 接口名//查看指定接口信息 show interfaces //查看所有接口信息

4. 路由器 CLI 模式命令输入

路由器的命令行输入与交换机输入方式相同，这里不再赘述，具体操作可参见项目 2 中对应的内容。

5. 路由器配置时的注意事项

对路由器进行配置时，有以下一些基本注意事项。

① 两台路由器相连的接口必须属于同一子网。

② 一台路由器的不同接口必须属于不同子网，且网络地址空间不允许重叠，如192.168.1.0/16 就包含 192.168.1.0/24 的网络。

③ 如果要实现全网通，需要每一台路由器配置到达所有网络的路由。

这 3 个条件是实现三层网络互联的前提，初学者一定要牢记。

5.3.2　直连路由

一台路由器连接的各网络段的接口上必须要配置 IP 地址，每个接口上的 IP 地址属于它直连的网络内的地址，同一台路由器上各接口 IP 地址必须属于不同网络。当接口处于 UP（激活）状态时，其接口的直连路由协议会自动启动，若没有对接口进行特殊限制，路由协议会根据路由器接口的 IP 地址生成直连路由，直连的各个网络就自动实现了互联互通。

如图 5-15 所示，与 R1 相连的 192.168.1.0 和 192.168.2.0 是直连网络，当 R1 路由器的 F0/1 与 F0/0 配置了接口地址后，会产生直连路由，这两个网络就可以直接互访。而 R1 与 192.168.3.0 是非直连网络，需要配置路由后才能访问。

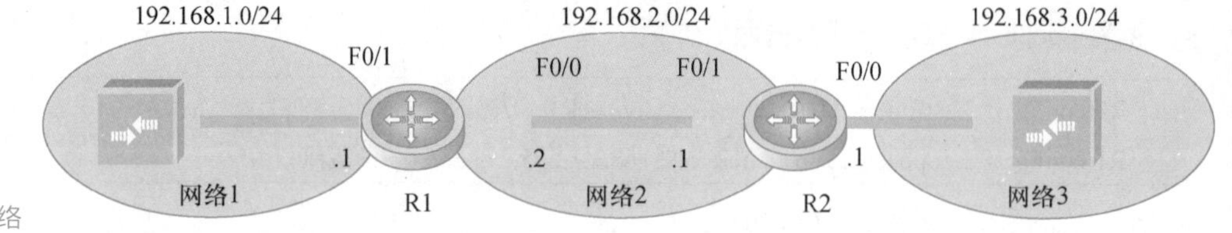

图 5-15
路由器连接的网络

5.3.3　静态路由

静态路由是网络管理员在分析整个网络拓扑后，在路由器中手工设置了固定路由，路由器才能获得路由表，这种路由不会自动发生改变，除非手工改动。

下面介绍静态路由和默认路由的配置。

（1）静态路由的配置

配置静态路由的命令格式如下。

```
Router（config）#ip route 目的网络 子网掩码 转发接口名称/下一跳网关 IP [管理距离]
```

这条命令表达了到达目的网络，需要经过对端路由器的接口 IP（即下一跳网关 IP）或本地路由器的转发接口才能实现，还可设置“管理距离”指定备份链路，实现浮动路由。

在配置静态路由时，如果是点到点链路（如 PPP 封装的链路），通常采用转发接口；如果链路是多路访问场景（如以太网），则采用下一跳网关地址，不能使用转发接口。

如果使用下一跳网关 IP，则路由器产生一条管理距离为 1、开销为 0 的静态路由信息；如果使用本地路由器的转发接口，则路由器产生一条管理距离为 0、和直连路由等价的路由信息。

如图 5-16 所示，给出了 4 台路由器组成的网络拓扑的静态路由配置。注意：不管目标网络在哪里，当前路由器的下一跳地址，一定是那个网络方向的与当前路由器直连的对端路由器接口的 IP；另外要实现全网通，网络中任意路径的路由一定要双向配置。例如，RA 能够访问 RD 直连的 10.1.5.0/24 网络，则需要 RA、RB、RC 上都要配置到达 RD 路由器的 10.1.5.0/24 网络的路由，在反向路径上，RD、RC、RB 上都要配置到达 RA 的 192.168.1.0/27 网络的路由。

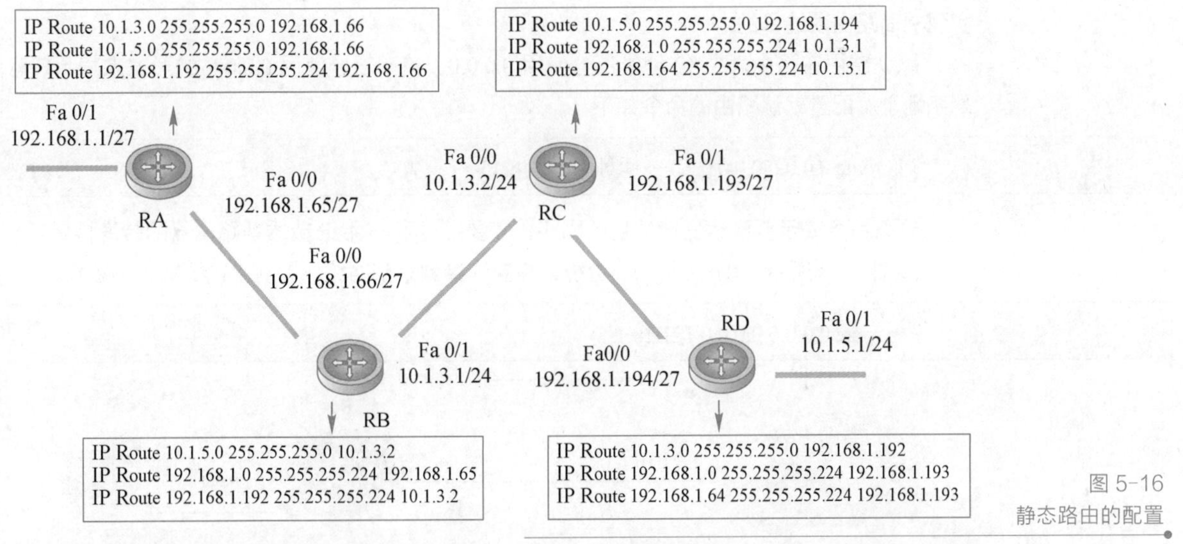

图 5-16
静态路由的配置

在配置静态路由时，如果使用“管理距离”选项，路由被配置为浮动静态路由，提供路由的冗余性能，这种路由只会在首选路由发生失败时才出现在路由选择表中。浮动路由是在正常的静态路由配置后再增加一个大于 1 的管理距离值的路由。如图 5-17 所示，如果主链路失败，将 RA 采用备份链路访问 10.1.6.1/24 网络（即管理距离设置为 2 的那条）。

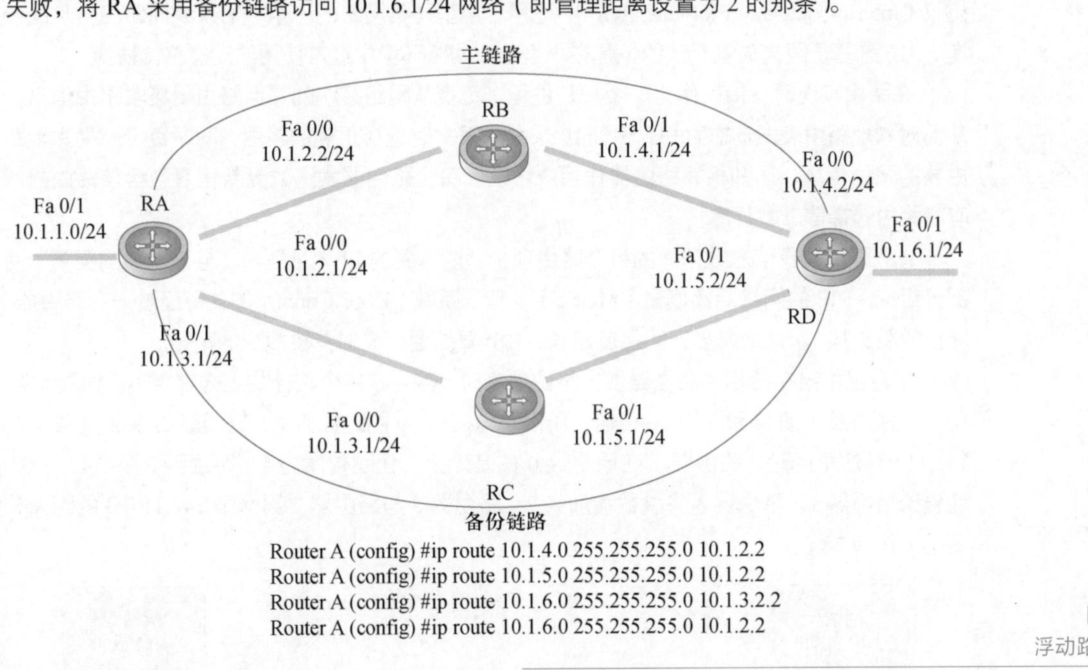

图 5-17
浮动路由链路

（2）默认路由的配置

当内部网络产生了访问外部网络的数据包（如浏览互联网的网页），发给本地路由器时，由于本地路由器不可能知道外部网络的所有路由信息，当然在本地路由表中找不到目标网络的路由，会自动按弃包处理，但为了保证这类没有包含在本地路由项的数据包能够正常转发到外部网络，就需要在路由器中配置一种默认路由，来指示数据包下一跳的方向。

默认路由是一种特殊的静态路由，通常在内网边界上与互联网连接的路由器上使用，将未知网络的数据包转发到外网，或存在若干条静态路由的下一跳网关相同的情况下使用，以实现精简路由项的目的。

默认路由在路由表中 IP 地址部分使用 0.0.0.0、掩码部分使用 0.0.0.0 的形式来表示任意网络地址。配置默认路由的命令如下。

```
ip route 0.0.0.0 0.0.0.0 下一跳网关/转发接口
```

这条命令表示要到达任意的目的网络，需要经过下一跳 IP 或本地路由器的转发接口。

如图 5-18 所示，R1 在网络的边缘，需要连接到外部网络，要在 R1 配置默认路由。

```
ip route 0.0.0.0 0.0.0.0 221.10.1.1
```

R1

外网　221.10.1.1/28　内网

图 5-18
路由器 R1 配置默认路由

5.3.4　RIP 路由

路由信息协议（Routing information Protocol，RIP）是应用较早、使用较普遍的内部网关协议（Interior Gateway Protocol，IGP），适用于小型同类网络的一个自治系统内路由信息的传递。RIP 是基于距离矢量算法的，是在小型企业网络环境中经常使用的动态路由协议。

在路由实现时，RIP 作为一个长驻进程，负责从网络系统的其他路由器接收路由信息，从而对本地路由表做动态维护，保证 IP 层发送报文时选择正确的路由，同时负责广播本地路由器的路由信息，通知相邻路由器作相应修改。每台路由器发送的更新信息包含该路由器所有的路由选择信息数据库。

RIP 路由选择信息数据库的每个路由项由“能达到的 IP 地址”和“与该网络的距离”两部分组成。RIP 的网络距离度量（Metric）是基于跳数（Hops Count）的，每经过一台路由器，路径的跳数加 1。跳数越多，路径就越长，RIP 算法会优先选择跳数少的路径。

每台路由器在给相邻路由器发出路由信息时，都会给每个路径加上内部距离。如图 5-19 所示，路由器 1 直接和网络 A 相连，所以它与网络 A 的跳数为 0，它向路由器 2 通告网络 142.11.0.0 的路径时，路由器 2 在原跳数 0 的基础上，让跳数增加 1。路由器 2 将 142.11.0.0 通告给路由器 3，路由器 3 将跳数增加到 2。路由器 2 与路由器 3 到网络 142.11.0.0 的距离分别是 1 跳和 2 跳。

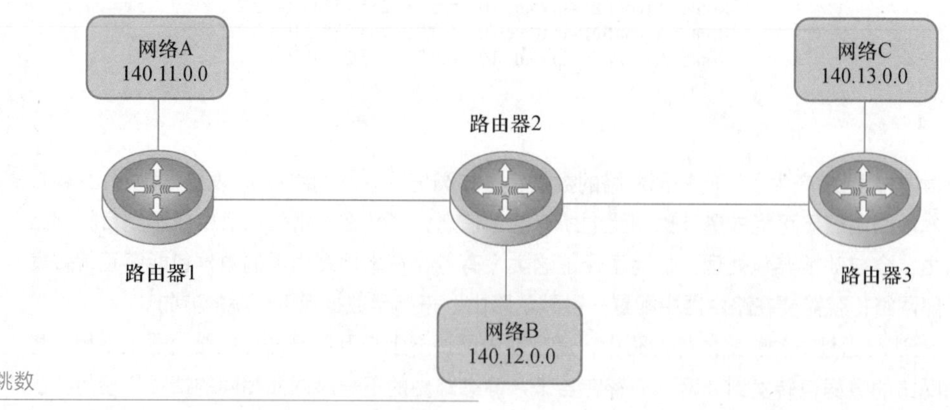

图 5-19
网络示意图说明跳数

RIP 支持的最大跳数是 15，跳数为 16 的网络被认为不可达。这也意味着，在 RIP 组成的网络中，源地址与目的地址间所经过的路由器最大台数为 15，如图 5-20 所示。

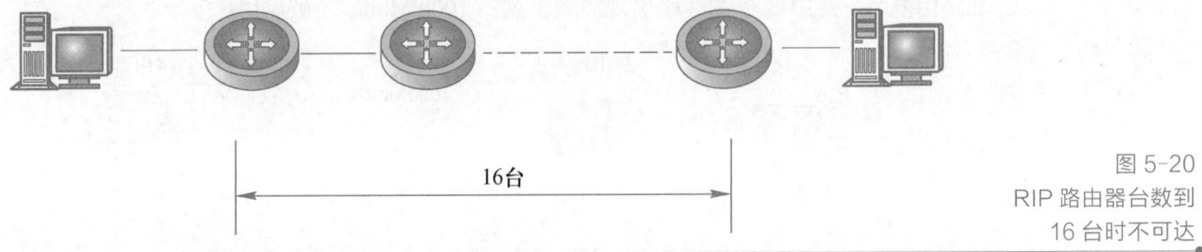

图 5-20 RIP 路由器台数到 16 台时不可达

RIP 在带宽、配置和管理方面要求较低，主要适用于较小规模的网络。它具有以下特点。

- 路由器仅和相邻路由器交换信息，通过 UDP 的 520 端口交换当前路由器所知道的全部信息，即自己的路由表。
- 按固定的时间间隔交换路由信息。默认每 30 s 广播发送完整的路由表到相邻的 RIP 路由器。
- RIP 具有通用性。在同一网络中，不同厂商的路由器都可以通过 RIP 进行互连。
- RIP 配置简单，路由表中最主要的信息就是到某个网络的距离（即最短距离），以及应经过的下一跳地址。
- 不能准确选择最优路径，收敛速度较慢。跳数最少即为最优路由，这可能会出现高速链路因跳数大于低速路径，而不会选择高速链路转发数据的情况发生。RIP 应用到实际中时，很容易出现“计数到无穷大”（Count to Infinity，即一条错误的路由信息在路由器间的循环传递）现象，这使得路由收敛很慢，在网络拓扑结构变化以后需要很长时间路由信息才能稳定下来。
- 不能用于大型网络。RIP 中规定，一条有效路由信息的度量值不能超过 15。

1. RIP 路由学习过程

RIP 是依靠和邻居路由器直接交换路由表信息来工作的，RIP 使用 UDP 的 520 端口，定时广播报文交换路由信息。默认情况下路由器每隔 30 s，向与它相连的网络发送自己的路由表，接收到路由信息的路由器，将收到的路由与本地路由表中的路由做比较，判断本地是否有不存在的路由及度量值的大小等因素，决定是否更新自己的路由表。每台路由器都重复这个过程，最终网络上所有的路由器，都会得知全网的路由信息。

正常情况下，每 30 s 路由器就会收到一次来自邻居路由器的路由更新信息。如果经过 180 s，即 6 个更新周期，某条路由项都没有得到更新，路由器就认为它已失效，把状态修改为 down。如果经过 240 s，即 8 个更新周期，该路由表项仍没有得到更新和确认，路由信息将从路由表中删除。

每 30 s 的路由更新由更新计时器（Update Timer）控制、180 s 的路由项失效由无效计时器（Invalid Timer）控制，240 s 的路由删除由刷新计时器（Flush Timer）控制，RIP 利用这些计时器，维持路由的有效性与及时性。

对于 RIP 来说，当一台路由器出现故障时，可能需要相对较长的时间，才能确认一条路由是否失效。RIP 至少需要经过 3 min 的延迟，才能启动备份路由。这个时间对于大多数应用程序来说，都会出现超时错误，用户能明显感觉到网络出现了短暂的故障。

RIP 的另外一个问题是，它在选择路由时，不考虑链路的连接速度，而仅仅用跳数来衡量路径的长短。在多路由器互连的网络中，跳数最少的路径就会被选为最佳路径。如图 5-21 所示，PC1 与 PC2 通信，经过路由器 A→路由器 B→路由器 C 的 1000 Mbit/s 没有被选择，除非路由器 A→路由器 C 的线路出现故障，这条 1000 Mbit/s 才被启用。

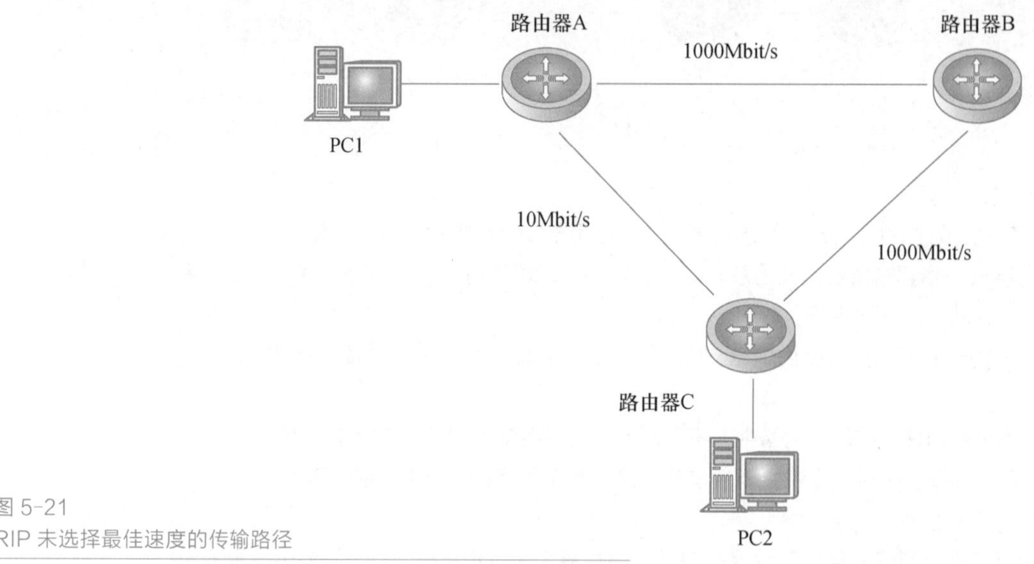

图 5-21
RIP 未选择最佳速度的传输路径

下面通过示意图来分析 RIP 的路由学习过程。如图 5-22 所示，R1、R2、R3 这 3 台路由器连接 4 个子网，在每台路由器上配置了 RIP 动态路由协议。初始状态每台路由器仅有自己的直连路由，RIP 开始工作，各台路由器和邻居开始交换路由信息。

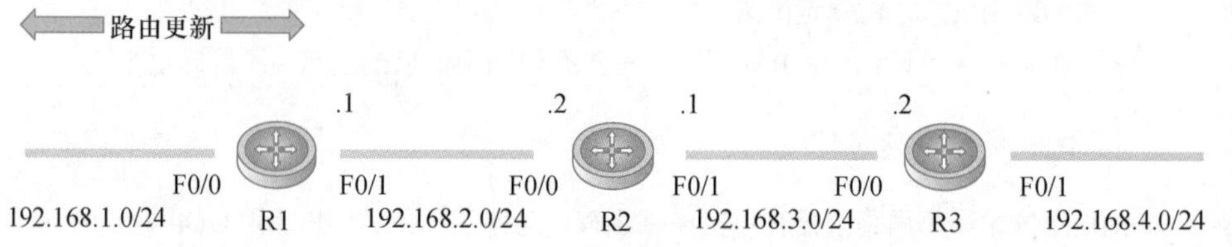

R1的路由表			
类型	目标网络	管理距离/跳数	转发接口
C	192.168.1.0	0/0	F0/0
C	192.168.2.0	0/0	F0/1

R2的路由表			
类型	目标网络	管理距离/跳数	转发接口
C	192.168.2.0	0/0	F0/0
C	192.168.3.0	0/0	F0/1

R3的路由表			
类型	目标网络	管理距离/跳数	转发接口
C	192.168.3.0	0/0	F0/0
C	192.168.4.0	0/0	F0/1

图 5-22
各路由器初始状态及 R1 准备发送路由更新

为了方便理解，假设当前路由信息是从 R1 到 R3 依次传递，初始状态如图 5-22 所示。R1 路由器将自己的两条直连路由传递给 R2 路由器，在 R2 路由器中，由于 192.168.2.0 路由为直连路由无须更新（管理距离为 0），而另一条路由 192.168.1.0，在 R2 路由器中没有，所以 R2 路由器在其路由表中添加 192.168.1.0 路由，类型标示为 R，管理距离为 120，度量值为 1，表示经过一台路由器可以到达该网络，由于是从 F0/0 接口接收到的路由，所以接口标示为 F0/0，如图 5-23 所示。

在 R2 路由器更新完路由后，它将最新的路由表信息继续向右传送给其邻居 R3 路由器，采用同样的方法 R3 路由器添加 192.168.1.0 和 192.168.2.0 两条路由，这样 R3 就实现了完整的路由更新，如图 5-24 所示。

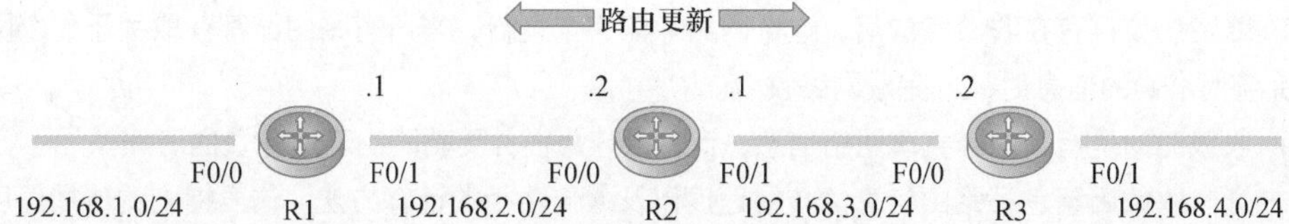

R1的路由表			
类型	目标网络	管理距离/跳数	转发接口
C	192.168.1.0	0/0	F0/0
C	192.168.2.0	0/0	F0/1

R2的路由表			
类型	目标网络	管理距离/跳数	转发接口
C	192.168.2.0	0/0	F0/0
C	192.168.3.0	0/0	F0/1
R	192.16.1.0	120/1	F0/0

R2的路由表			
类型	目标网络	管理距离/跳数	转发接口
C	192.168.3.0	0/0	F0/0
C	192.168.4.0	0/0	F0/1

图 5-23
R2 路由更新

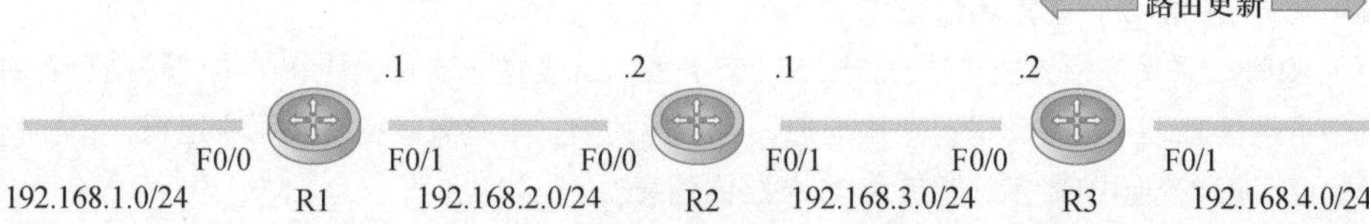

R1的路由表			
类型	目标网络	管理距离/跳数	转发接口
C	192.168.1.0	0/0	F0/0
C	192.168.2.0	0/0	F0/1
R	192.168.3.0	120/1	F0/1
R	192.168.4.0	120/2	F0/1

R2的路由表			
类型	目标网络	管理距离/跳数	转发接口
C	192.168.2.0	0/0	F0/0
C	192.168.3.0	0/0	F0/1
R	192.16.1.0	120/1	F0/0
R	192.168.4.0	120/1	F0/1

R2的路由表			
类型	目标网络	管理距离/跳数	转发接口
C	192.168.3.0	0/0	F0/0
C	192.168.4.0	0/0	F0/1
R	192.168.1.0	120/2	F0/0
R	192.168.2.0	120/1	F0/0

图 5-24
R3 路由更新

由于只是从左向右进行的路由传递，所以 R1 和 R2 的路由不完整。为了方便理解，接下来假定从右向左依次传递路由。如图 5-25 所示，首先 R3 将其完整的路由信息传递给邻居 R2，在 R2 上新增 192.168.4.0 路由，虽然 R3 传递过来的路由还包括 192.168.1.0、192.168.2.0、192.168.3.0 的路由，但由于这些路由 R2 中都存在，且其度量值（跳数）更小，所以无须更新，这样 R2 也完成了所有的路由更新。最后 R2 将完整的路由表信息发送给 R1，采用类似的办法，R1 也完成了所有的路由更新。至此网络中所有路由器都学习到全网路由，即路由器完成了收敛，可以实现任意两个网络的通信。

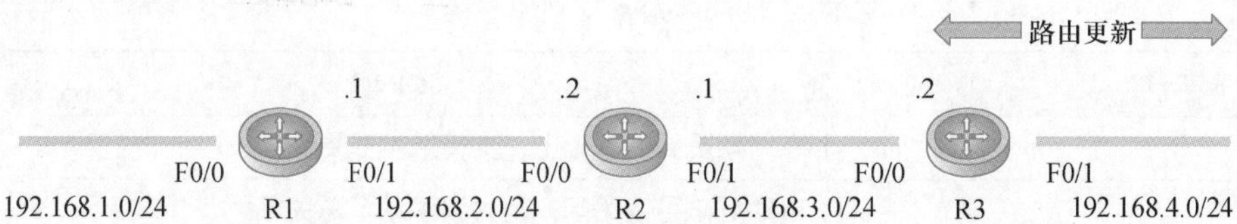

R1的路由表			
类型	目标网络	管理距离/跳数	转发接口
C	192.168.1.0	0/0	F0/0
C	192.168.2.0	0/0	F0/1
R	192.168.3.0	120/1	F0/1
R	192.168.4.0	120/2	F0/1

R2 的路由表			
类型	目标网络	管理距离/跳数	转发接口
C	192.168.2.0	0/0	F0/0
C	192.168.3.0	0/0	F0/1
R	192.16.1.0	120/1	F0/0
R	192.168.4.0	120/1	F0/1

R3的路由表			
类型	目标网络	管理距离/跳数	转发接口
C	192.168.3.0	0/0	F0/0
C	192.168.4.0	0/0	F0/1
R	192.168.1.0	120/2	F0/0
R	192.168.2.0	120/1	F0/0

图 5-25
收敛后的 RIP 路由表

路由协议只有在收敛完成后，这个网络才能完全运行，当所有路由器都获取关于整个网络完整而准确的信息时，才完成网络收敛。

收敛时间是指路由器共享网络信息、计算最佳路径并更新路由表所花费的时间。

影响收敛因素包括路由信息的传播速度以及最佳路径的计算方法。这里提到的传播速度是指网络中路由器转发路由信息的时间。

2. RIP v1 与 RIP v2

在 TCP/IP 的发展过程中，最先使用的动态网络协议是 RIP，即 RIP v1，随着技术的发展，硬件性能增强，出现了 RIP v2。在配置路由器时，RIP 有 RIP v1 和 RIP v2 两个版本可选择，RIP v2 兼容 RIP v1。

基于 IPv4 的 RIP 有两个版本，其中 RIP v1 属于有类路由协议，应用场合有限，而 RIP v2 属于无类路由协议，应用场合较广。

RIP v1 采用广播方式（255.255.255.255）每 30 s 发送一次路由更新数据，路由更新中不携带子网信息，并且自动进行路由汇总，且不能关闭。因此只能在有类网中运行，不支持身份验证。每个分组中最多只能包含 25 条路由信息。

RIP v2 比 RIP v1 完善，采用发送组播方式发送路由更新数据包（组播地址为 224.0.0.9），增加了子网掩码域和 RIP 验证域（支持简单明文密码和 MD5 密码验证），支持可变长子网掩码。

（1）RIP v1 和 RIP v2 的共同特性

① 是距离矢量路由协议。

② 使用跳数（Hop Count）作为度量值，最大跳数为 15 跳。

③ 默认路由更新周期为 30 s，180 s 没有收到路由更新则标定路由不可达，240 s 删除该路由。

④ 管理距离（AD）为 120。

⑤ 默认支持 4 条等价路由，最大支持 6 条等价路由。

⑥ 使用 UDP 的 520 端口进行路由更新。

（2）RIP v1 和 RIP v2 的区别

两个 RIP 版本的区别，见表 5-5。

表 5-5　RIP v1 和 RIP v2 的区别

RIP v1	RIP v2
周期性更新	在周期更新的基础上，支持触发式更新
自动汇总不能关闭	自动汇总可以关闭，也可以手动汇总关闭
不提供认证	提供明文和 MD5
不支持 VLSM 和 CIDR	支持 VLSM 和 CIDR
采用广播更新	采用组播（224.0.0.9）更新
有类别（Classful）路由协议	无类别（Classless）路由协议

3. 路由汇总与密钥认证

（1）路由汇总

RIP 路由自动汇总（聚合），当子网路由穿越有类网络边界时，将自动汇总成有类网络路由。RIP v1 和 RIP v2 默认情况下将进行路由有类自动汇总。

RIP 的路由自动汇总功能，提高了网络的伸缩性和有效性。如果有汇总路由存在，在路由表中将看不到包含在汇总路由内的子路由，这样可以大大缩小路由表的规模。

通告汇总路由会比通告单独的每条路由更有效率，主要有以下因素。

- 当查找 RIP 数据库时，汇总路由会得到优先处理。
- 当查找 RIP 数据库时，任何子路由将被忽略，减少了处理时间。

有时可能希望学到具体的子网路由，而不愿意只看到汇总后的网络路由，这时需要关闭路由自动有类汇总功能。但只有配置 RIP v2 时，才可以关闭路由自动汇总功能，对于无类网络进行汇总，只能采用手工路由汇总。

下面的示例展示无类路由汇总的计算方法，假设要对 172.1.12.0～172.1.15.0 这 4 个网络进行汇总。首先将网络号 172.1.12.0～172.1.15.0，转换成二进制，然后从前向后找出相同位，统计出这些相同位的总数，就是聚合时使用的掩码位数，如图 5-26 所示。这 4 个地址聚合后的地址为 172.1.12.0/22。

相同位(22位)				不同位(10)	
172.1.12.0/24	10101100.	00000001.	000011	00.	00000000
172.1.13.0/24	10101100.	00000001.	000011	01.	00000000
172.1.14.0/24	10101100.	00000001.	000011	10.	00000000
172.1.15.0/24	10101100.	00000001.	000011	11.	00000000
聚合后路由	172.1.12.0/22				

图 5-26
路由聚合示例

需要强调的是，要汇总的网段地址空间必须是连续的，否则就会造成有些网络的访问不可达。

（2）密钥认证

RIP v1 不支持认证，如果设备配置 RIP v2 路由协议，可以在相应的接口配置认证。

密钥串定义用于该接口可使用的密钥集合，如果密钥串没有配置，即使接口应用了密钥串，也不会有认证行为发生，所以在配置应用认证前应该先配置密钥链以及密钥链上的密钥串。

锐捷路由器支持明文认证和 MD5 认证两种 RIP 认证方式。默认的认证方式为明文认证。

4. RIP 的配置命令

（1）基本配置命令

```
Router(config)#router rip//设置路由协议为 RIP
Router(config-router)#version{1|2}//定义版本号为 1 或 2，通常 1 为默认
Router(config-router)#no auto-summary//关闭自动汇总
```

Router(config-router)#auto-summary//开启自动汇总

Router(config-router)#network 网络号 [反掩码]//网络号必须是路由器直连网段的网络号。若省略反掩码，路由器的两个接口 IP 172.16.1.1/24 和 172.16.2.1/24，可以按有类地址，用一条命令 network 172.16.0.0 将这两个的直连网段宣告出去；若使用反掩码，则要按照无类地址，必须用 network 172.16.1.0 0.0.0.255 和 network 172.16.2.0 0.0.0.255 两条命令才能将这两个接口宣告出去。反掩码的计算可用 255.255.255.255 减去子网掩码得到

（2）可选配置命令

Router(config-router)#passive-interface 接口//定义被动接口。被动接口仅能接收更新而不会发送更新

R1(config-GigabitEthernet0/0)ip rip summary-address 网络地址 汇总掩码 //在接口模式下，在路由出口方向上配置路由汇总

Router(config-router)#neighbor network-number//定义单播更新的邻居接口地址

Router(config-if)#ip split-horizon//在接口下执行水平分割，防止路由环路的发生

Router(config)#key chain xxx //定义钥匙链的名字为 xxx，邻居可以不同

Router(config-keychain)#key 1 //在钥匙链中定义第 1 把钥匙，邻居必须相同

Router(config-keychain-key)#key-string 密钥字符串 //邻居必须相同

Router(config-if)#ip rip authentication text-password [0|7] 字符串 //设置明文认证字符串及字符串的显示方式，0 是默认，明文显示。7 是密文显示

Router(config-if)#ip rip authentication key-chain xxx //在接口指定要使用的钥匙链

Router(config-if)#ip rip authentication mode |{text|md5} //指定认证模式，text 为明文，md5 为密文。默认为明文认证模式

Router(config-router)#offset-list 标准 acl 表编号 {in|out} metric 的修改值 接口名 //在指定接口的 in（接收）或 out（发送）方向上对标准 ACL 指定的地址访问时使用 metric 的修改值，从而达到控制访问路径的目的，该命令需要在路由进程配置模式下使用

例如，Router(config-router)#offset-list 1 in 2 FastEthernet 0/1 //对列表 1 的地址进行访问时，在 F0/1 接口的 in 方向上将 metric 的值改为 2。

（3）调试命令

Router#show ip route//查看路由表

Router#show ip protocol//查看动态路由选择协议的详细信息

Router#debug ip rip//使用 debug 进行 RIP 通信调试

Router#show ip rip database//查看 RIP 数据库

Router#show ip interface brief//查看端口信息

Router#show key chain [密钥链名称] //要显示密钥链的配置信息

5.3.5　OSPF 路由

1. OSPF 概述

开放最短路径优先（Open Shortest Path First，OSPF）是一个基于链路状态的内部网关协

笔 记

议（IGP），用于在单一自治系统内路由。因协议的开放性，任何路由器厂商都支持 OSPF 协议，目前针对 IPv4 协议使用的是 OSPF Version 2。

各个运行 OSPF 协议的路由器都有其自身的链路状态，称为本地链路状态，本地链路状态信息在 OSPF 路由区域内传播，直到所有 OSPF 路由器都有完整而相同的链路状态数据库，每台路由器根据接收到的链路状态信息就可以构造出整个网络拓扑的一棵树（以自己为根，计算出自治系统中所有网络最短的或费用最低的路由），根据这棵树构造出路由表。

OSPF 具有如下特点。

- 适应范围广：支持各种规模的网络，最多可支持几百台路由器。
- 快速收敛：在网络拓扑结构发生变化后立即发送更新报文，使这一变化在自治系统中同步。
- 无自环：由于 OSPF 根据收集到的链路状态用最短路径树算法计算路由，从算法本身保证了不会生成自环路由。
- 支持区域划分：允许自治系统的网络被划分成区域来管理。划分后，路由器链路状态数据库的减小，降低了内存的消耗和 CPU 的负担；区域间传送路由信息的减少，降低了网络带宽的占用。
- 支持多条等价路由：支持到同一目的地址的多条等价路由。
- 支持路由分级：使用 4 类不同的路由，按优先顺序来说分别是区域内路由、区域间路由、第一类外部路由、第二类外部路由。
- 支持验证：支持基于接口的报文验证，以保证报文交互和路由计算的安全性。
- 组播发送，提高发送效率：在某些类型的链路上以组播地址发送协议报文，减少对其他设备的干扰。

2. OSPF 的基本概念

（1）自治系统

自治系统（Autonomous System，AS）是使用相同路由协议，交换路由信息的一组路由器。

（2）路由器标识

一台路由器如果要运行 OSPF 协议，必须有路由器标识（Router ID，RID）。RID 是一个 32 比特无符号整数，常呈现为 IP 地址形式，其作用是用来在一个自治系统中唯一标识一台路由器。

RID 可以手动配置，也可以自动生成，如果没有通过命令指定 RID，将按照如下顺序自动生成一个 RID。

- 如果当前设备配置了环回接口，将在它所有环回接口中选取数值最大的 IP 地址作为 RID。
- 如果当前设备没有配置环回接口，将在它所有已经配置 IP 地址且链路有效的接口中选取数值最大的 IP 地址作为 RID。

为了保持网络稳定性，在进行网络规划时强烈建议在全域范围为每台路由器统一规划唯一的 RID，并且手工配置在环回接口上。

（3）链路状态和链路状态通告

链路状态（Link State）是指路由器接口的链路参数。这些参数包括接口是 up 还是

down、接口的 IP 地址、分配给接口的子网掩码、接口所连的网络以及使用路由器的网络连接的开销。

链路状态通告（Link State Advertisements，LSA）被路由器用来传递链路状态或路由信息，构造本地的链路状态数据库（Link State DataBase，LSDB）。

（4）邻居关系和邻接关系

- OSPF 的邻居关系（Neighbor）：两台路由器上的接口直连后，IP 地址设置为同一网段，如果能够互相发送或接收 Hello 包，就称这两台路由器为邻居关系。
- OSPF 的邻接关系（Adjacency）：两台直连邻居关系的路由器，它们的关系建立状态达到 Full 时，才建立起邻接关系。

（5）OSPF 的 3 张表

在 OSPF 协议在工作过程中用到以下 3 张表。

- 邻居表：主要记录形成邻居关系的邻居信息。
- 链路状态数据库：路由器上存储区域内的链路状态通告信息，存放着每台路由器的接口状态信息。
- OSPF 路由表：存放到目标网络的路由，通过链路状态数据库根据 SPF 算法得出。

3. OSPF 协议报文的类型

运行 OSPF 的路由器传播消息使用 OSPF 报文，它被直接封装为 IP 数据包中，使用的上层协议号为 89，其结构如图 5-27 所示，LSA 就被封装在 OSPF 数据部分。

IP头(协议89)	OSPF报文

OSPF报文头	OSPF数据

图 5-27
OSPF 报文封装结构

根据 OSPF 报文的类型不同，分为以下 5 种。

- Hello 报文：周期性发送该报文给邻居路由器，用来发现和维持 OSPF 邻居关系。在非广播多路访问（Non-Broadcast Multiple Access，NBMA）网络中，报文中有路由器优先级字段、指定路由器（Designated Router，DR）和备份指定路由器（Backup Designated Router，BDR）的 IP 地址字段，可用于选举 DR 和 BDR。
- 数据库描述（DataBase Description，DBD）报文：描述了本地 LSDB 中每一条 LSA 的摘要信息。当两台路由器进行数据库同步前，为减少数据包的大小，先发送这种摘要的 LSA 进行比对，如果发现数据库的内容不一致，有需要更新的 LSA，则向对方发送 LSR，对方回复 LSU 实现同步。
- 链路状态请求（Link State Request，LSR）报文：向对方请求所需的 LSA。两台路由器互相交换 DBD 报文之后，得知对端路由器的哪些 LSA 是本地 LSDB 所缺少的，则发送 LSR 报文向对方请求所需的 LSA。
- 链路状态更新（Link State Update，LSU）报文：向对方发送需要的完整 LSA 信息。每个 LSU 可能包含一条或多条 LSA。
- 链路状态确认（Link State Acknowledgment，LSAck）报文：用来对收到的 LSA 进行确认。内容为需要确认的 LSA 的 Header，一个报文可对多个 LSU 进行确认。

4. DR 与 BDR

在广播网和 NBMA 网络中，如果有 n 台路由器，任意两台路由器之间都要交换信息，只要任何一台路由器链路发生变化，信息都会被多次传递，这会浪费带宽资源。为解决这一问题，OSPF 协议定义了 DR，所有路由器只将信息发送给 DR，由 DR 将链路状态发送出去。

BDR 实际上是对 DR 的一个备份，在选举 DR 的同时也选举出 BDR，BDR 也和本网段内所有路由器建立邻接关系并交换路由信息。当 DR 失效后，BDR 会立即成为 DR。

DR 和 BDR 之外的路由器称为 DR Other，它们之间将不再建立邻接关系，也不再交换任何链路状态信息。

如图 5-28 所示，用实线代表以太网物理连接，虚线代表建立的邻接关系，可以看到，采用 DR/BDR 机制后，5 台路由器之间只需要建立 7 个邻接关系即可。

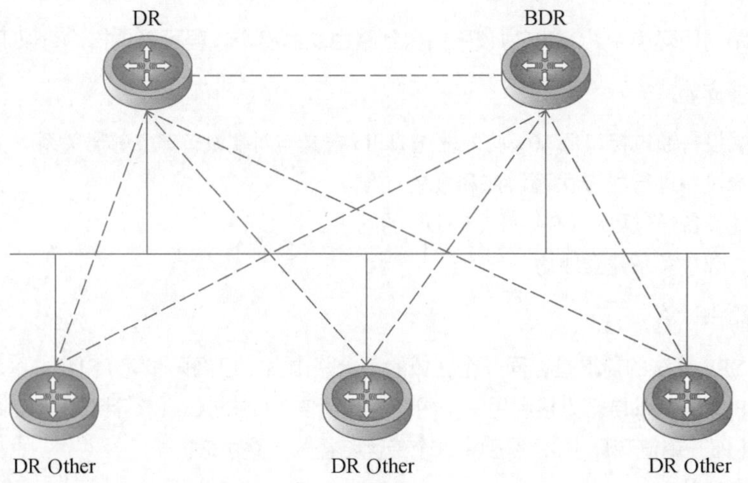

图 5-28
DR 和 BDR 邻接关系示意图

需要强调的是，DR、BDR、DR Other 仅存在于广播网络和 NBMA 网络，并且是基于接口的概念。在每个网段中都要选举 DR 和 BDR。

5. OSPF 工作过程

在多路由访问网络（包含广播多路访问（Broadcast Multi-Access，BMA）、NBMA、点对多点主站（Point to Multiple Point，P2MP））环境中，OSPF 工作过程就是任意两台相邻路由器通过发 Hello 报文，成为邻居关系，邻居再相互发送 OSPF 报文建立到 Full 状态时，两台路由器形成邻接关系，将彼此加入邻居表中，然后向对方发送 LSA 更新报文（LSA 有 7 种报文类型，用途各不相同，大部分报文包含拓扑信息，而有些报文包含路由信息），包含拓扑信息的 LSA 报文被存入链路状态数据库。当路由器和拓扑结构中所有邻居交换完 LSA 后，这时链路状态数据库的 LSA 就可拼出这个网络的完整拓扑，路由器各自根据最短路径（SPF）算法基于代价算出到达每个网段的最优路径，将最优路径转换成路由项，放在 OSPF 路由表。在进行网络通信时，数据包的转发依据路由表来转发数据。整个工作过程如图 5-29 所示。

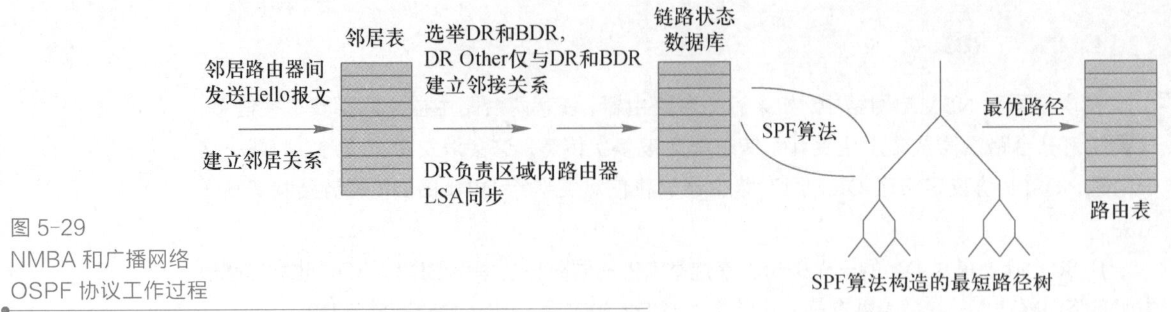

图 5-29
NMBA 和广播网络
OSPF 协议工作过程

OSPF 协议整个工作过程涉及 5 种报文（Hello 报文、DBD 报文、LSR 报文、LSU 报文、LSACK）、选举 DR 和 BDR 的 7 种状态、3 个阶段（邻居发现、路由通告、路由计算）、3 张表（邻居表、链路状态数据库、路由表）。

6. OSPF 路由计算

在多路访问环境中，OSPF 协议路由得到路由表的整个过程可简单描述为以下两个步骤。

（1）建立邻接关系

- 本端设备通过接口每 10 s 向外发送 Hello 报文与对端设备建立邻居关系。
- 两端设备进行主/从关系协商和报文交换。
- 两端设备通过更新 LSA 完成 LSDB 的同步。

此时，邻接关系建立成功。

（2）路由计算

运行 SPF 算法的前提是，同一个区域的每台路由器，已经同步完 LSDB。区域内每台路由采用 SPF 算法，以自己为根利用每个网段的开销值（OSPF Cost），计算出到达每个网段的最优路径（即开销值和最小），然后将这个最优路径放入路由表。

7. OSPF 区域

随着网络规模的扩大，需要解决下述问题。

- LSDB 庞大：当一个大型网络中的路由器都运行 OSPF 路由协议时，路由器数量的增多会导致 LSDB 非常大，SPF 算法的计算复杂度增加，导致 CPU 负担很重。
- SPF 算法计算频繁：另外，拓扑结构变化的概率增大，造成大量 OSPF 报文传递，占用了更多的带宽，而每一次变化都会导致网络中的所有路由器重新进行路由计算。
- 路由表庞大：默认情况下，OSPF 不会进行路由汇总，当网络规模较大时，可能导致路由表非常大。

OSPF 协议通过将自治系统划分成不同区域（Area）来解决上述问题。区域是从逻辑上将路由器划分为不同的组，物理上可体现为不同的位置，每个组用区域号（Area ID）来标识。区域的边界是路由器，而不是链路。一个网段（链路）只能属于一个区域，或者说每个运行 OSPF 的接口必须指明属于哪一个区域。如图 5-30 所示，有的路由器的不同接口会同时属于不同区域。

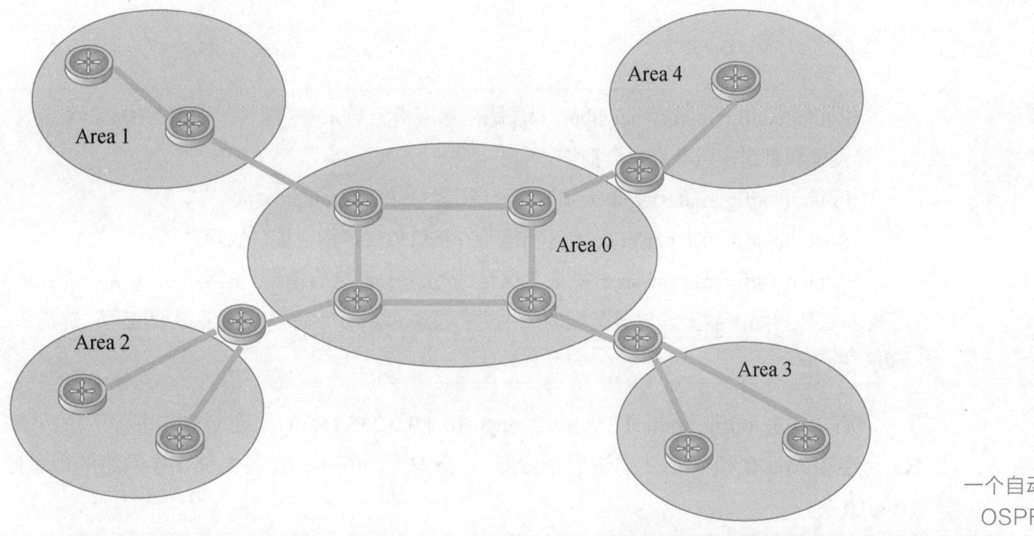

图 5-30
一个自动系统中
OSPF 的区域

划分区域后，可以在区域边界路由器上进行路由聚合，以减少通告到其他区域的 LSA 数量；区域内路由器减少后，使最短路径计算强度减少，当路由器或链路发行故障时，相应信息只在当前区域路由器间扩散，区域外的路由器不会收到，从而将网络拓扑变化带来的影响最小化。

OSPF 多区域的拓扑结构具有如下优势。

- 降低 SPF 计算频率，增加 OSPF 的稳定性。
- 减小路由表，加快 OSPF 的收敛。
- 限制 LSA 的扩散，降低了通告 LSA 的开销。
- 将网络的不稳定限制在区域内。

OSPF 既支持单区域网络（只有 Area 0），也支持多区域网络。

在多区域 OSPF 中，区域不是平等关系，它是按两级区域层次结构实施。

- 骨干区域（Backbone Area）：骨干区域为核心，所有其他区域必须与其直接或虚连接方式连接。骨干区域的区域号（Area ID）为 Area 0。这样的设计可防止路由环的产生，如图 5-30 所示的 Area 0 区域。
- 常规区域（又称非骨干区域）：连接用户和资源。常规区域通常按功能或地理区域进行设置，如图 5-30 所示除 Area 0 区域之外的其他区域为常规区域。

8．OSPF 的配置命令

（1）基本配置命令

```
Router(config)#router OSPF 进程号
//在全局下启动 OSPF 路由，进入路由子模式（这里的进程号不是 AS 号，仅是一个进程标识，只在本地路由器生效）
Router(config-router)#network 网络（子网）地址通配符 Area 区域号
//指定宣告的网段以及接口连接的区域。通配符掩码也称为反掩码，格式和对应的子网掩码正好相反，用于标识匹配的网段地址。而区域号代表 OSPF 划分的区域，同一路由器的不同接口可以位于不同区域，但是相连的接口必须位于相同区域
```

（2）可选配置命令

```
Router(config-router)#neighbor 邻居路由器 //指定 OSPF 邻居，只适合 NBMA 网络类型和点到多点非广播类型
Router(config-router)#router-id ID 号 //指定 OSPF 的 router-id 值
Router(config-if)#ip ospf cost 开销值 //在接口模式下指定接口的开销值
Router(config-router)#area 被汇总区域号 range 汇总后地址 子网掩码 //用于区域间路由汇总，在边界路由器上，对某区域内路由进行汇总，Area 后面的"被汇总区域号"是指路由起源区域
```

例如，R3(config-router)　#area 2 range 10.4.0.0 255.255.0.0，在 OSPF 进程下执行该命令，R3 为连接 Area 0 和 Area 2 的边界路由器，这条命令是在 R3 上将 Area 2 中网络的地址汇总为 10.4.0.0

```
Router(config-router)#summary-address 外部汇总网络 子网掩码 //这条命令用来汇总外部重分发进来的路由进行汇总，只能在 ASBR 路由器上对外部路由做汇总
```

例如，R1(config-router)#summary-address 10.1.0.0 255.255.0.0，这条命令用来对 R1 所连的运行其他协议的外部网络进行路由汇总为 10.1.0.0

（3）路由重分发命令

不同路由协议的网络需要协同工作时，就用到路由重分发。路由重分发使其他路由协议的路由被引入 OSPF 中。下面简单介绍其相关命令。

① 查看路由重分发支持的协议。

```
R1(config)#router ospf 1 //打开配置 OSPF 的进程
R1(config-router)#redistribute ? //查看路由重分发支持的 5 种协议
  bgp        Border Gateway Protocol （BGP） //BGP 协议
  connected  Connected //直连接口协议
  ospf       Open Shortest Path First （OSPF） //OSPF 协议
  rip        Routing Information Protocol （RIP） //RIP 协议
  static     Static routes //静态路由协议
```

② 引入外部路由时，应指定度量值（metric）叠加方式。

OSPF 在引入外部路由时，引入的外部路由有两种 metric 类型：类型 1 和类型 2。

- 类型 1：路由在 OSPF 域内传输时叠加内部开销（cost），若内部网络需要对该外部路由选路时，建议使用类型 1（默认引入的外部路由为类型 2），当查看路由表时显示为 E1。
- 类型 2：路由在 OSPF 域内传输时不叠加内部 cost，当查看路由表时显示为 E2。

```
R1(config)#router ospf 1
R1(config-router)#redistribute static metric-type ?
  1  Set OSPF External Type 1 metrics
  2  Set OSPF External Type 2 metrics
```

OSPF 引入的外部路由是本路由器（即 R1）上的有效路由，也就是在本路由器上使用 show ip route 命令能够看到的路由。

③ 将路由重分发进 OSPF，一定要加 subnets，否则只会重分发主类网络路由。

下面是以 OSPF 引入静态路由作为示例，引入其他路由协议也一样。这里没有指定度量值的叠加方式，故采用 E2。

```
R1(config)#router ospf 1
R1(config-router)#redistribute static subnets //将静态路由引入 OSPF
R1(config-router)#exit
```

（4）查看命令

- Router#show ip route ospf：添加 ospf 参数，可以只显示与 OSPF 协议相关的路由信息。下面显示了 R3 的路由表。注意，路由表中“O IA”路由项标识了该条路由是从其他 OSPF 区域获知的网络，其中“O”表示 OSPF 路由，“IA”表示 OSPF 区域间，192.168.1.0 信息来自其他 OSPF 区域；路由表中的[110/2]项表示分配给 OSPF 的管理距离（110）和路由总开销（开销为 2）。“O N2”表示该项为 7 类 LSA 的路由，来自外部 AS。“O E2”表示该条路由 5 类 LSA 从外部 AS 引入。

```
R3#show ip route ospf
O E2 1.0.0.1/32 [110/20] via 192.168.2.1, 06:32:38, FastEthernet 0/1
O N2 2.0.0.1/32 [110/20] via 192.168.3.2, 05:52:14, FastEthernet 0/0
O N2 10.4.1.0/24 [110/20] via 192.168.3.2, 05:52:14, FastEthernet 0/0
O N2 10.4.2.0/24 [110/20] via 192.168.3.2, 05:52:14, FastEthernet 0/0
O IA 192.168.1.0/24 [110/2] via 192.168.2.1, 06:32:54, FastEthernet 0/1
O E2 192.168.16.0/24 [110/20] via 192.168.2.1, 06:32:38, FastEthernet 0/1
O E2 192.168.17.0/24 [110/20] via 192.168.2.1, 06:32:38, FastEthernet 0/1
```

- Router#show ip ospf neighbor：用来检验路由器是否已与其相邻路由器建立邻接关系。信息内容包括 Neighbor ID（邻居路由器 ID）、Pri（邻居路由器的优先级）、State（7 种状态中的一种，正常为 Full）、Address（邻居接口的 IP）、Interface（本地连接邻居的接口）。如果未显示相邻路由器的路由器 ID，或未显示 Full 状态，则表明两台路由器未建立 OSPF 相邻关系。

```
R2#show ip ospf neighbor
OSPF process 1, 2 Neighbors, 2 is Full:
NeighborID  Pri  State     BFDState  Dead Time  Address       Interface
1.0.0.1     1    Full/BDR  -         00:00:30   192.168.1.1   FastEthernet 0/0
9.0.0.2     1    Full/DR   -         00:00:31   192.168.2.2   FastEthernet 0/1
```

- Router#show ip protocols：能够快速检验关键的 OSPF 配置信息。信息包括 OSPF 进程 ID、Router ID（路由器 ID）、Routing for Network（路由器通告的网络）、Gateway（路由器的邻居 ID）、Distance（管理距离，OSPF 中为 110）、Maximum Path（默认的最大

负载均衡数量）。

```
R2#show ip protocols
Routing Protocol is "ospf 1"
  Outgoing update filter list for all interfaces is not set
  Incoming update filter list for all interfaces is not set
  Router ID 9.0.0.1
  Memory Overflow is enabled
  Router is not in overflow state now
  Number of areas in this router is 2: 2 normal 0 stub 0 nssa
  Routing for Networks:
    192.168.1.0 0.0.0.255 area 1
    192.168.2.0 0.0.0.255 area 0
  Reference bandwidth unit is 100 mbps
  Distance: （default is 110）
```

项目实施

任务 5-1　配置静态路由

【任务描述】

A、B 两公司为同一个城市某集团的两子公司，它们都有自己的公网线路，接入本地电信服务商中国网通（China Netcom，CNC）。在日常业务中，这两家公司之间经常有海量的数据交换需求，为了节省通信成本，两公司间建设了一条私有光纤通信线路。作为集团的网络管理员，需要对路由器进行静态路由设置，实现公司间的流量要走私有线路，访问外网的流量走各自公司的公网线路。拓扑图如图 5-31 所示。

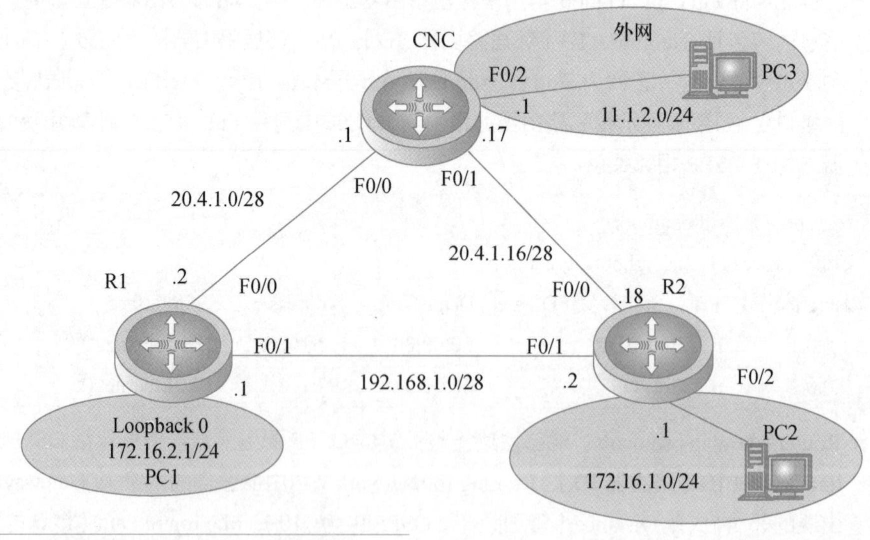

图 5-31
任务 5-1 网络拓扑图

其中 R1 为 A 公司的边界路由器，R2 为 B 公司的边界路由器，CNC 为电信运营商的路由器。PC3 为互联网上的一台 PC，PC1 和 PC2 为公司内部的 PC。PC1 使用路由器的 Loopback 0 来代替。

提示

如果路由器物理接口数量不足，PC 可以用路由器上的 Loopback 接口代替。

➲【设备清单】

PC 2 台，路由器 3 台。

➲【工作过程】

步骤 1：连接设备。

按网络拓扑连接好设备。

步骤 2：配置路由器接口地址信息。

每个接口占用一个独立的网段，PC1、PC2、PC3 及各接口配置 IP，见表 5-6。PC 的网关为与路由器相连的接口地址。

表 5-6　各接口配置 IP 地址

设备	接口	IP 地址/子网掩码	目标网段
R1	Fastethernet0/1	192.168.1.1/28	192.168.1.0/28
	Fastethernet0/0	20.4.1.2/28	20.4.1.0/28
R2	Fastethernet0/0	20.4.1.18/28	20.4.1.16/28
	Fastethernet0/1	192.168.1.2/28	192.168.1.0/28
	Fastethernet0/2	172.16.1.1/24	172.16.1.0/24
CNC	Fastethernet0/0	20.4.1.1/28	20.4.1.0/28
	Fastethernet0/1	20.4.1.17/28	20.4.1.16/28
	Fastethernet0/2	11.1.2.1/24	11.1.2.0/24
A 公司 PC1	R1 的 Loopback 0	172.16.2.1/24	172.16.2.0/24
B 公司 PC2	PC2（或 R2 的 Loopback 0）	172.16.1.2/24	172.16.1.1（网关）
外网 PC3	PC3（或 CNC 的 Loopback 0）	11.1.2.2/24	11.1.2.1（网关）

步骤 3：配置全网 IP 地址。

（1）配置 R1 路由器的接口地址

```
Ruijie>enable
Ruijie#configure terminal
Ruijie(config)#hostname   R1 //修改路由器的名称为 R1
R1(config)#interface loopback 0   //进入 Loopback 0 接口，配置 IP 地址
```

```
R1(config-if-Loopback 0)#ip address 172.16.2.1 255.255.255.0
R1(config-if-Loopback 0)#interface fast 0/0
R1(config-if-FastEthernet 0/0)#ip add 20.4.1.2 255.255.255.240
R1(config-if-FastEthernet 0/0)#interface fastEthernet 0/1
R1(config-if-FastEthernet 0/1)#ip address 192.168.1.1 255.255.255.240
```

（2）配置 R2 路由器的接口地址

```
Ruijie>
Ruijie>enable
Ruijie#configure terminal
Enter configuration commands, one per line.   End with CNTL/Z.
R2(config)#hostname   R2 //修改路由器的名称为 R2
R2(config)#interface f0/0 //配置 F0/0 的 IP 地址
R2(config-if-FastEthernet 0/0)#ip address 20.4.1.18 255.255.255.240
R2(config-if-FastEthernet 0/0)#exit
R2(config)#interface fastEthernet 0/1 //进入 F0/1 接口，配置 IP 地址
R2(config-if-FastEthernet 0/1)#ip address 192.168.1.2 255.255.255.240
R2(config-if-FastEthernet 0/1)#exit
R2(config)#interface fastEthernet 0/2   //进入 F0/2 接口，配置 IP 地址
R2(config-if-FastEthernet 0/2)#ip address 172.16.1.1 255.255.255.0
```

（3）配置 CNC 路由器的接口地址

```
Ruijie#configure terminal
Enter configuration commands, one per line.   End with CNTL/Z.
Ruijie(config)#hostname CNC //修改路由器的名称为 CNC
CNC(config)#interface fastEthernet 0/0 //配置 F0/0 的 IP 地址
CNC(config-if-FastEthernet 0/0)#ip address 20.4.1.1 255.255.255.240
CNC(config-if-FastEthernet 0/0)#exit
CNC(config)#interface fastEthernet 0/1 //进入 F0/1 接口，配置 IP 地址
CNC(config-if-FastEthernet 0/1)#ip address 20.4.1.17 255.255.255.240
CNC(config-if-FastEthernet 0/1)#exit
CNC(config)#interface fastEthernet 0/2 //进入 F0/2 接口，配置 IP 地址
CNC(config-if-FastEthernet 0/2)#ip address 11.1.2.1 255.255.255.0
CNC(config-if-FastEthernet 0/2)#exit
CNC(config)#
```

步骤 4：配置各路由器的静态路由。

（1）配置 R1 路由器上的静态路由

对于 R1 路由器来说，网络 172.16.1.0/24 和外部网络是非直连网络。到 172.16.1.0/24 网

络，配置为静态路由；到达外网配置为默认路由，所有对外部网络地址的访问全部转发给 CNC 的路由器。

```
R1(config)#ip route 0.0.0.0 0.0.0.0 20.4.1.1   //配置默认路由，对未知网络的访问全部向电信路由器进行转发
R1(config)#ip route 172.16.1.0 255.255.255.0 192.168.1.2 //配置到达 172.16.1.0/24 网络的路由
```

在 R1 上完成上面配置后，在其特权模式下，试一试能否 ping 通 PC2 或 PC3，如果不通，想一想为什么?

（2）配置 R2 路由器上的静态路由

对于 R2 路由器来说，网络 172.16.2.0/24 和外部网络是非直连网络，到达 172.16.2.0/24 网络配置为静态路由，到达外网配置为默认路由。

```
R2(config)#ip route 172.16.2.0 255.255.255.0 192.168.1.1   //配置静态路由，经过 192.168.1.1 可以到达网络 172.16.2.0
R2(config)#ip route 0.0.0.0 0.0.0.0 20.4.1.17              //配置默认路由，实现对未知网络的访问全部向电信路由器进行转发
```

R2 配置完后，在其特权模式下，试一试能否 ping 通 PC1 和 PC3，根据结果，分析一下原因。

（3）配置 CNC 路由器上的静态路由

对 CNC 路由器来说，网络 172.16.1.0/24 和网络 172.16.2.0/24 是非直连网络，需要配置到达这两个网络的路由。

```
CNC(config)#ip route 172.16.1.0 255.255.255.0 20.4.1.18     //配置到达 172.16.1.0/24 网络的路由
CNC(config)#ip route 172.16.2.0 255.255.255.0 20.4.1.2  //配置到达 172.16.2.0/24 网络的路由
```

步骤 5：查看各台路由器的路由表。

（1）查看 R1 路由器的路由表

```
R1#show ip route

Codes:  C - connected, S - static, R - RIP, B - BGP
……
Gateway of last resort is 20.4.1.1 to network 0.0.0.0
S*    0.0.0.0/0 [1/0] via 20.4.1.1  //经过 20.4.1.1，到达外网的默认路由
C     20.4.1.0/28 is directly connected, FastEthernet 0/0
C     20.4.1.2/32 is local host.
S     172.16.1.0/24 [1/0] via 192.168.1.2  //经过 192.168.1.2，访问 172.16.1.0 网络的静态路由
C     172.16.2.0/24 is directly connected, Loopback 0
C     172.16.2.1/32 is local host.
```

```
C       192.168.1.0/28 is directly connected, FastEthernet 0/1
C       192.168.1.1/32 is local host.
```

（2）查看 R2 路由器的路由表

```
R2#show ip route

Codes:   C - connected, S - static, R - RIP, B - BGP
……
Gateway of last resort is 20.4.1.17 to network 0.0.0.0
S*      0.0.0.0/0 [1/0] via 20.4.1.17               //默认路由，管理距离为 1，度量值为 0
C       20.4.1.16/28 is directly connected, FastEthernet 0/0
C       20.4.1.18/32 is local host.
C       172.16.1.0/24 is directly connected, FastEthernet 0/2
C       172.16.1.1/32 is local host.
S       172.16.2.0/24 [1/0] via 192.168.1.1         //静态路由，管理距离为 1，度量值为 0
C       192.168.1.0/28 is directly connected, FastEthernet 0/1
C       192.168.1.2/32 is local host
```

（3）查看 CNC 路由器的路由表

```
CNC#show ip route

Codes:   C - connected, S - static, R - RIP, B - BGP
……
Gateway of last resort is no set
C       11.1.2.0/24 is directly connected, FastEthernet 0/2
C       11.1.2.1/32 is local host.
C       20.4.1.0/28 is directly connected, FastEthernet 0/0
C       20.4.1.1/32 is local host.
C       20.4.1.16/28 is directly connected, FastEthernet 0/1
C       20.4.1.17/32 is local host.
S       172.16.1.0/24 [1/0] via 20.4.1.18
S       172.16.2.0/24 [1/0] via 20.4.1.2
```

步骤 **6**：网络连通性测试。

设置 PC2 的 IP 地址为 172.16.1.2/24 及网关 172.16.1.1。

（1）测试 PC2 到 PC1 的连通性

```
C:\Users\Administrator>ping 172.16.2.1

正在 Ping 172.16.2.1 具有 32 字节的数据:
```

```
来自 172.16.2.1 的回复: 字节=32 时间=1ms TTL=63
来自 172.16.2.1 的回复: 字节=32 时间=1ms TTL=63
来自 172.16.2.1 的回复: 字节=32 时间=1ms TTL=63
来自 172.16.2.1 的回复: 字节=32 时间=1ms TTL=63

172.16.2.1 的 Ping 统计信息:
    数据包: 已发送 = 4，已接收 = 4，丢失 = 0 （0% 丢失），
往返行程的估计时间（以毫秒为单位）:
    最短 = 1ms，最长 = 1ms，平均 = 1ms
```

发现 PC2 可以 ping 通 PC1，原因在于：PC2 向 PC1 发 ping 包时，源地址为 172.16.1.2，目的地址为 172.16.2.1，数据包到达 R2 后，查路由表发现有 172.16.2.0 网络，经过本地转发接口为 F0/1 到达下一跳地址为 192.168.1.1，于是数据包便发给 R1，R1 收到后发现在直连路由中有 172.16.2.1，就转给该 Loopback 0 接口。该接口收到数据包后，生成源地址为 172.16.2.1、目的地址为 172.16.1.2 的数据包，在 R1 查路由表，发现可以经过对端接口 192.168.1.2 到达，于是数据包就发给 R2，R2 收到数据包后，查路由表转给 172.16.1.0 网络，这时在 PC2 看到一次 ping 通的回包显示。

从 PC2 发向 PC1 的数据包，在 R2 路由器有两条路由（172.16.2.0 和 0.0.0.0）都可以到达 172.16.2.1，按掩码最长匹配原则，会选择 172.16.2.0 网络的那条路由。

（2）在 PC2 上测试到达 PC3 的连通性

PC3 模拟了计算机，设置 PC3 的 IP 地址 11.1.2.2 及网关 11.1.2.1，向 PC3 发送 ICMP 的数据包。

```
C:\Users\Administrator>ping 11.1.2.2

正在 Ping 11.1.2.2 具有 32 字节的数据:
来自 11.1.2.2 的回复: 字节=32 时间=1ms TTL=62
来自 11.1.2.2 的回复: 字节=32 时间=2ms TTL=62
来自 11.1.2.2 的回复: 字节=32 时间=1ms TTL=62
来自 11.1.2.2 的回复: 字节=32 时间=1ms TTL=62

11.1.2.2 的 Ping 统计信息:
    数据包: 已发送 = 4，已接收 = 4，丢失 = 0 （0% 丢失），
往返行程的估计时间（以毫秒为单位）:
    最短 = 1ms，最长 = 2ms，平均 = 1ms
```

发现可以 ping 通，其原因在于：PC2 向 PC3 发 ping 包时，源地址为 172.16.1.2，目的地址为 11.1.2.2，数据包到达 R2 后，查路由表没有发现 11.1.2.2 所在网络，但是有 0.0.0.0 的默认路由，经过本地转发接口 F0/0 到达下一跳地址 20.4.1.17，向运营商的路由器转发，于是数据包便发给 CNC 路由器，CNC 收到后转给 11.1.2.0 网络。PC3 收到数据包后，生成源地址为 11.1.2.2、目的地址为 172.16.1.2 的数据包，在 CNC 路由器查路由表，发现可以经过对端接口

20.4.1.18 到达，于是数据包就发给 R2，R2 收到数据包后，查路由表转给 172.16.1.0 网络，这时在 PC2 上看到一次 ping 通的回包显示。

➲【任务评测】

序号	测评点	配　分	得　分
1	对相关知识的理解	20	
2	目标达成度	40	
3	岗位规范	20	
4	职业素养	20	
总分			

任务 5-2 配置 RIP 路由

➲【任务描述】

A 企业的网络规模不大，如图 5-32 所示，为了实现整个网络可以互相通信，共享资料，需要通过 3 台路由器将企业几个网络连通，R1、R3 为企业两个分厂的边界路由器，R2 为总部的路由器。

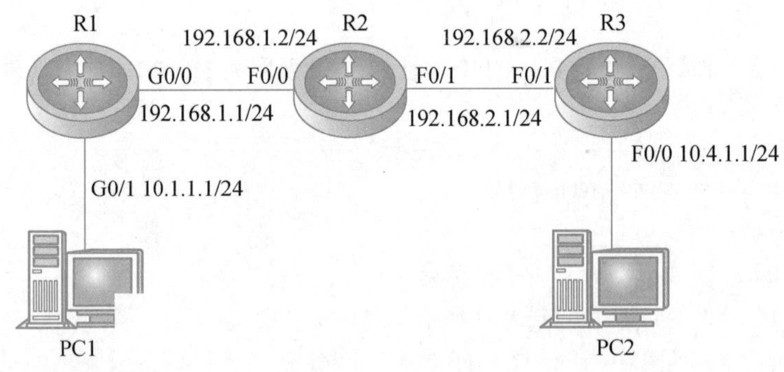

图 5-32
任务 5-2 网络拓扑图

➲【设备清单】

路由器 3 台，PC 2 台。

➲【工作过程】

配置要点：配置接口 IP 地址，配置 RIP 路由，在 R1 上对 10.1.0.0/16 进行路由汇总，在 R2 和 R3 上配置认证库，在 R2 和 R3 上的接口上使用认证。

步骤 1：连接设备。

按网络拓扑连接好设备。

步骤 2：配置路由器接口地址信息。

每个接口占用一个独立的网段，各接口配置 IP 见表 5-7。

表 5–7　各接口配置 IP 地址

设备	接口	IP 地址/子网掩码	目标网段
R1	Gigabitethernet0/0	192.168.1.1/24	192.168.1.0
	Gigabitethernet0/1	10.1.1.1/24	10.1.1.0
R2	Fastethernet0/0	192.168.1.2/24	192.168.1.0
	Fastethernet0/1	192.168.2.1/24	192.168.2.0
R3	Fastethernet0/0	10.4.1.1/24	10.4.1.0
	Fastethernet0/1	192.168.2.2/24	192.168.2.0
A 公司 PC1	PC1	10.1.1.5/24	10.1.1.1（网关）
B 公司 PC2	PC2	10.4.1.5/24	10.4.1.1（网关）

步骤 3：配置全网基本 IP 地址配置。

（1）R1 路由器基本配置

```
Ruijie(config)#hostname R1
R1(config)#interface gigabitEthernet 0/0
R1(config-GigabitEthernet0/0)#ip address 192.168.1.1 255.255.255.0
R1(config-GigabitEthernet0/0)#exit
R1(config)#interface gigabitEthernet 0/1
R1(config-GigabitEthernet0/1)#ip address 10.1.1.1 255.255.255.0
R1(config-GigabitEthernet0/1)#exit
```

（2）R2 路由器基本配置

```
Ruijie(config)#hostname R2
R2(config)#interface fastEthernet 0/0
R2(config-if-FastEthernet0/0)#ip address 192.168.1.2 255.255.255.0
R2(config-if-FastEthernet0/0)#interface fastEthernet 0/1
R2(config-if-FastEthernet0/1)#ip address 192.168.2.1 255.255.255.0
R2(config-if-FastEthernet0/1)#exit
```

（3）R3 路由器基本配置

```
Ruijie(config)#hostname R3
R3(config)#interface fastEthernet 0/0
R3(config-if-FastEthernet0/0)#ip address 10.4.1.1 255.255.255.0
R3(config-if-FastEthernet0/0)#exit
R3(config)#interface fastEthernet 0/1
R3(config-if-FastEthernet0/1)#ip address 192.168.2.2 255.255.255.0
R3(config-if-FastEthernet0/1)#exit
```

步骤 4：在全网路由启用 RIP v2，并将对应的接口通告到 RIP 进程。

注意

- RIP 默认会在有类网络边界做自动汇总，若有不连续网络，会导致路由学习异常，必须要关闭自动汇总。
- 使用手工汇总时，除了必须关闭自动汇总外，还应将汇总命令配置在路由器的出接口（out 接口）。

（1）R1 路由器上配置

```
R1(config)#router rip
R1(config-router)#version 2 //启用 RIP v2
R1(config-router)#no auto-summary //关闭自动汇总
R1(config-router)#network 192.168.1.0 //把 192.168.1.0 网段通告进 RIP 进程
R1(config-router)#network 10.0.0.0 //将路由器所有 10.0.0.0 网段都通告进 RIP 进程中
R1(config-router)#exit
R1(config)#interface gigabitEthernet 0/0 //配置接口汇聚,进入 R1 的接口
R1(config-GigabitEthernet0/0)#ip summary-address rip 10.1.0.0 255.255.0.0//将路由汇总成
10.1.0.0/16，通过 G0/0 接口宣告出去
R1(config-GigabitEthernet0/0)#exit
```

（2）在 R2 路由器上配置

```
R2(config)#router rip
R2(config-router)#version 2
R2(config-router)#no auto-summary
R2(config-router)#network 192.168.1.0 0.0.0.255    //宣告 192.168.1.0 网络进 RIP
R2(config-router)#network 192.168.2.0
R2(config-router)#exit
```

（3）在 R3 路由器上配置

```
R3(config)#router rip
R3(config-router)#version 2
R3(config-router)#no auto-summary
R3(config-router)#network 192.168.2.0 //宣告 192.168.2.0 网络进 RIP
R3(config-router)#network 10.4.1.0 0.0.0.255 //使用反掩码进行宣告
R3(config-router)#exit
```

步骤 5：查看路由表。

查看全网路由器的路由，若每台路由器都能学习到全网路由，则 RIP 配置正确。下面为 R1 路由器上的信息，其他路由器查看方法相同。

```
R1#show ip route
```

```
Codes:  C - connected, S - static, R - RIP, B - BGP
        O - OSPF, IA - OSPF inter area
        N1 - OSPF NSSA external type 1, N2 - OSPF NSSA external type 2
        E1 - OSPF external type 1, E2 - OSPF external type 2
        i - IS-IS, su - IS-IS summary, L1 - IS-IS level-1, L2 - IS-IS level-2
        ia - IS-IS inter area, * - candidate default

Gateway of last resort is no set
C    1.1.1.1/32 is local host.
C    10.1.1.0/24 is directly connected, Gigabitethernet 0/1
C    10.1.1.1/32 is local host.
R    10.4.1.0/24 [120/2] via 192.168.1.2, 00:12:52, Gigabitethernet 0/0
C    192.168.1.0/24 is directly connected, Gigabitethernet 0/0
C    192.168.1.1/32 is local host.
R    192.168.2.0/24 [120/1] via 192.168.1.2, 00:12:52, Gigabitethernet 0/0
```

其中“R 10.4.1.0/24 [120/2] via 192.168.1.2, 00:12:52, Gigabitethernet 0/0”，R 为 R1 学习到的其他路由器的 RIP 路由，表示通过 192.168.1.2 可以到达 10.4.1.0 网络，[120/2]表示到达目标网络的管理距离为 120，需要经过两台路由器才能到达目标网络，使用的本地转发接口为 G 0/0。“C”标记表示当前这台路由器 R1 的直联路由，即直连的网络或主机。

步骤 6：测试两台 PC 到各接口的连通性。

分别对 PC1 和 PC2 的地址，通过 ping 测试各接口地址间能否连通（测试部分略）。

➲【任务评测】

序号	测评点	配　分	得　分
1	对相关知识的理解	20	
2	目标达成度	40	
3	岗位规范	20	
4	职业素养	20	
总分			

项目总结

通过本项目的学习，我认识了____

____

____

____

我对哪些还有疑问：____

____

____

____

工程师寄语

同学们，大家好。学习完路由技术及路由器配置项目后，已经掌握了基本的网络设备规划与网络项目的运维能力，距离成为一名优秀的网络工程师或运维工程师欠缺的主要是经验的积累和职业素养的养成。职业技能和职业素养，这两者有什么差别呢?

职业技能是指解决某一问题的能力，而职业素养是指解决问题过程中的职业性和规范性。例如，有一台计算机，需要通过合理的配置使其可以连接互联网，这个过程需要用到所学的各种网络技术，但在配置过程中，合理的命名、规范的操作，这些就是职业素养。同学们，对一名优秀的网络工程师或网络工程运维人员，职业技能与职业素养同等重要，在学习和实践过程中，不仅要追求实验结果的正确性，也要注意操作的规范性。

学习检测

1. 以下有关距离矢量路由协议的描述（　　）不正确。

   A. 路由器只向邻居发送路由信息报文

   B. 路由器将更新后完整路由信息报文发送给邻居

   C. 当网络结构发生变化立即发送更新信息

   D. 路由器根据接收到的信息报文计算产生路由表

2. 关于链路状态路由协议，（　　）描述是错误的。

   A. 链路状态路由协议向全网扩散链路状态信息

   B. RIP、BGP、IGRP 属于链路状态路由协议

   C. 链路状态路由协议当网络结构发生变化立即发送更新信息

   D. 链路状态路由协议只发送需要更新的信息

3. 在广域网中，最常用的网络设备是（　　）。

   A. 路由器　　B. 三层交换机　　C. 各类专用交换机　　D. 中继器

4. 静态路由协议的默认管理距离是（　　），RIP 路由协议的默认管理距离是（　　）。

   A. 1,140　　B. 1,120　　C. 2,140　　D. 2,120

5. 在路由器设置了以下 3 条路由：

（1）ip route 0.0.0.0 0.0.0.0 192.168.10.1

（2）ip route 10.10.10.0 255.255.255.0 192.168.11.1

（3）ip route 10.10.0.0 255.255.0.0 192.168.12.1

请问当这台路由器收到源地址为 10.10.10.1 的数据包时，它应被转发给（　　）下一跳地址。

   A. 192.168.10.1　　B. 192.168.11.1

   C. 192.168.12.1　　D. 路由设置错误，无法判断

6. 在路由表中 0.0.0.0 代表的意思是（　　）。

   A. 静态路由　　B. 动态路由　　C. 默认路由　　D. RIP 路由

7. 以下（　　）是关于外部网关协议用途最适当的描述。

   A. 网络结点之间的数据包转发

   B. 自治系统之间的通信

   C. 网络之间实现兼容性

D. 接入电信或联通运营商

8. 在路由器启用 RIP 路由的命令是（　　）。

A. router(config)#route rip　　B. router(config)#rip route

C. router(config)#rip routing　　D. router(config)#rip init

9. 路由协议中的管理距离是指（　　）。

A. 可信度的等级　　B. 路由信息的等级

C. 传输距离的远近　　D. 线路的好坏

10. 内部路由协议的用途是（　　）。

A. 网络之间实现兼容性　　B. 自治系统之间的通信

C. 网络中结点之间的数据包发送　　D. 单个自治系统内的信息传递

项目 6

网络安全管理及运维

项目背景

网络技术的应用给人们工作、学习、娱乐、购物、出行、教育、医疗等都带来了很大的便利，但同时也存在一定的安全隐患，需要引起高度重视。作为网络系统的规划者和管理者，网络管理员应该掌握网络的安全管理及安全性方面的运维，使网络可以安全可靠地提供服务。本章主要学习网络设备的运行检查、安全运行检查和故障排除，学习常用网络攻击的防范和对网络访问的控制。

项目目标

知识目标

- 了解网络管理及运维的主要目标。
- 掌握网络设备的运行检查。
- 掌握常见网络设备故障的排除。
- 了解计算机网络安全知识。
- 掌握 ARP 欺骗攻击防范。
- 掌握广播风暴攻击的防范。
- 掌握设备安全登录配置。
- 了解计算机病毒的防范。

能力目标

- 掌握交换机端口安全的配置。
- 掌握访问控制列表的配置。

知识结构

本项目主要帮助了解和掌握网络安全的管理与运维，学会如何安全地使用网络，保证网络在一个安全的环境下工作。本项目的体系结构如图 6-1 所示。

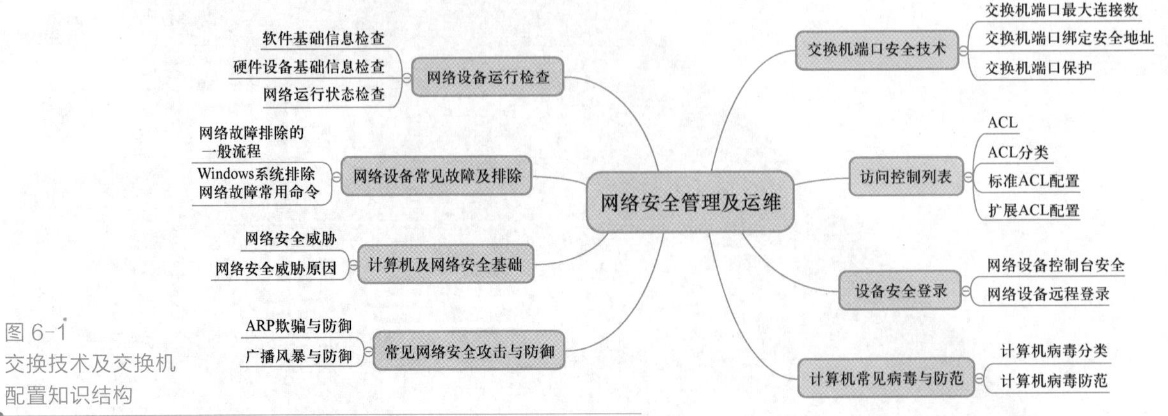

图 6-1
交换技术及交换机配置知识结构

课前自测

在开始本项目学习之前，请先尝试回答以下问题。

1. 网络设备运维过程中，将从哪些方面对网络设备进行检查？
2. 网络设备发生故障，不能正常运行，应该如何进行故障排除？
3. 常见的网络安全攻击有哪些？对 ARP 欺骗如何防范？

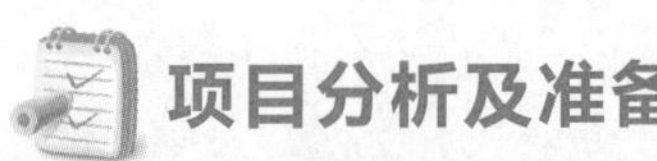

项目分析及准备

6.1 网络设备运行检查

微课 6.1
网络设备运行检查

网络设备运行检查是网络维护工作中的关键步骤，通常是按设备的部位、内容进行检查，为了保证系统的正常运行，应该经常对设备上规定的部位（点）进行预防性周密检查，以使设备的隐患和缺陷能够得到早期发现、早期预防、早期处理。

维护工程师进行网络设备运行检查主要包括以下步骤。

- 设备基本信息检查。
- 设备运行状态检查。
- 端口检查。
- 网络运行业务状态检查。

6.1.1 软件基础信息检查

软件基本信息检查属于设备基本信息检查的部分内容，网络维护工程师需要对以下内容进行检查并记录到网络设备巡检手册中。

（1）网络设备运行的版本号

确定网络设备的具体型号、单板 PCB 版本号、软件版本号是否与实际要求相符。

（2）检查网络设备软件包

设备正在使用及下次启动时将要加载的产品版本软件和配置文件的文件名是否正确。

使用如下命令查看网络设备的硬件版本号、软件版本号、设备补丁信息等。

```
show version
```

（3）网络设备的 License 信息

License 文件已经激活，且 Expired Date 为 Permneny（即永久有效）或在运行截止日期之内。

（4）检查网络设备补丁信息

补丁文件必须与实际要求一致，建议加载锐捷公司发布的该产品版本对应的最新补丁文件。同时需要保证该补丁已经生效，即补丁的总数量和正在运行的补丁数量一致。

使用如下命令查看网络设备的补丁信息。

```
show patch
```

（5）检查系统时间

时间应与当地实际时间一致（时间差不大于 5 min），便于故障时通过时间精确定位。如果不合格，应及时修改系统时间或者配置 NTP 同步网络时间，查看系统时间的命令如下。

```
show clock
```

6.1.2　硬件设备基础信息检查

硬件基本信息检查属于设备基本信息检查的内容，网络维护工程师需要对以下内容进行检查并记录到网络设备巡检手册中。

（1）网络设备单板及电源运行状态检查

检查网络设备中单板在位信息及状态信息是否正常，同时可使用命令 show power 查看网络设备电源供电状态。查看电源状态命令如下。

```
show power
```

（2）风扇状态检查

检查网络设备中的风扇是否运行正常，通过 show fan 命令查看封装风扇状态，若状态（Status）为 OK 则说明风扇运行正常。查看风扇状态命令如下。

```
show fan
```

（3）查看网络设备 CPU 利用率

检查网络设备中 CPU 使用率情况。对于锐捷设备而言，会显示设备各进程 CPU 使用率情况以及 3 种状态下的 CPU 利用率，包括 5 min、1 min、5 s 的 CPU 利用率。查看 CPU 利用率命令如下。

```
show cpu
```

处于健康状态时，5 min 内 CPU 的利用率应该维持在 30%以下，承载业务的压力越大，CPU 利用率会越高，也属正常现象，但超过 60%时就应该引起注意。

（4）查看网络设备内存利用率

检查网络设备中内存使用率情况，主要关注网络设备中总内存大小、可用内存大小、当前内存的使用率情况。

处于健康状态时，内存使用率应该维持在 75%以下，承载业务的压力增大，内存使用率会升高，超出 80%时就要引起注意。查看内存利用率命令如下。

```
show memory
```

（5）查看网络设备温度

检查网络设备的温度情况，主要关注网络设备的温度及是否超过告警温度，若超过告警温度务必引起注意。查看网络设备温度命令如下。

```
show temperature
```

（6）检查网络设备端口情况

网络维护工程师需检查网络设备的端口信息，主要包括业务运行时端口有无错包、端口协议模式是否正确（设备间端口模式要一致，不能使用半双工模式）、端口配置是否合理（检查端口的协议模式、速率、隔离、限速等）、检查端口的开启状态是否满足规划要求。

（7）查看网络设备日志信息

检查网络设备中日志的详细信息，主要关注打印的 Log 日志中是否存在异常信息，并对异常进行分析定位问题。查看网络设备 Log 日志命令如下。

```
show log
```

6.1.3 网络运行状态检查

网络运维工程师在进行网络运行情况检查时，通常需要对实际场景中的所有网络设备进行检查，包括二层交换设备、三层路由设备、防火墙、Web 应用防火墙、无线设备等。本节将对网络运行状态检查方法进行总结，并列出常用的网络运行检查方法。

（1）查看路由信息

查看网络设备中的路由表信息，检查路由信息是否正确。同时，通过 ping 命令或 tracert 命令检查结点间的连通性和路由信息。

（2）查看组播成员接口和路由器接口信息

检查网络设备中静态成员接口、动态成员接口、静态路由器接口、动态路由器接口的信息是否正确。

（3）查看端口及 VLAN 状态信息

检查网络设备中 VLAN 名称、VLAN 标识是否符合设计要求。

在检查端口状态时，为保证数据有效性，建议提前 20 h 将各端口计算机清零，检查端口启动状态、端口名称、端口速率是否匹配实际情况要求。

（4）查看 Trunk 工作情况

检查网络设备中 Trunk 工作情况，当网络设备中存在多条 Trunk 时，保证对应的 VLAN 通过范围无重叠情况。

（5）查看 OSPF 状态情况

检查网络设备中 OSPF 动态路由的详细情况，包括 OSPF 动态路由表、OSPF 数据库、OSPF 邻居状态、OSPF 接口状态是否符合实际情况。若网络设备支持 OSPF 错误包情况查看，可对 OSPF 数据进行收集分析比较，从而定位问题。

（6）查看交换机设备生成树协议状态

检查网络设备中生成树协议中的根端口及备份根端口状态，确保根端口状态为 Forwarding、备份根端口状态为 Discarding，其他端口的状态符合实际场景要求。若实际场景中使用 MSTP，检查 MSTP 拓扑变化相关的统计信息，如果设备拓扑变化次数递增，则可确定网络存在震荡情况。

（7）查看 BGP 状态情况

查看设备间的 BGP 邻居协议情况，正常情况下，要求该设备邻居建立时间不小于一天，且无状态为 down 的 BGP 邻居，正常 BGP 邻居状态为 Established。

（8）查看 NTP 时间同步情况

检查网络设备间时间是否同步准确，确保设备间 NTP 同步正常。

6.2　网络设备常见故障及排除

6.2.1　网络故障排除的一般流程

微课 6.2
网络设备常见故障及排除

网络运维工程师在现场处理应急事件时，需要按照一定的流程处理网络故障事件，如图 6-2 所示为网络故障排除流程图。

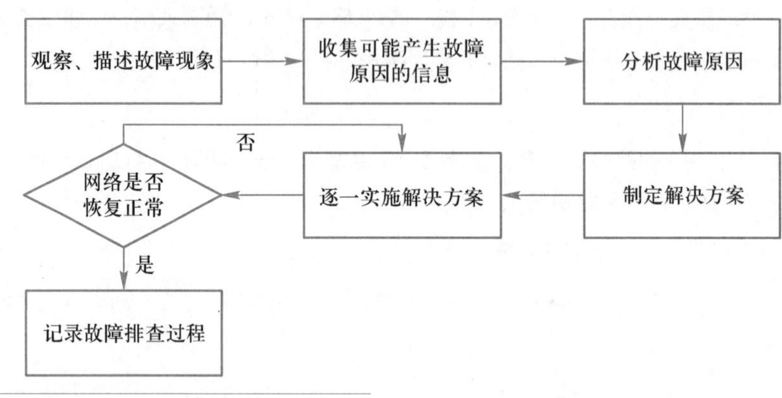

图 6-2
网络故障排除流程图

（1）描述故障现象

亲临现场观察用户演示故障，向用户询问故障发生前的操作行为，故障发生的首次时间、频率、影响范围以及故障发生前是否对该结点或网络进行改动，整理并记录故障现象。

（2）收集可能产生故障原因的信息

查看网络维护日志并向其他网管员了解近期故障区域的相关变动信息。通过网络管理系统、网络设备诊断命令、操作系统诊断命令、协议分析工具以及网络测试仪器收集故障相关信息，如观察双绞线与水晶头的连接是否正确、查看交换机端口的状态是否异常等。

（3）分析故障的原因

对上述已经收集到的信息进行分析，并列出导致故障的各种可能原因。

（4）制定解决方案

针对故障原因，按优先级排序，从可能性由大到小制定出解决方案，提高排查效率。

（5）逐一实施解决方案

逐一实施解决方案的对策，并观察网络状态，直到恢复正常。在实际综合布线故障排除时，可以先采用分段法确定故障点，再灵活应用结合替换法等排除故障，从而提高排查效率。

（6）记录故障排查过程

故障排查过程要认真记录每次更改参数的结果。处理完故障后，要清楚故障发生原因，制定相应对策，尽可能避免类似故障发生，同时记录好日志以备日后查阅，积累运维经验。

6.2.2 Windows 系统排除网络故障常见命令

Windows 操作系统中存在很多可以排除网络故障的 DOS 命令，常见的包括 ping、ipconfig、arp、tracert、router 等，本节将介绍这些命令在排除故障时的应用。

1. ipconfig 命令

（1）ipconfig 命令概述

ipconfig 命令是 Windows 系统中自带网络管理工具，用于显示当前计算机的 TCP/IP 配置信息，了解测试计算机的 IP 地址、子网掩码和默认网关等信息。通过查询计算机的地址信息，有利于测试和分析网络故障，如图 6-3 所示。

```
C:\Users\an.an-PC>ipconfig

Windows IP 配置


以太网适配器 本地连接 4:

   连接特定的 DNS 后缀 . . . . . . . :
   本地链接 IPv6 地址. . . . . . . . : fe80::a872:634:9cae:9920%20
   IPv4 地址 . . . . . . . . . . . . : 192.168.6.150
   子网掩码 . . . . . . . . . . . . : 255.255.255.0
   默认网关. . . . . . . . . . . . . : 192.168.6.1
```

图 6-3
ipconfig 命令图

（2）ipconfig 命令用法

使用 ipconfig 命令，有不带参数和带参数两种用法，分别用于显示当前网络应用中的更多信息内容。

打开计算机 Windows 操作系统，在“开始”菜单中，找到 RUN（运行）窗口，输入“CMD”命令，打开 DOS 窗口。在盘符提示符中输入“ipconfig”或“ipconfig/all”，按 Enter 键，即可显示相关信息。

（3）ipconfig 命令应用

ipconfig：当使用 ipconfig 时，不带任何参数选项，将显示该计算机中每个已经配置的接口信息，如 IP 地址、子网掩码和默认网关值。

ipconfig/all：当使用 ipconfig 时，带参数 all 选项，将显示 DNS 和 WINS 服务器配置的附加信息（如 IP 地址等），并显示内置本地网卡中物理地址（MAC）。如果 IP 地址是从 DHCP 服务器租用，ipconfig 命令将显示 DHCP 服务器 IP 地址和租用地址预计失效的日期。

ipconfig/release 和 ipconfig/renew：这是两个附加选项，只能在向 DHCP 服务器租用 IP 地址计算机上起作用。

- 如果执行 ipconfig/release 命令，所有接口租用 IP 地址便重新交付给 DHCP 服务器（归还 IP 地址）。
- 如果执行 ipconfig/renew 命令，本地计算机便设法与 DHCP 服务器取得联系，并租用一个 IP 地址。请注意，大多数情况下，网卡将被重新赋予和以前相同的 IP 地址。

2. ping 命令

（1）ping 命令概述

ping 是最常使用的故障诊断与排除命令。如果想检查当前主机到另一个网络是否连通正常及测试访问速度，可以使用该命令进行测试。ping 是用来探测本机与网络中其他设备之间是否可达的命令，如果设备间 ping 不通，则表明设备间不能建立连接。

ping 命令会发送一份 ICMP 回显请求报文给目标设备，并等待目标主机返回 ICMP 回显应答。因为 ICMP 会要求目标设备在收到消息后，必须返回 ICMP 应答消息给源主机，如果源主机在一定时间内收到目标设备的应答，则表明设备间网络可达，如图 6-4 所示。

```
C:\Users\an.an-PC>ping 192.168.0.4

正在 Ping 192.168.0.4 具有 32 字节的数据:
来自 192.168.0.4 的回复: 字节=32 时间<1ms TTL=64
来自 192.168.0.4 的回复: 字节=32 时间<1ms TTL=64
来自 192.168.0.4 的回复: 字节=32 时间<1ms TTL=64
来自 192.168.0.4 的回复: 字节=32 时间<1ms TTL=64

192.168.0.4 的 Ping 统计信息:
    数据包: 已发送 = 4，已接收 = 4，丢失 = 0 (0% 丢失)，
往返行程的估计时间(以毫秒为单位):
    最短 = 0ms，最长 = 0ms，平均 = 0ms
```

图 6-4
ping 命令

（2）ping 命令使用

ping 命令使用格式：ping　[参数]　目标。ping 命令的主要参数见表 6-1。

表 6-1　ping 命令常见参数表

参数	含　义
-t	常 ping 指定设备，直至中断操作（Ctrl+C 组合键）
-n count	指定发送的数据包 ICMP Echo 数量
-l length	指定发送 ICMP Echo 数据包大小，默认为 32 B，最大值为 65527 B

（3）ping 测试结果说明

ping 命令有两种返回结果，相应结果说明如下。

① “Request timed out.”，表示没有收到目标主机返回响应数据包，即网络不通或网络状态恶劣。

② “Reply from X.X.X.X：bytes=32 time<1ms TTL=255”，表示收到从目标主机 X.X.X.X 返回响应数据包，数据包大小为 32 B，响应时间小于 1 ms，TTL 为 255，该结果表示计算机到目标主机之间连接正常。

③ “Destination host unreachable”，表示目标主机无法到达。

④ “PING：transmit failed，error code XXXXX”，表示传输失败，错误代码 XXXXX。

（4）使用 ping 判断 TCP/IP 故障

① ping 目标 IP。

可以使用 ping 命令，测试计算机名和 IP 地址。如果能够成功校验 IP 地址，却不能成功校验计算机名，说明名称解析存在问题。

② ping 127.0.0.1。

127.0.0.1 是本地循环地址，如果无法 ping 通，则表明本地机 TCP/IP 协议不能正常工作。

③ ping 本机的 IP 地址。

用 ipconfig 命令查看本机 IP，然后 ping 该 IP，连通则表明网络适配器（网卡）工作正常，不通则说明网络适配器出现故障。

④ ping 同网段计算机的 IP。

ping 同网段一台计算机的 IP。不通，表明网络线路出现故障；若网络中还包含路由器，应先 ping 路由器在本网段端口的 IP，不通，说明此段线路有问题；连通则再 ping 路由器在目标计算机所在网段端口 IP，不通说明路由出现故障，连通则再 ping 目的机 IP 地址。

⑤ ping 远程 IP。

这一命令检测本机能否正常访问 Internet。例如，本地电信运营商 IP 地址为 202.101.224.100，在 DOS 方式下执行 ping 202.101.224.100 命令进行测试。也可直接使用 ping 命令，ping 网络中主机的域名，如 ping www.sina.com.cn。正常情况下会出现该网址所指向 IP，这表明本机的 DNS 设置正确，且 DNS 服务器工作正常。反之，就可能是其中之一出现了故障。

3. tracert 命令

（1）tracert 命令概述

tracert（跟踪路由）是路由跟踪实用程序，用于确定到达目标 IP 的路由路径，并显示通路上每个中间路由器的 IP 地址。

tracert 命令通过多次向目标设备发送 ICMP 回显请求报文，同时每次增加其 IP 头中 TTL 字段的值，从而确定到达每台路由器的时间。tracert 命令会先发送 TTL 为 1 的 ICMP 回显数据包，并在随后的每次发送过程将 TTL 递增 1，直到目标响应或 TTL 达到最大值从而确定路由。

如果网络连通有问题，可用 tracert 命令检查到达的目标 IP 地址的路径，并记录经过的路径。通常当网络出现故障时，需要检测网络故障的位置，定位准确方便排除时，可以使用 tracert 命令确定网络在哪个环节出了问题。

（2）tracert 命令使用

tracert 命令使用格式：tracert [参数] 目标。

其参数见表 6-2。

表 6-2 tracert 命令常见参数表

参数	含 义
-d	设置不对主机名解析地址
-h	指定查询目标的跳转最大数目
-w	对每个应答报文指定等待时间

（3）使用 tracert 判断 TCP/IP 故障

可以使用 tracert 命令确定数据包在网络上的停止位置。确定 192.168.10.100 主机的有效路径，如图 6-5 所示。

```
C:\Users\an.an-PC>tracert 192.168.10.100

通过最多 30 个跃点跟踪到 192.168.10.100 的路由

  1     1 ms     6 ms     1 ms  192.168.0.1
  2    17 ms    66 ms    13 ms  10.140.32.1
  3    10 ms     9 ms    11 ms  221.238.202.41
  4    19 ms    13 ms    36 ms  219.150.49.41
  5     *        *        *     请求超时。
  6     *        *        *     请求超时。
```

图 6-5 tracert 命令

4．route print 命令

路由表是用来描述网络中计算机之间分布地址信息表，通过在相关设备上查看路由表信息，可以了解网络中的设备分布情况，从而及时排除网络故障。

route print 是 Windows 操作系统内的查看本机路由表信息命令，该命令用于显示与本机互相连接的网络信息，如图 6-6 所示。

```
IPv4 路由表
===========================================================================
活动路由:
网络目标        网络掩码          网关       接口   跃点数
          0.0.0.0          0.0.0.0      192.168.0.1     192.168.0.4     25
          0.0.0.0          0.0.0.0      192.168.6.1   192.168.6.150    286
        127.0.0.0        255.0.0.0            在链路上         127.0.0.1    306
        127.0.0.1  255.255.255.255            在链路上         127.0.0.1    306
  127.255.255.255  255.255.255.255            在链路上         127.0.0.1    306
      192.168.0.0    255.255.255.0            在链路上       192.168.0.4    281
      192.168.0.4  255.255.255.255            在链路上       192.168.0.4    281
    192.168.0.255  255.255.255.255            在链路上       192.168.0.4    281
      192.168.2.0    255.255.255.0            在链路上       192.168.2.1    276
```

图 6-6
route print 命令图

如图 6-6 所示，使用 route print 命令，显示本机路由表信息分为 5 列，解释如下。

- 第 1 列是网络目的地址列，列出了本台计算机连接的所有子网段地址。
- 第 2 列是目的地址的网络掩码列，提供这个网段本身的子网掩码，让三层路由设备确定目的网络的地址类。
- 第 3 列是网关列，一旦三层路由设备确定要把接收的数据包，转发到哪一个目的网络，三层路由设备就要查看网关列表。网关列表告诉三层路由设备，这个数据包应该转发到哪一个网络地址，才能达到目的网络。
- 第 4 列是接口列，告诉三层路由设备哪一块网卡，连接到合适目的网络。
- 第 5 列是度量值，告诉三层路由设备为数据包选择目标网络优先级。在通向一个目的网络如果有多条路径，Windows 将查看测量列，以确定最短路径。

5．arp 命令

（1）arp 命令概述

ARP 是一个重要的 TCP/IP 协议。在局域网中，已经知道 IP 地址的情况下，通过该协议来确定该 IP 地址对应网卡 MAC 物理地址信息。在本地计算机上，使用 arp 命令，可查看本地计算机 ARP 高速缓存的内容：局域网中计算机 IP 地址和 MAC 地址映射表。此外，使用 arp 命令，也可以用人工方式输入静态的网卡物理和 IP 地址映射表。

（2）使用 arp 命令判断 TCP/IP 故障

① arp -a

用于查看高速缓存中的所有项目。Windows 系统中执行 arp -a 命令（a 被视为 all，即全部），显示全部 MAC 地址和 IP 地址 ARP 映射表信息，如图 6-7 所示。

```
C:\Users\an.an-PC>arp -a

接口: 192.168.0.4 --- 0xd
  Internet 地址         物理地址              类型
  192.168.0.1           b8-3a-08-aa-ba-68     动态
  192.168.0.255         ff-ff-ff-ff-ff-ff     静态
  224.0.0.22            01-00-5e-00-00-16     静态
  224.0.0.251           01-00-5e-00-00-fb     静态
  224.0.0.252           01-00-5e-00-00-fc     静态
  238.238.238.238       01-00-5e-6e-ee-ee     静态
  239.255.255.250       01-00-5e-7f-ff-fa     静态
  255.255.255.255       ff-ff-ff-ff-ff-ff     静态
```

图 6-7
arp -a 命令图

② arp -a IP

如果有多块网卡，那么执行 arp -a 命令，再加上接口的 IP 地址，就可以只显示与该接口相关的 ARP 缓存项目。

③ arp -s IP 物理地址

可以向 ARP 高速缓存中人工输入一个静态项目。该项目在计算机引导过程中将保持有效状态，或者在出现错误时，人工配置的物理地址将自动更新该项目。

④ arp -d IP

可以删除 ARP 高速缓存中的一个静态项目。

6．netstat 命令

（1）netstat 命令概述

netstat 也是 Windows 操作系统内嵌的命令，是一个监控 TCP/IP 网络的工具。通过 netstat 命令，显示网络路由表、实际网络连接以及每一个网络接口状态信息。显示与 IP、TCP、UDP 和 ICMP 等相关协议的统计数据，一般用于检验本机各端口网络连接情况。

（2）使用 netstat 命令判断 TCP/IP 故障

如果计算机连接网络过程中出现临时数据接收故障的出错数目占到较大比例，或出错数目迅速增加时，可以使用 netstat 进行检查。

一般用 netstat -a 命令显示本机与所有连接的端口情况，如显示网络连接、路由表和网络接口信息，并用数字表示，可以让用户得知目前都有哪些网络连接正在运行。

① netstat -s

该命令能按照各协议，分别显示其统计数据。如果应用程序或浏览器运行速度较慢，或者不能显示 Web 页之类数据，那么就可以用本选项，查看所显示的信息。

② netstat -e

该命令用于显示以太网统计数据。它列出了发送和接收端数据报数量，包括传送数据报总字节数、错误数、删除数、数据报的数量和广播的数量，用来统计基本的网络流量。

③ netstat -r

该命令可显示路由表信息。

④ netstat -a

该命令显示所有有效连接信息列表，包括已建立连接（Established）与监听连接请求（Listening）的连接。

6.3 计算机及网络安全基础

6.3.1 网络安全威胁

微课 6.3
计算机及网络安全基础

早期的网络安全大多局限于各种病毒的防护。随着计算机网络的发展，除了病毒，更多是防护木马入侵、漏洞扫描、分布式拒绝服务攻击（Distributed Denial of Service，DDoS）等层出不穷的新型攻击手段。威胁网络安全的因素是多方面，目前还没有一个统一的方法，对所有网络安全行为进行区分和有效防护。针对网络安全威胁，常见的产生网络攻击的事件主要分为以下几类。

笔 记

1. 中断威胁

中断威胁主要是网络攻击者阻断发送端到接收端之间的通路，使数据无法从发送端发往接收端的一种攻击手段。在目前网络中，最典型的中断威胁是拒绝服务攻击（Denial of Service，DoS）。造成中断威胁的原因主要有以下几个方面。

① 物理网络链路中断：攻击者攻击破坏信息源端与信息目的端之间的连通性。

② 服务器无法响应：信息目的端忙于处理无用报文，而无法处理来自信息源端的数据。

③ 服务器系统崩溃：物理上破坏网络系统或者设备组件，如破坏磁盘系统，造成整个磁盘的损坏及文件系统的瘫痪等。

2. 截获威胁

截获威胁是指非授权者通过网络攻击手段侵入系统，使信息在传输过程中丢失或者泄露，截获威胁破坏了数据保密性原则。

产生攻击的包括利用电磁泄漏或者窃听等方式，截获保密信息并对数据进行各种分析，得到用户有用信息。

3. 篡改威胁

篡改威胁是指以非法手段获得信息的管理权，通过以未授权的方式，对目标计算机进行数据的创建、修改、删除和重放等操作，使数据的完整性遭到破坏。篡改威胁攻击的手段主要包括以下两个方面。

① 改变数据文件，如修改信件内容。

② 改变数据的程序代码，使程序不能正确执行。

4. 伪造威胁

伪造威胁是指一个非授权者将伪造的数据信息插入数据中，破坏数据的真实性与完整性，从而盗取目的端信息。为了避免数据被非授权者篡改，业界开发了一种解决方案：数字签名。数字签名是附加在数据单元上的一些数据或对数据单元所做的密码变换。这种数据或变换允许数据单元的接收者，用以确认数据单元的来源和数据单元的完整性，并保护数据防止进行数据伪造。

6.3.2　网络安全威胁原因

影响计算机网络安全的因素有很多，主要有以下几个方面。

1. 网络设计问题

由于网络设计的问题导致网络流量据增，造成终端执行各种服务缓慢。典型的案例是由于公司内二层设备设计导致广播风暴的问题。

2. 网络设备问题

在构建互联网络中，每台设备都有其特定的功能。例如，路由器和防火墙在某些功能上起到的作用一样，如访问控制列表技术（Access Control List，ACL）。但路由器通过ACL实现对网络的访问控制，安全效果及性能不如防火墙。对于一个安全性需求很高的网络来说，采用路由器 ACL 来过滤流量，性能上得不到保证，更重要的是网络黑客利用各种手段来攻击路由器，使路由器瘫痪，不仅不能过滤 IP，还影响网络互通。

笔 记

3．人为无意失误

此类失误多体现在管理员安全配置不当，终端用户安全意识不强，用户口令过于简单等因素带来的安全隐患。

4．人为恶意攻击

人为恶意攻击是网络安全最大的威胁。此类攻击指攻击者通过黑客工具，对目标网络进行扫描、侵入、破坏的一种举动，恶意攻击影响网络性能，破坏数据的保密性、完整性，并导致机密数据的泄露，给企业造成损失。

5．软件漏洞

由于软件程序开发的复杂性和编程的多样性，应用在网络系统中的软件，都有意无意会留下一些安全漏洞，黑客利用这些漏洞缺陷，侵入计算机，危害被攻击者的网络及数据。例如微软公司每月都在对 Windows 系列操作系统进行补丁的更新、升级，目的是修补其漏洞，避免黑客进行攻击。

6．病毒威胁

计算机病毒是一种小程序，能够自我复制，会将病毒代码依附在程序上，通过执行，伺机传播病毒程序，进行各种破坏活动，影响计算机的使用。

6.4 常见网络攻击与防御

常见的网络攻击多种多样，其中主要的网络攻击方式包括中断攻击、数据包拦截、数据报文伪造、数据报文内容篡改。网络安全攻击方法包括 ARP 断网攻击、ARP 中间人攻击、私设 DHCP、DHCP 泛洪攻击、MAC 泛洪攻击、DDoS 攻击、CC 攻击等，本节将介绍常见的网络安全攻击及防御方法。

6.4.1 ARP 欺骗与防御

1．ARP 欺骗概述

地址解析协议（Address Resolution Protocol，ARP），是一种利用网络层地址来取得数据链路层地址的协议。网络设备在发送数据时，当网络层信息包要封装为数据链路层信息包之前，首先需要取得目的设备的 MAC 地址。ARP 协议可以将 IP 地址解析为 MAC 地址，因此，ARP 在网络数据通信中非常重要。

正常情况下，主机 A 要向主机 B 发送报文，会查询本地的 ARP 缓存表，找到 B 的 IP 地址对应的 MAC 地址后，将 B 的 MAC 地址封装进数据链路层的帧头，并进行数据传输，如图 6-8 所示。如果未找到，则 A 会以广播方式发送一个 ARP 请求报文（携带主机 A 的 IP 地址 A_IP 和物理地址 A_MAC），请求 IP 地址为 B_IP 的主机 B 回答其物理地址 B_MAC。当计算机接收到 ARP 应答数据包时，就会对本地的 ARP 缓存进行更新，将应答中的 IP 和 MAC

地址存储在 ARP 缓存中。

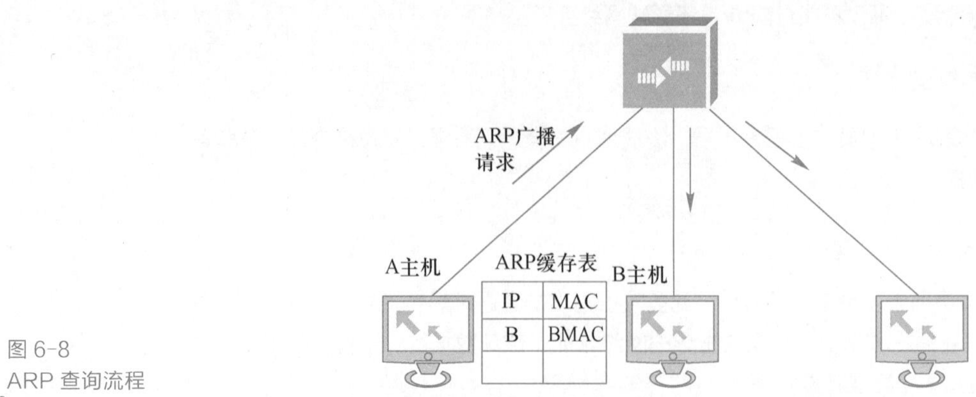

图 6-8
ARP 查询流程

ARP 欺骗是黑客常用的攻击手段之一，其中最常见的一种形式是针对内网 PC 的网关欺骗。其基本原理是黑客通过向内网主机发送 ARP 应答报文，欺骗内网主机说“网关的 IP 地址对应的是黑客的 MAC 地址”，即 ARP 应答报文中将网关的 IP 地址和黑客的 MAC 地址对应。这样内网 PC 本来要发送给网关的数据就发送到黑客的机器上，如图 6-9 所示。

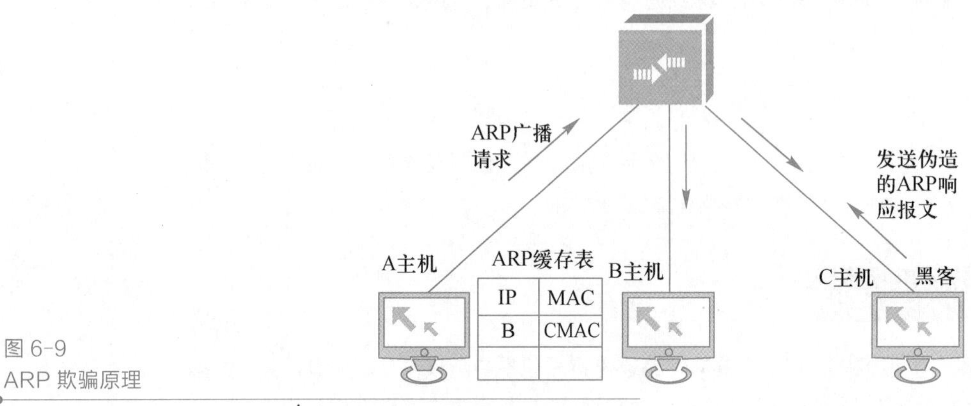

图 6-9
ARP 欺骗原理

2. ARP 欺骗防范

攻击者为了实施 ARP 欺骗，需要向被欺骗计算机发送虚假的 ARP 响应包，从而使主机 ARP 缓存表中记录错误的 MAC 地址，形成断网攻击或中间人拦截数据包。为了防止被欺骗计算机收到正确 ARP 响应包后更新本地 ARP 缓存，攻击者需要持续发送 ARP 响应包。因此，发生 ARP 欺骗攻击时，网络中通常会有大量 ARP 响应包。网络管理员可以根据这一特征，通过网络嗅探，检测网络中是否存在 ARP 欺骗攻击。

防范 ARP 欺骗攻击的主要方法有以下几种。

① 为主机配置静态绑定网关等关键主机的 MAC 地址和 IP 地址的对应关系，命令格式为：arp -s 192.168.0.1 aa-bb-cc-dd-ee-ff-00。该方法可以将相关的静态绑定命令做成一个自启动的批处理文件，让计算机一启动就执行该批处理文件，以达到绑定关键主机 MAC 地址和 IP 地址对应关系的目的。

② 使用一些第三方的 ARP 防范工具，如 360 ARP 防火墙等。

③ 交换机等网络设备配置使用端口绑定安全地址的方式加固下连端口，将用户正确的 IP 与 MAC 地址写入交换机的硬件表项，从而限制终端接入交换机的情况。

④ 若使用 DHCP 服务器分配 IP 地址方式，可使用 DHCP Snooping 配合 ARP-Check 功能防御 ARP 欺骗。

```
Ruijie(config)#ip dhcp snooping
Ruijie(config)#interface f0/1
Ruijie(config-if)#ip dhcp snooping trust
Ruijie(config)#ip dhcp snooping address-bind
Ruijie(config)#ip dhcp snooping binding 0098.2122.1221 vlan 1 ip 1.1.1.1 interface f0/5
Ruijie(config)#port-security arp-check
```

上述命令的步骤如下。

- 开启 DHCP Snooping 功能。
- 配置 DHCP Snooping 的上连口为信任端口（Trust）。
- 将 DHCP Snooping 的数据库绑定到全局的 IP+MAC 数据库。
- 配置静态绑定用户，采用静态 IP 地址实现安全检查，避免端口下其他用户私用 IP 地址。
- 全局开启 arp-check 功能。

6.4.2 广播风暴与防御

1. 广播风暴概述

局域网风暴指的是大量数据包泛洪到网络中，当交换机接收到广播帧、未知目的 MAC 地址的单播帧与组播帧后，将数据帧转发到除接收端口以外的相同 VLAN 内的所有端口，交换机的这种转发机制会被攻击者所利用。例如，攻击者可以向网络中发送大量广播帧，造成交换机泛洪，这样网络中（相同 VLAN 内）所有的主机都会接收到并处理泛洪的广播帧，造成主机或服务器等不能正常工作或提供正常的服务。

产生风暴现象可能有多种原因，如协议栈中的错误实现及 Bug、网络设备的错误配置、攻击者的 DoS 攻击等。

2. 广播风暴防范

交换机的风暴控制是一种工作在物理端口的流量控制机制，它在特定时间周期内监视端口收到的数据帧，然后通过与配置的阈值进行比较，如果超过了阈值，交换机将暂时禁止相应类型的数据帧（未知目的 MAC 单播、组播或广播）的转发，直到数据流恢复正常。

广播风暴控制的配置全部是在接口模式下进行的，使用如下命令可以手工开启该功能。

```
Ruijie(config)#interface gigabitEthernet 1/1
Ruijie(config-if-GigabitEthernet 1/1)#storm-control broadcast level 1
Ruijie(config-if-GigabitEthernet 1/1)#storm-control unicast level 1
Ruijie(config-if-GigabitEthernet 1/1)#storm-control multicast level 1
```

参数解释如下：

- level 1：风暴抑制级别为 1，即端口带宽的 1%。
- broadcast|unicast|multicast：分别表示广播风暴、单播风暴、组播风暴。

- storm-control：风暴抑制功能开启。

① 一般在接入、汇聚交换机上配置风暴控制功能。

② 对于接入交换机，推荐应该在连接用户的端口上配置广播/组播风暴抑制，避免大量广播/组播泛洪，上联口无需配置。

③ 对于汇聚交换机在接入交换机不支持风暴控制的前提下，推荐配置风暴控制，但应适当放大连接接入交换机端口的限速粒度，如可以保持默认的 1%带宽限制，上联口无需配置。

④ 如果接入交换机已经配置风暴控制，汇聚交换机无需配置。

⑤ 在同传网络环境，同传传输速率慢，可能是因为交换机开启风暴控制功能，导致同传数据被限制，导致无法高速传输，此时建议关闭风暴控制功能观察。

6.5　交换机端口安全技术

1. 交换机端口安全

交换机端口的安全功能，是指针对交换机的端口进行安全属性的配置，从而控制用户的安全接入。默认情况下交换机所有端口都是完全敞开，不提供任何安全检查措施，允许所有数据流通过。

大部分网络攻击行为都采用欺骗源 IP 或源 MAC 地址方法，对网络核心设备进行连续数据包的攻击，从而耗尽网络核心设备系统资源，如 ARP 欺骗攻击、MAC 泛洪攻击、DHCP 泛洪攻击等。这些针对交换机端口产生的攻击行为，可以启用交换机的端口安全功能来防范，设置对交换机的端口增加安全访问功能，可以有效保护网络安全。

2. 交换机端口安全分类

交换机端口安全主要有两种类型：一是限制交换机端口的最大连接数，二是针对交换机端口进行 MAC 地址、IP 地址的绑定。

- 限制交换机端口的最大连接数：可以控制交换机端口下连的主机数，防止用户将过多的设备接入到网络中。
- 交换机端口的地址绑定：可以针对 IP 地址、MAC 地址、IP+MAC 进行灵活的绑定，可以实现对用户进行严格的控制，防止非法或非授权设备随意接入网络中。

3. 端口安全检查过程

当一个端口被配置为一个安全端口后，交换机不仅将检查从此端口接收到的帧的源MAC地址，还检查该端口上配置的允许通过的最多的安全地址数。

如果安全地址数没有超过配置的最大值，交换机会检查安全地址表。若此帧的源 MAC 地址没有被包含在安全地址表中，那么交换机将自动学习此 MAC 地址，并将它加入安全地址表中，标记为安全地址，进行后续转发。若此帧的源 MAC 地址已经存在于安全地址表中，那么交换机将直接转发该帧。安全端口的安全地址表项既可以通过交换机自动学习，也可以手工配置。配置端口安全存在以下限制。

- 安全端口必须是 Access 端口，及连接终端设备端口，而非 Trunk 端口。

- 安全端口不能是一个聚合端口。

6.5.1　交换机端口最大连接数

1．交换机端口最大连接数概述

在实施企业网络内部交换机安全时，经常使用限制接入交换机端口连接的最多终端数量的方式来进行安全配置。图 6-10 所示为配置交换机 FastEthernet0/3 接口安全端口功能，设置最多地址个数为 3，终端接入数量超过 3 个的设备将无法再次接入交换机。

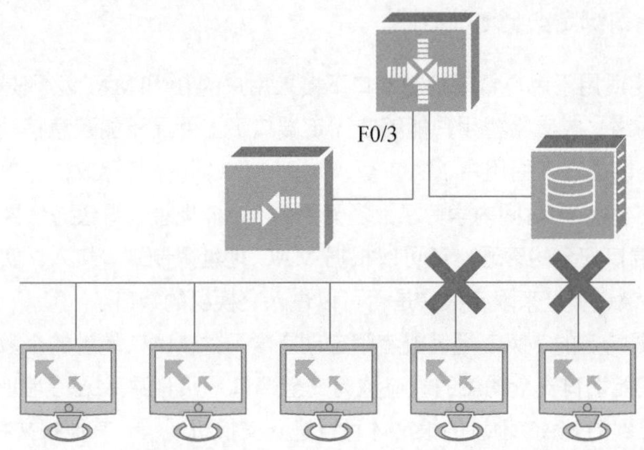

图 6-10
端口最大连接数图

2．交换机端口最大连接数配置方法

若想将交换机的端口配置为一个安全端口，需要在端口模式下启动端口安全模式。

```
switchport port-security
```

当交换机端口上所连接安全地址数目达到允许的最多个数，交换机将产生一个安全违例通知。启用端口安全特性后，使用如下命令为端口配置允许最多的安全地址数（默认情况下，端口的最多安全地址个数为 128 个）。

```
switchport port-security maximum number
```

若不符合上述配置规则，可以设置该端口的安全违例方式。

```
switchport port-security violation {protect | restrict | shutdown}
```

当安全违例产生后，可以设置交换机，针对不同的网络安全需求，采用不同安全违例的处理模式。

（1）Protect

当所连接端口通过安全地址，达到最大的安全地址个数后，安全端口将丢弃其余未知名地址（不是该端口安全地址中任何一个）数据包，但交换机不发出任何通知以报告违规的产生。

（2）Restrict

当安全端口产生违例事件后，交换机不但丢弃接收到的帧（MAC 地址不在安全地址表中），而且将发送一个 SNMP Trap 报文，等候处理。

（3）Shutdown

当安全端口产生违例事件后，交换机将丢弃接收到的帧（MAC 地址不在安全地址表中），发送一个 SNMP Trap 报文，并将端口关闭，端口将进入 err-disabled 状态，之后不再接收任何数据帧。

6.5.2　交换机端口绑定安全地址

1. 交换机端口绑定安全地址概述

端口安全功能适用于用户希望控制端口下接入用户的 IP 和 MAC 必须是管理员指定的合法用户才能使用网络，或者希望用户能够在固定端口下上网而不能随意移动，变换 IP/MAC 或者端口号，或控制端口下的用户 MAC 数，防止 MAC 地址耗尽攻击（攻击者构造出多个 MAC 地址，导致交换机短时间内学习了大量无用的 MAC 地址，导致通信异常）的场景。

实施交换机端口安全的管理，还可以根据 MAC 地址限制端口接入，实施网络安全。通过定义报文的源 MAC 地址来限定报文是否可以进入交换机的端口。

可以静态设置特定的 MAC 地址或者限定动态学习的 MAC 地址的个数来控制报文是否可以进入端口，使能端口安全功能的端口称为安全端口。只有源 MAC 地址为端口安全地址表中配置或者学习到的 MAC 地址的报文才可以进入交换机通信，其他报文将被丢弃。

交换机端口绑定安全地址主要分为如下 3 种方式。

- 设定端口安全地址绑定 MAC 地址。
- 设定端口安全地址绑定 IP+MAC。
- 设定端口安全地址仅绑定 IP。

用来限制必须符合绑定的以端口安全地址为源 MAC 地址的报文才能进入交换机通信。

2. 交换机端口绑定安全地址配置方法

在默认情况下，手工配置安全地址将永久存在安全地址表中。预先知道接入设备的 MAC 地址，可以手工配置安全地址，以防非法或未授权的设备接入到网络中，以下是 3 种不同的绑定方式配置方法。

（1）仅绑定 MAC

```
switchport port-security mac-address xxxx.xxxx.xxxx
```

（2）仅绑定 IP

```
switchport port-security binding 2.2.2.2
```

（3）绑定 IP+MAC

```
switchport port-security binding xxxx.xxxx.xxxx vlan 1 2.2.2.2
```

当主机的 MAC 地址与交换机连接端口绑定后，交换机发现主机 MAC 地址与交换机上配置 MAC 地址不同时，交换机相应的端口将执行违例措施，端口违规配置如下。

```
switchport port-security violation {protect | restrict | shutdown}
```

当地址违规操作为 shutdown 关键字时，交换机将丢弃接收到的帧（MAC 地址不在安全地址表中），发送一个 SNMP Trap 报文，而且将端口关闭，端口将进入 err-disabled 状态，然后不再接收任何数据帧。

当端口由于违规操作而进入 err-disabled 状态后，必须在全局模式下使用如下命令手工将其恢复为 up 状态。

```
errdisable recovery
```

6.5.3　交换机端口保护

1．交换机端口保护概述

交换机端口保护是实施交换机安全关键技术，加强接入交换机的端口安全，这是提高整个网络安全的关键。对交换机的端口增加安全访问功能，可以有效保护网络安全。加载在交换机端口上的安全技术，除交换机安全端口技术之外，还包括交换机保护端口技术。交换机的保护端口和端口安全一样，在园区网内有着比较广泛的应用。

端口保护适用于同一台交换机下需要进行用户二层隔离的场景，如不允许同一个 VLAN 内的用户互访、必须完全隔离、防止病毒扩散攻击等。例如，小区用户至今互相隔离，学生机房的考试环境学生机器的互相隔离等，都要求一台交换机上有些端口之间不能互相通信，但只能和网关进行通信。在这种环境下，交换机可以使用保护端口的端口隔离技术来实现，保护端口可以确保同一交换机上的端口之间互相隔离不能进行通信。

2．交换机端口保护配置方法

端口保护是用来保护端口之间的通信，当端口设为保护口后，保护口之间无法互相通信，但保护口与非保护口之间可以正常通信。

保护口有以下两种模式。

- 阻断保护口之间的二层交换，但允许保护口之间进行路由。
- 同时阻断保护口之间的二层交换和阻断路由。

在两种模式都支持的情况下，第一种模式将作为默认配置模式。

保护端口的配置相对较简单，在接口模式下使用如下命令，可以将端口配置为保护端口。

```
switchport protected
```

验证配置的命令如下：

```
show interfaces switchport
```

6.6　访问控制列表

访问控制列表技术（Access Control List，ACL）是一种重要的数据包安全检查技术，其主要配置在三层网络互联设备上，为连接的网络提供安全保护功能。

ACL 技术通过对网络中所有的输入和输出访问的数据流进行控制，过滤掉网络中非法的、未授权的数据服务包。通过限制网络中的非法数据流，实现对通信流量控制的作用，提高网络安全性能。

ACL 安全技术是一种应用在交换机与路由器上的三层安全技术，其主要目的是对网络数据通信进行过滤，从而实现各种安全访问控制需求。它通过数据包中的五元组来区分网络中特定的数据流，并对匹配预设规则成功的数据采取相应的措施，允许（Permit）或拒绝（Deny）数据通过，从而实现对网络的安全控制。

这 5 种元素分别是源 IP 地址、目标 IP 地址、协议号、源端口号和目标端口号。

6.6.1　ACL

1. ACL 概述

ACL 是一种基于包过滤的访问控制技术，它可以根据设定的条件对接口上的数据包进行过滤，允许其通过或丢弃。访问控制列表被广泛应用于路由器和三层交换机，借助于访问控制列表，可以有效控制用户对网络的访问，从而最大程度地保障网络安全。

交换机或者路由器设备按照 ACL 中的指令顺序执行这些规则，处理每一个进入或输出端口的数据包，实现对进入或流出网络互联设备中的数据流过滤。通过在网络互联设备中灵活地增加访问控制列表，可以作为一种网络控制的有力工具，过滤流入和流出数据包，确保网络安全，因此 ACL 也称为软件防火墙，如图 6-11 所示。

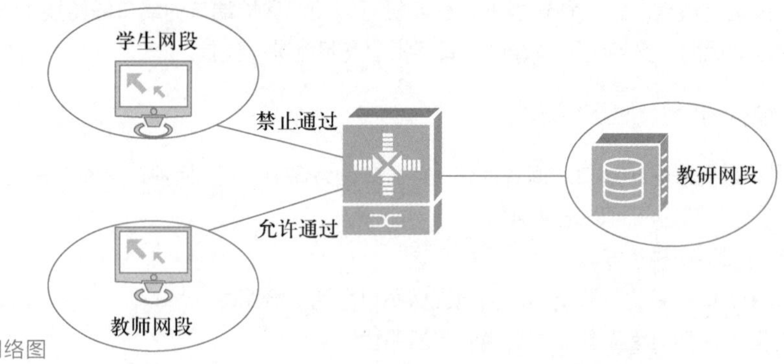

图 6-11
ACL 控制不同数据流通过网络图

2. ACL 执行流程

首先需要在网络互联设备上定义 ACL 规则，然后将定义好的规则应用到检查接口上。该接口一旦激活，就自动按照 ACL 中配置的命令，针对进出的每一个数据包特征进行匹配，决定该数据包被允许通过还是拒绝。

在数据包匹配检查的过程中，指令的执行顺序自上向下匹配数据包，逻辑地进行检查和处理。如果一个数据包头特征的信息与访问控制列表中的某一语句不匹配，则继续检测和匹配列表中的下一条语句，直到最后执行默认设定的规则。如图 6-12 所示是 ACL 入站数据包的执行流程。

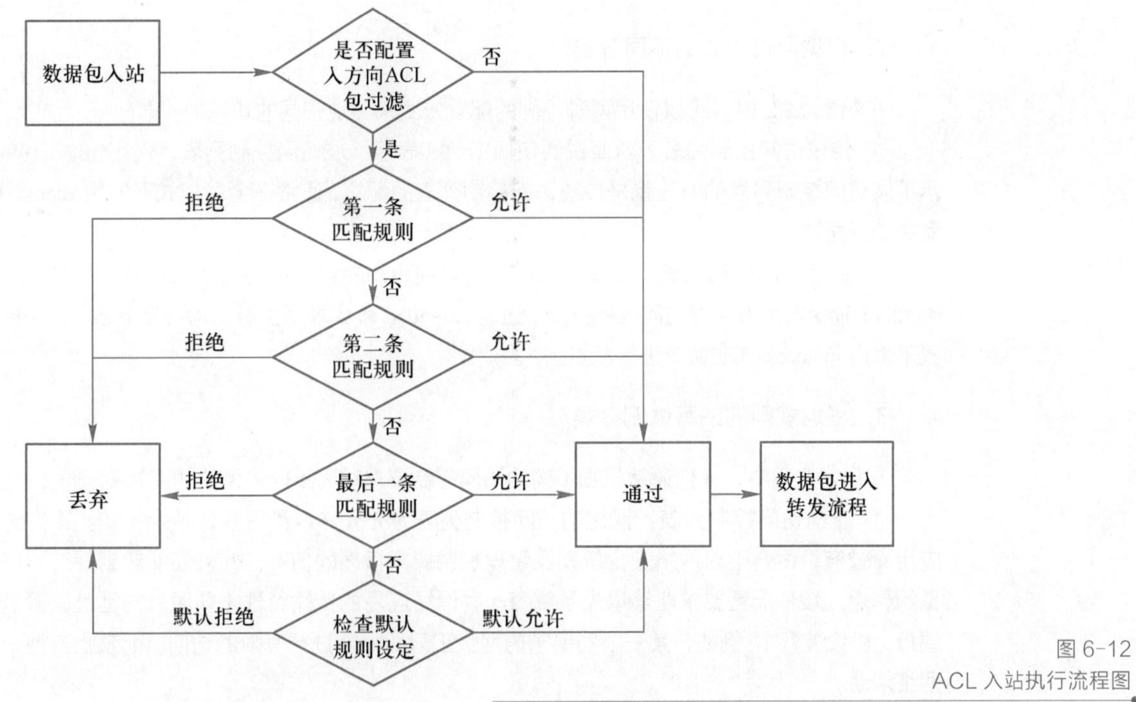

图 6-12
ACL 入站执行流程图

所有数据包在通过启用了访问控制列表的接口时，都需要找到与自己匹配的指令语句。如果某个数据包匹配到访问控制列表的最后，还没有与其相匹配的特征语句，按照“一切危险的将被禁止”的安全规则，该数据包将被隐含的“拒绝”语句拒绝通过。

6.6.2 ACL 分类

1. 按照 ACL 的控制特性分类

按照 ACL 的特性分类主要有两种，分别是标准 ACL 和扩展 ACL。

① 标准访问控制列表：仅检查被路由数据包的源地址。可以基于源网络、源子网、源主机 IP 地址来决定是允许还是拒绝转发该数据包，使用 1～99 的数字作为列表号。

标准访问控制列表通常应用于比较粗犷的网络控制中，如允许或拒绝一个网络或子网的所有网络访问控制权限。

② 扩展访问控制列表：对数据包的源地址与目标地址均进行检查，也能检查特定的协议、端口号以及其他参数。它使用 100～199 的数字作为列表号。

扩展访问控制列表应用于较为精细的网络访问控制中，如对于某种网络服务的访问控制。ACL 可以对 TCP、UDP、ICMP、IP 等众多的协议实施访问控制，见表 6-3。

表 6-3　各种协议的 ACL 控制对象

协议	源地址	源端口	目的地址	目的端口	功能参数
TCP	网络或 IP 地址	服务端口	网络或 IP 地址	服务端口	ACK、SYN
UDP	网络或 IP 地址	服务端口	网络或 IP 地址	服务端口	无
ICMP	网络或 IP 地址	无	网络或 IP 地址	无	Echo、Echo-reply
IP	网络或 IP 地址	无	网络或 IP 地址	无	无

2．根据配置方式的不同分类

在配置 ACL 时，可以使用两种不同的配置方式来实现相同的功能。

① 传统访问控制列表。前面讲到使用 1～99 表示标准访问控制列表，使用 100～199 表示扩展访问控制列表的方法就是传统访问控制列表的配置，通常在全局模式下使用 access-list 命令进行配置。

② 命名访问控制列表。命令访问控制列表使用用户自己起的名字来代替列表号，通过 standard 命令表示为标准访问控制列表，通过 extended 命令表示扩展访问控制列表，在全局模式下采用 ip access-list 命令进行配置。

3．根据规则的编写体例分类

在日常应用中，人们通常根据不同的访问控制要求编写不同体例的访问控制列表。

① 正向访问控制列表：设定的访问控制列表为先允许，最后默认禁止一切。该方式的应用面较窄，适合于对网络安全级别及管理控制要求极高的情况，此外还能起到规范网络流量的作用。该种配置要求能够事先了解每一种网络应用的传输特性（如源目的地址、源目的端口、协议参数）。例如，某一公司要求内网员工只能上网进行有限的访问，而禁止其他一切网络活动。

② 反向访问控制列表：设定的访问控制列表为先禁止个别条目，最后允许一切网络访问，该方式的应用面较广，适合于对网络安全级别及管理控制要求不高的情况，仅仅是要查封某一 IP 地址或封掉某些网络服务，要求能够事先了解被查封网络应用的传输特性（如源目的地址、源目的端口、协议参数），如封掉 135～139、445 等端口防止蠕虫病毒的蔓延。

③ 混合型访问控制列表：是正向访问和反向访问控制列表的复合体，在该种访问控制列表中允许访问和拒绝访问的规则混杂在一起，以实现网络访问需求的复杂性。

6.6.3　标准 ACL 配置

1．标准 ACL

标准访问控制列表（Standard IP ACL）检查数据包的源地址信息，数据包在通过网络设备时，设备解析 IP 数据包中的源地址信息，对匹配成功的数据包采取拒绝或允许操作。使用编号 1～99 来区别同一设备上配置的不同标准访问控制列表条数。

注意

标准访问控制列表中对数据的检查元素只是源 IP 地址。部署 ACL 技术的顺序是：分析需求，编写规则，根据需求与网络结构将规则应用于交换机或路由的特定接口。

2．标准 ACL 配置方法

在网络互联设备上配置标准访问控制列表规则，语法格式如下。

```
Access-list list-number {permit | deny} source—address [wildcard-mask]
```

参数含义如下。

- list-number：所创建的 ACL 编号，区别不同 ACL 规则序号，标准 IP ACL 的编号范围是 1～99。
- permit|deny：对匹配此规则的数据包需要采取的措施，permit 表示允许数据包通过，deny 表示拒绝数据包通过。
- source-address：需要检测的源 IP 地址或网段。
- wildcard-mask：需检测的源 IP 地址的反向子网掩码，是源 IP 地址通配符比较位，也称反掩码。
- any：表示网络中所有主机的源地址缩写，代表 0.0.0.0 255.255.255.255。

以下是一个应用标准 ACL 的案例，假设需要为该公司的路由器下配置只允许来自 192.168.1.0 网络的主机访问服务器 192.168.10.1，其他主机全部禁止，如图 6-13 所示。

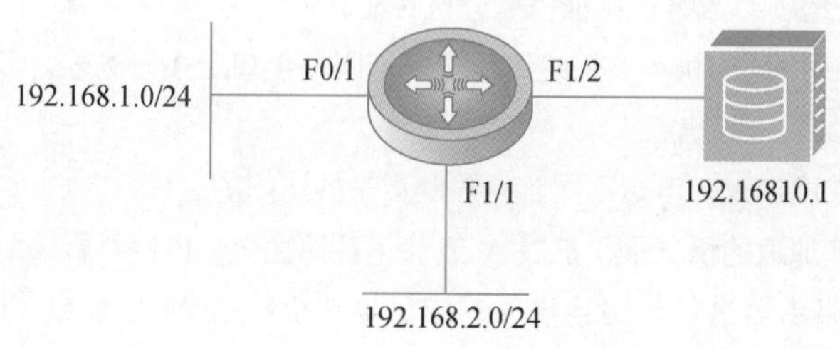

图 6-13
标准 ACL 案例图

配置的 ACL 如下。

```
Ruijie(config)#access-list 1 permit 192.168.1.0 0.0.0.255
Ruijie(config)#access-list 1 deny 0.0.0.0 255.255.255.255
```

ACL 的检查原则是从上至下，逐条匹配，一旦匹配成功就执行动作，跳出列表。如果访问控制列表中的所有规则都不匹配，就执行默认规则，拒绝所有。本例中，访问控制列表规则会拒绝所有的数量流量，所以在编写访问控制列表规则时，一定要注意最后的默认规则是拒绝所有。

3. 标准 ACL 的应用

在网络设备上配置好访问控制列表规则后，还需要将配置好的访问控制列表应用在对应的接口上，只有当这个接口激活后，匹配规则才开始起作用。因此配置访问控制列表需要以下 3 个步骤。

① 定义好访问控制列表规则。

② 指定访问控制列表所应用的接口。

③ 定义访问控制列表作用于接口上的方向。

访问控制列表主要的应用方向包括接入（in）检查和流出（out）检查两种。in 和 out 参数表示控制接口中不同的数据流方向。

（1）入栈（in）：相对于设备的某一端口而言，当要对从设备外的数据经端口流入设备时做访问控制。

（2）出栈（out）：当要对从设备内的数据经端口流出设备时做访问控制。如果不配置该参数，默认为 out。

配置 ACL 应用于接口的命令如下。

```
Ruijie(config-if)#ip  access-group  list-number  {in | out}
```

6.6.4　扩展 ACL 配置

1. 扩展 ACL 概述

扩展型访问控制列表（Extended IP ACL）在数据包的过滤和控制方面，增加了更多的精细度和灵活性，具有比标准 ACL 更强大的数据包检查功能。扩展 ACL 不仅检查数据包中的源 IP 地址，还检查数据包中的目的 IP 地址、源端口、目的端口、建立连接和 IP 优先级等特征信息。利用这些选项对数据包特征信息进行匹配。

扩展 ACL 使用编号 100～199 的值标识区别同一接口上多条列表。和标准 ACL 相比，扩展 ACL 也存在以下一些缺点。

- 配置管理难度加大，考虑不周容易限制正常的访问。
- 在没有硬件加速的情况下，扩展 ACL 会消耗路由器 CPU 资源。

所以中低档路由器进行网络连接时，应尽量减少扩展 ACL 条数，以提高系统的工作效率。

2. 扩展 ACL 配置方法

在网络互联设备上配置扩展访问控制列表规则，语法格式如下。

```
Access-list  list-number  {permit | deny}  protocol  source—address  wildcard-mask
destination-address  wildcard-mask  [operator  operand]
```

参数含义如下。

- list-number：扩展 ACL 的标识范围为 100～199。
- protoco：指定需要过滤的协议，如 IP、TCP、UDP、ICMP 等。
- source：源地址。
- destination：是目的地址。
- wildcard-mask：是 IP 反掩码。
- operand：是控制的源端口和目的端口号，默认为全部端口号 0～65535。端口号可以使用数字或者助记符。
- operator：是端口控制操作符“<”“>”“=”“!=”。

其他语法规则中的 deny/permit、源地址和通配符屏蔽码、目的地址和通配符屏蔽码，以及 host/any 的使用方法均与标准访问控制列表语法规则相同。

下面是一个应用扩展 ACL 的案例，企业网络内部结构路由器连接了两个子网段，地址规划分别为 192.168.4.0/24 和 192.168.3.0/24。其中在 192.168.4.0/24 网段中有一台服务器提供 WWW 服务，其 IP 地址为 192.168.4.13，如图 6-14 所示。

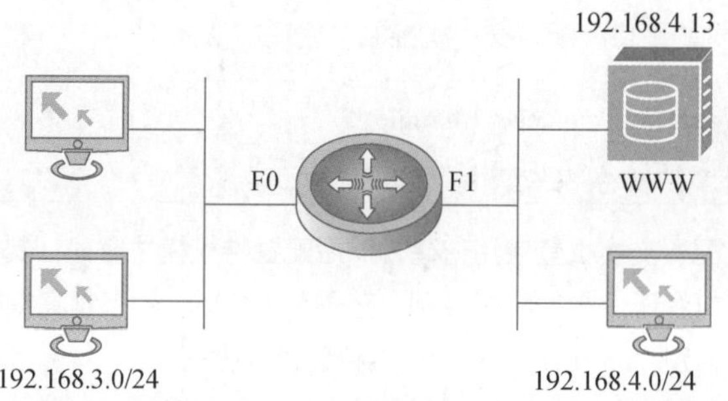

图 6-14
扩展 ACL 案例图

为保护网络中心 192.168.4.0/24 网段安全，禁止其他网络中计算机访问子网 192.168.4.0，不过可以访问在 172.16.4.0 网络中搭建的 WWW 服务器。由于需要开放的是 WWW 服务，禁止其他所有服务，禁止来自指定网络的数据流，因此使用扩展的访问控制列表进行限制，配置的 ACL 命令如下。

```
Ruijie(config)#access-list 101 permit tcp any 192.168.4.13 0.0.0.0 eq www
Ruijie(config)#access-list 101 deny ip any any
```

设置扩展的 ACL 标识号为 101，允许源地址为任意 IP 的主机访问目的地址为 192.168.4.13 主机上的 WWW 服务，其端口标识号为 80。deny any 指令表示拒绝全部。

配置好的扩展 ACL 需要应用到指定接口上，才能发挥其应有的控制功能，命令如下。

```
Ruijie(config)#interface Fastethernet 0/1
Ruijie(config)#ip access-group 101 in
```

6.7 设备安全登录

对于大多数企业内部网络来说，连接网络中各个结点的互连设备，是整个网络规划中最需要保护的对象。大多数网络都有重要的接入点，对这个接入点的破坏，将直接造成整个网络的瘫痪。

如果网络内部的互连设备没有很好的安全防护措施，来自网络内部的攻击或者破坏，对网络的打击是最致命的。因此设置恰当的网络设备防护措施，是保护网络安全的重要手段之一。

据调查显示，80%的安全破坏事件都是由薄弱口令引起的，因此为安装在网络中的每台互连设备，配置一个恰当的口令，是保护企业内部网络不受侵犯，实施网络安全措施的最基本保护。

6.7.1 网络设备控制台安全

1. 交换机控制台安全配置

交换机是企业网中直接连接终端计算机最重要的互连设备，在企业内网络中承担终端设备的接入功能。交换机控制台在默认情况下没有口令，如果网络中有非法连接到交换机的控制口（Console），就可以像管理员一样任意窜改交换机的配置。从网络安全的角度考虑，所有交换机控制台都应当根据用户管理权限不同，配置不同特权访问权限。

在为交换机控制台配置密码前，需要准备一根配置线缆连接到交换机的配置端口，另一端连接到配置计算机的串口。配置交换机控制台密码方法如下。

```
Ruijie(config)#enbale secret level 1 0 ruijie
Ruijie(config)#enable secret level 15 0 ruijie
```

上述配置首先配置交换机登录用密码，然后配置特权模式密码，其解释如下。

- level：表示口令所使用的特权级别，范围为 0～15，数字越高权限越高。level 1 表示交换机登录级别，level 15 表示交换机特选模式级别。
- 0：表示输入明文形式口令；1：表示输入密文形式口令。

2．路由器控制台安全配置

路由器通常安装在内网和外网的分界处，是网络的重要连接关口。在和外部网络的接入方面，由于路由器直接和其他互连设备相连，控制着其他网络设备的全部活动，因此它具有比交换机更为重要的安全地位。

新安装的路由器设备控制台也没有任何安全措施。默认配置情况下也没有口令，从维护网络整体安全出发，应当立即为设备配置控制台和特权级口令。配置路由器控制台密码方法如下。

```
Ruijie(config)#enbale password ruijie
Ruijie(config)#enable secret ruijie
```

首先配置路由器输入的明文形式口令，然后配置输入的密文形式口令（若明文与密文同时启用，则密码优先级更高，立即生效）。

6.7.2　网络设备远程登录

远程登录是指一个网络中的计算机根据 TCP/IP 协议，通过传输线路远程登录到网络中另外一台计算机上，远程控制计算机操作，实行交互性的信息资源共享。目前远程登录安全设备的功能主要包括 Telent、SSH（部分设备还支持 Web 页面访问）两种，本小节将介绍两种方式的配置与安全防范。

1．Telnet 配置

用户在出差途中或在远程办公室中，如果想对企业网中的互连设备进行远程管理，则需要在交换机上进行适当配置，使用 Telnet 方式远程登录设备，实现互连设备的远程管理和访问。配置方法如下。

```
Ruijie(config)#enable password ruijie     //设置进入特权模式的密码
Ruijie(config)#line vty 0 4               //设备远程登录线程模式
Ruijie(config-line)#password ruijie       //配置进入远程登录的密码为 ruijie
Ruijie(config-line)#login                 //启动本地认证
Ruijie(config-line)#end
```

上述配置解释如下。

- vty：远程登录的虚拟端口。
- 0 4：表示可以同时打开 5 个会话。

目前远程连接网络设备时，使用 Telnet 方式已经不再普及，这主要是因为 Telnet 本身就存在安全缺陷，具体如下。

- 无口令保护：远程用户登录传送的账号和密码都是明文，数据报文可使用 sniffer、wireshark 等工具截获并获得密码。
- 无强力认证过程：只验证连接者的账户和密码。
- 无数据完整性检查：传送的数据无法验证是否完整，无法检验篡改过的数据。

2．SSH 配置

SSH 是专为远程登录会话和其他网络服务提供的安全性协议。利用 SSH 协议可以有效防止远程管理过程中的信息泄露问题。在当前生产环境运维工作中，绝大多数企业普遍采用 SSH 协议服务代替传统不安全的远程联机服务软件，如 Telnet 服务。

SSH 配置的主要步骤如下：

① 开启 SSH 功能。

② 手工生成 Key。

③ 配置 SSH 密码。

SSH 配置仅使用密码登录配置方法如下。

```
Ruijie(config)#enable service ssh-service //启动 SSH 服务功能
Ruijie(config)#crypto key generate dsa   //选择加密方式：DSA 和 RSA 两种
Ruijie(config)#line vty 0 4              //进入 SSH 密码配置模式，5 个用户同时登入交换机
Ruijie(config-line)#login                //启用需输入密码才能 SSH 成功
Ruijie(config-line)#password ruijie      //配置进入远程登录的密码为 ruijie
```

SSH 配置仅使用密码登录配置方法如下。

```
Ruijie(config)#enable service ssh-service      //启动 SSH 服务功能
Ruijie(config)#crypto key generate dsa         //选择加密方式：DSA 和 RSA 两种
Ruijie(config)#line vty 0 4         //进入 SSH 密码配置模式，5 个用户同时登入交换机
Ruijie(config-line)#login   local              //启用 SSH 时使用本地用户和密码功能
Ruijie(config)#username admin password ruijie //配置进入远程登录的用户名为 admin，密码
为 ruijie
```

6.8 计算机常见病毒与防范

6.8.1 计算机病毒分类

1．按照计算机病毒依附的系统分类

（1）基于 DOS 系统的病毒

基于 DOS 系统的病毒是一种只能在 DOS 环境下运行、传染的计算机病毒，是最早出现的计算机病毒。例如，“米开朗基罗病毒”“黑色星期五”病毒等均属于此类病毒。

笔 记

（2）基于 Windows 系统的病毒

由于 Windows 的图形用户界面深受用户欢迎，尤其是在 PC 中几乎都使用 Windows 操作系统，从而成为病毒攻击的主要对象。目前大部分病毒都基于 Windows 操作系统，如“威金”病毒、盗号木马等病毒。

（3）基于 UNIX / Linux 系统的病毒

现在 UNIX/Linux 系统应用非常广泛，并且许多大型服务器均采用 UNIX/Linux 操作系统，或者基于 UNIX/Linux 开发的操作系统。例如，Solaris 是 Sun 公司开发和发布的操作系统，是 UNIX 系统的一个重要分支，如 2008 年的“Turkey 新蠕虫”病毒专门攻击 Solaris 系统。

（4）基于嵌入式操作系统的病毒

随着 Internet 技术的发展，信息家电的普及应用，及嵌入式操作系统的微型化和专业化，嵌入式操作系统的应用也越来越广泛。例如，Android、iOS 是目前主要的手机操作系统。手机病毒也是一种计算机程序，和其他计算机病毒（程序）一样具有传染性、破坏性。

2. 按照传播媒介分类

（1）通过浏览网页传播

浏览器页面病毒是可以通过局域网共享、Web 浏览等途径传染的病毒。例如，系统一旦感染 RedLof 病毒，就会在文件目录下生成 desktop.ini、folder.htt 两个文件，系统速度会变慢。

（2）通过网络下载传播

随着迅雷、快车、BT 等新兴下载方式的流行，黑客也开始将其作为重要的病毒传播手段，如冲击波等病毒，通过网络下载的软件携带病毒。

（3）通过即时通信（Instant Messenger，IM）软件传播

黑客可以编写“QQ 尾巴”类病毒，通过 IM 软件传送病毒文件、广告消息等。

（4）通过邮件传播

“爱虫”“Sobig”“求职信”等病毒都是通过电子邮件传播的。随着病毒传播途径的增加及人们安全意识的提高，邮件传播所占的比重逐渐下降，但仍然是主要的传播途径。例如，2007 年的“ANI 蠕虫”病毒仍然通过邮件进行传播。

（5）通过局域网传播

2007 年的“熊猫烧香”病毒、2008 年的“磁碟机”病毒仍然通过局域网进行传播。

3. 蠕虫病毒

蠕虫（Worm）病毒是一种常见的计算机病毒，通过网络复制和传播，具有病毒的一些共性，如传播性、隐蔽性、破坏性等，同时具有自己的一些特征，如不利用文件寄生（有的只存在于内存中）。蠕虫病毒是自包含的程序（或是一套程序），能传播自身功能的拷贝或自身某些部分到其他计算机系统中（通常是经过网络连接）。与一般病毒不同，蠕虫病毒不需要将其自身附着到宿主程序。

蠕虫病毒的传播方式有通过操作系统漏洞传播、通过电子邮件传播、通过网络攻击传播、通过移动设备传播、通过即时通信等社交网络传播。

蠕虫病毒可以在短时间内蔓延整个网络，造成网络瘫痪。根据用户情况将蠕虫病毒分为

两类。一类是针对企业用户和局域网的，这类病毒利用系统漏洞，主动进行攻击，可以让整个 Internet 瘫痪，如“尼姆达”“SQL 蠕虫王”等。另外一类是针对个人用户的，通过网络（主要是电子邮件、恶意网页形式）迅速传播，以“爱虫”“求职信”病毒为代表。

6.8.2 计算机病毒防范

计算机病毒防范指的是通过建立合理的计算机病毒防范体制和制度，及时发现计算机病毒侵入，并采取有效手段阻止计算机病毒的传播和破坏，从计算机中清除病毒代码，恢复受影响的计算机系统和数据。计算机病毒的防治策略通常采用以主动防御为主，被动处理为辅的方式，将防毒、查毒、杀毒相结合从而预防计算机病毒。

以下是用户进行日常防护的基本要求。

- 设置 BIOS，将引导次序修改为硬盘先启动。
- 安装较新正式版本的防杀计算机病毒软件，并经常升级。
- 经常更新计算机病毒特征代码库。
- 备份系统中重要的数据和文件。
- 对光盘、软盘和下载的软件都应该先进行查杀病毒再使用。
- 启用防杀病毒软件的实时监控功能。

项目实施

任务 使用 ACL 实现企业网络管理

【任务描述】

某电子商贸有限公司成立了多个部门，但因为办公地点的限制，把员工的计算机分别设在两个 VLAN 中进行管理。为了对企业部门网络更灵活安全地进行管理，请通过访问控制列表技术，实现以下几个功能，其拓扑如图 6-15 所示。

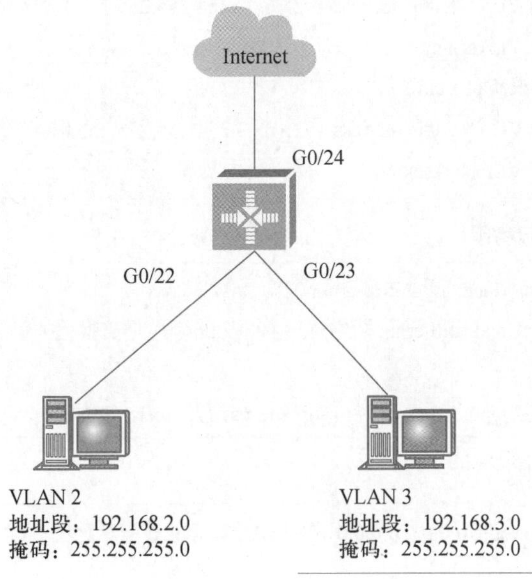

图 6-15 企业内部员工的网络工作场景图

① 只允许 VLAN 2 网段的数据通过 G0/24 上网，其他网段不允许。
② 禁止 VLAN 2 访问 VLAN 3，但 192.168.2.1 这个地址不受限制。
③ 禁止 VLAN 2 在每天 8:00～18:00 访问 VLAN 3，其他时间可以访问。

➲【设备清单】

交换机 1 台，交叉线若干根，PC 2 台。

➲【工作过程】

步骤 1：连接设备，按照网络拓扑图连接好设备。
步骤 2：配置交换机的相应参数。
① 配置 VLAN、SVI 口地址（VLAN 网关）。

- 新建 VLAN 2 和 VLAN 3。

```
Ruijie#configure terminal
    Ruijie(config)#vlan 2   //创建 VLAN 2
    Ruijie(config-vlan)#exit
    Ruijie(config)#vlan 3
    Ruijie(config-vlan)#exit
```

- 划分接口到相应 VLAN 下。

```
Ruijie(config)#interface GigabitEthernet 0/22
Ruijie(config-if-GigabitEthernet 0/22)# switchport access vlan 2
Ruijie(config)#interface GigabitEthernet 0/23
Ruijie(config-if-GigabitEthernet 0/23)# switchport access vlan 3
```

- 配置 VLAN 2 和 VLAN 3 的 SVI 口地址（配置两个 VLAN 的网关地址）。

```
Ruijie(config)#interface vlan 2
Ruijie(config-if-VLAN 2)#ip address 192.168.2.254 255.255.255.0
Ruijie(config-if-VLAN)#exit
Ruijie(config)#interface vlan 3
Ruijie(config-if-VLAN 3)#ip address 192.168.3.254 255.255.255.0
Ruijie(config-if-VLAN 3)#exit
```

② 配置 G0/24 为路由口。

```
Ruijie(config)#interface GigabitEthernet 0/24
Ruijie(config-if-GigabitEthernet 0/24)#no switchport   //把交换机的第 24 千兆接口属性改为路由接口
Ruijie(config-if-GigabitEthernet 0/24)#ip address 172.16.1.1 255.255.255.0   //配置 IP 地址
```

③ 配置默认路由。

```
Ruijie(config)#ip route 0.0.0.0 0.0.0.0 172.16.1.2   //配置默认路由
```

步骤 3：配置标准 ACL，并在 G0/24 调用。

```
Ruijie(config)#access-list 1 permit 192.168.2.0 0.0.0.255 //序列 1～99 标准的 ACL，指定源地址，只允许 VLAN 2 的 192.168.2.0/24 网段
Ruijie(config)#access-list 1 deny any  // 默 认 有 一 条  deny  any  Ruijie(config)#interface GigabitEthernet 0/24
Ruijie(config-if-GigabitEthernet 0/24)#ip access-group 1 in  //在 G0/24 接口的 in 方向应用 ACL
```

步骤 4：保存配置。

```
Ruijie(config-if-GigabitEthernet 0/24)#end
Ruijie#write              //确认配置正确，保存配置
```

步骤 5：验证命令。

```
Ruijie#show access-lists 1                //查看 ACL 的配置
        ip access-list standard 1
        10 permit 192.168.2.0 0.0.0.255
        20 deny any

Ruijie#show ip access-group               //查看 ACL 在接口下的应用
ip access-group 1 in
Applied On interface GigabitEthernet 0/24.
```

步骤 6：测试连通性。

```
Ruijie(config)#ip access-list 100 permit ip host 192.168.2.1 any
 //允许 192.168.2.1 访问所有网段
Ruijie(config)#ip access-list 100 deny ip 192.168.2.0 0.0.0.255 192.168.3.0 0.0.0.255  //不允许 VLAN 2 网段 192.168.2.0/24 访问 VLAN 3 网段 192.168.3.0/24
Ruijie(config)#ip access-list 100 permit ip any any          //ACL 默认最后一句是 deny ip any any，故为保证其他数据能通过必须配置一条 permit ip any any
Ruijie(config)#interface vlan 2
Ruijie(config-if-VLAN 2)#ip access-group 100 in          //在 VLAN 2 的网关上应用 ACL
```

步骤 7：保存配置。

```
Ruijie(config-if-VLAN 2)#end
Ruijie#write              //确认配置正确，保存配置
```

步骤 8：验证命令。

```
Ruijie#sh access-lists 100            //查看 ACL 的配置
ip access-list extended 100
10 permit ip host 192.168.2.1 any
20 deny ip 192.168.2.0 0.0.0.255 192.168.3.0 0.0.0.255
```

```
30 permit ip any any

Ruijie#show ip access-group          //查看 ACL 在接口下的应用
ip access-group 100 in
Applied On interface vlan 2.
```

步骤 9：测试连通性。

```
Ruijie(config)#time-range one
Ruijie(config-time-range)#periodic daily 8:00 to 18:00     //每天的 8:00 到 18:00
```

步骤 10：配置标准 ACL，并在 SVI 口调用。

```
Ruijie(config)#access-list 100 deny ip 192.168.2.0 0.0.0.255 192.168.3.0 0.0.0.255  time-range one  //配置禁止 VLAN 2 网段 192.168.2.0/24 用户在每天 8:00～18:00 访问 VLAN 3 网段 192.168.3.0/24
Ruijie(config)#access-list 100 permit ip any any      //ACL 默认最后一句是 deny ip any any，故为保证其他数据能通过必须配置一条 permit ip any any
Ruijie(config)#interface vlan 2
Ruijie(config-if-VLAN 2)#ip access-group 100 in  //在接口下调用 ACL，应用在 in 方向
```

步骤 11：保存配置。

```
Ruijie(config-if-VLAN 2)#end
Ruijie#write              //确认配置正确，保存配置
```

步骤 12：验证命令。

```
Ruijie#show access-list 100          //查看 ACL 的配置
ip access-list extended 100
10 deny ip 192.168.2.0 0.0.0.255 192.168.3.0 0.0.0.255 time-range one (active)
20 permit ip any any
Ruijie#show time-range one           //查看时间段的配置
time-range entry: one (active)       //active 表示目前时间属于 time-range one 中定义的时间 8:00～18:00
periodic Daily 8:00 to 18:00
Ruijie#show ip access-group          //查看 ACL 在接口下的应用
ip access-group 100 in
Applied On interface vlan 2.
```

时间段不能跨 0:00，即如果是晚上 10:00 点到第二天早上 7:00 这个时间段，需要分两段写，具体如下。

```
Ruijie(config)#time-range aaa
Ruijie(config-time-range)#periodic daily 0:00 to 7:00
Ruijie(config-time-range)#periodic daily 22:00 to 23:59
```

➲【任务评测】

序号	测评点	配　分	得　分
1	对相关知识的理解	20	
2	目标达成度	40	
3	岗位规范	20	
4	职业素养	20	
总分			

项目总结

通过本项目的学习，我认识了____

____

____

____

我对哪些还有疑问：____

____

____

____

工程师寄语

同学们，你们好。要想充分发挥网络的功能，让网络系统安全可靠的运行，掌握网络安全管理及规范的运维十分重要。以前总有一种错误的观念，就是对网络系统重建设、轻管理和运维，一个网络系统，三分在建、七分在管，所以网络系统的安全管理与日常运维十分重要。

古人云，工欲善其事，必先利其器，要想高效管理网络，掌握相关命令和使用专门工具十分必要，所以，一定要善于发现和学习当前比较前沿和功能强大的专业工具，这对成为一名优秀的网络工程师十分重要。本书的学习到这里就告一个段落，这并不是结束，而是一个开始，希望同学们继续努力，开启你们新的征程。

学习检测

1. 下列选项中，不属于网络设备软件基本信息检查内容的是（　　）。

   A. 检查设备软件版本　　B. 检查设备补丁版本

   C. 检查设备的风扇状态　　D. 检查设备的 License

2. 下列选项中，不属于网络安全攻击的是（　　）。

   A. ARP 断网攻击　　B. 广播风暴

   C. MAC 泛洪攻击　　D. 缓冲区溢出漏洞

3. 下列选项中，不属于网络设备远程控制方式的是（　　）。

   A. FTP　　B. Telnet

   C. SSH　　D. Web 访问

4. 在交换机端口安全的默认配置是（　　）。

A. 默认为关闭端口安全　　B. 最大安全地址个数为 128

C. 没有安全地址　　D. 违例方式为 protect

5. ACL 的作用是（　　）。

A. 安全控制　　B. 流量过滤

C. 数据流量标识　　D. 流量控制

参考文献

[1] 汪双顶，武春岭，王津. 网络互联技术（理论篇）[M]. 北京：人民邮电出版社，2020.

[2] 李畅，刘志成，张平安. 网络互联技术（实践篇）[M]. 北京：人民邮电出版社，2019.

[3] 汪双顶，吴多万，崔永正. 局域网组网技术[M]. 北京：人民邮电出版社，2020.

[4] 谢希仁. 计算机网络[M]. 北京：电子工业出版社，2017.

郑重声明

反盗版举报电话　(010) 58581999　58582371

反盗版举报邮箱　dd@hep.com.cn

通信地址　北京市西城区德外大街4号　高等教育出版社法律事务部

邮政编码　100120